TIEN TZUO
mit GABE WEISERT

DAS
ABO-
ZEITALTER

Warum das Abo-Modell
die Zukunft Ihres Unternehmens ist –
und was Sie dafür tun müssen

PLASSEN
VERLAG

Die Originalausgabe erschien unter dem Titel
Subscribed: Why the Subscription Model Will Be Your Company's Future –
and What to Do About It
ISBN 978-0-525-53646-8

Copyright der Originalausgabe 2018:
Copyright © 2018 by Tien Tzuo.
All rights reserved including the right of reproduction in whole or in part in any form.
This edition published by arrangement with Portfolio, an imprint of Penguin Publishing
Group, a division of Peguin Random House LLC.

Copyright der deutschen Ausgabe 2019:
© Börsenmedien AG, Kulmbach

3. Auflage 2019

Übersetzung: Matthias Schulz
Covergestaltung: Holger Schiffelholz
Gestaltung und Herstellung: Daniela Freitag
Satz: Martina Köhler
Lektorat: Karla Seedorf
Druck: CPI books GmbH, Leck

ISBN 978-3-86470-609-7

Bibliografische Information der Deutschen Nationalbibliothek:
Die Deutsche Nationalbibliothek verzeichnet diese Publikation in der
Deutschen Nationalbibliografie; detaillierte bibliografische Daten
sind im Internet über <http://dnb.d-nb.de> abrufbar.

BÖRSEN MEDIEN
AKTIENGESELLSCHAFT

Postfach 1449 • 95305 Kulmbach
Tel: +49 9221 9051-0 • Fax: +49 9221 9051-4444
E-Mail: buecher@boersenmedien.de
www.plassen.de
www.facebook.com/plassenverlag

Für meine Frau Mariana,
die mich ermutigte, den Sprung zu wagen.

Und meine Tochter Ciana –
du gibst allem einen Sinn.

INHALT

INHALT

TEIL 2:
ERFOLGREICH IN DER NEUEN SUBSKRIPTIONS-
WIRTSCHAFT BESTEHEN

EINFÜHRUNG

Vor ein paar Jahren schrieb ich für das Magazin *Fortune*[1] einen Beitrag, in dem ich vom Besuch einer Business School abriet. Meine These: Das sei Zeitverschwendung, weil die Business Schools seit 100 Jahren praktisch nur eine Idee verkaufen würden, dass nämlich jedes Unternehmen nur ein einziges Ziel verfolgt – ein Erfolgsprodukt zu entwickeln und dann möglichst viel von diesem Produkt zu verkaufen. Das senkt die Fixkosten und macht es möglich, über die Margen konkurrieren zu können. Dieses Geschäftsmodell habe sich totgelaufen, die Dinge hätten sich geändert, argumentierte ich.

Mein Ansatz war ein anderer: Ein Unternehmen solle sich die Wünsche und Bedürfnisse eines bestimmten Kundensegments ansehen und dann eine Dienstleistung schaffen, die diesen Kunden anhaltenden Wert bietet. Die Idee dahinter: Kunden sollten Abonnenten werden und auf diese Weise wiederkehrende Einnahmen generieren. Den Kontext für diesen Wandel bezeichnete ich als „Subskriptions-Wirtschaft".

Oh Mann, was musste ich mir alles anhören wegen diesem Artikel. „Glaubst du wirklich, wir hätten es nicht kapiert, Tien? Glaubst du, wir würden den Unterschied zwischen einem Produkt und einer Dienstleistung nicht begreifen? Glaubst du, so etwas ist in der Business School kein Thema?" Das waren nur eine kleine Auswahl der Kommentare. Dass ich noch immer sehr viel mit meiner alten Business School zusammenarbeite, hat die Dinge auch nicht gerade erleichtert. Jedes Jahr halte ich dort Vorträge und helfe bei einigen Kursen aus. Da war schon der eine oder andere scheele Blick dabei.

Ich gebe es ja zu: Einige Kritiker hatten recht. Ich habe meinen Abschluss an der Business School Ende der 1990er-Jahre gemacht. Seit damals dürfte sich der Lehrplan hier und da schon verändert haben, aber ich wette, dass der Großteil unverändert geblieben ist, vor allem in den Einführungskursen. Ich glaube das nicht nur, ich weiß es. Tag für Tag sehe ich von klugen jungen MBA-Absolventen geführte Unternehmen gegen die Wand fahren, während sie magischen Verkaufsschlagern nachjagen. Sie sind nicht konkurrenzfähig, weil sie verkehrt herum aufgebaut sind – erst kommt das Produkt, dann der Kunde. Diese Reihenfolge muss umgedreht werden. Keines dieser Unternehmen hat eine Vorstellung davon, wem sie ihre Produkte verkaufen möchten.

Sehen Sie sich Ihre jüngste Kreditkartenabrechnung an und zählen Sie durch, für wie viele Buchungen Sie Ihre Kreditkarte gar nicht zücken mussten. Wahrscheinlich stehen da monatliche Zahlungen für Netflix und Spotify Premium, möglicherweise noch eine Gebühr für Dropbox, denn Sie sind ja (spätestens nach der Lektüre dieses Buches) mit allen Wassern gewaschen und speichern deshalb Ihre Dateien in der Cloud. Vielleicht erhalten Sie regelmäßig Essens- oder Snackboxen, haben ein Moviepass²-Abo abgeschlossen, möglicherweise unterstützen Sie auch auf Patreon einen Podcast. Ihnen geht es weniger darum, Dinge zu besitzen als darum, auf Dienste zugreifen zu können, die Ihre Bedürfnisse abdecken.

Und was ist mit Ihrem PC bei der Arbeit? Ertönt beim Hochfahren noch immer ein Jingle und dann sieht man eine Landschaft mit rollenden grünen Hügeln, während sich am unteren Bildschirmrand schleppend ein halbes Dutzend langsamer, anfälliger Anwendungen aufbaut? Ich hoffe sehr, dass dem nicht mehr so ist. Möglicherweise läuft es bei Ihnen längst viel einfacher ab: Sie melden sich an, es erscheinen ein paar simple Apps auf dem Desktop und ein Browser. Vielleicht ist Ihr Unternehmen für seinen E-Mail-Verkehr auf Gmail umgestiegen, sodass Sie nicht mehr alle halbe Jahre

Ihre alten Outlook-Dateien löschen müssen. Vielleicht nutzt die Firma auch Box für die Dateispeicherung, und wo früher der Serverraum war, findet man heute Tischtennisplatten und eine Lounge-Ecke. Heutzutage fühlt sich das alles ganz anders an. Warum ist das so? Weil wir meiner Ansicht nach an einem Wendepunkt in der Unternehmensgeschichte stehen, vergleichbar mit nichts seit den Zeiten der Industriellen Revolution. Vereinfacht gesagt bewegt sich die Welt weg von Produkten hin zu Dienstleistungen. Abonnements explodieren, weil Milliarden digitale Verbraucher Zugang dem Besitzen vorziehen, die meisten Unternehmen aber nach wie vor darauf ausgelegt sind, Produkte zu verkaufen. Sie sind nicht gut auf die nächsten 100 Jahre Geschäftemacherei eingerichtet, was dazu führt, dass sich enorme Möglichkeiten bieten. Wenn Sie mit Ihrem Unternehmen nicht jetzt auf dieses Geschäftsmodell umsteigen, ist die Wahrscheinlichkeit groß, dass Sie in einigen Jahren gar kein Geschäft mehr haben, das Sie umstellen könnten.

WARUM DIESES BUCH,
WARUM JETZT?

Die ersten Anzeichen konnte man bereits vor zehn Jahren beobachten. Damals verschickte Netflix noch immer monatlich DVDs per Post, aber schon das reichte aus, um Blockbuster[2] das Wasser abzugraben und unsere Art und Weise, Medien zu konsumieren, zu verändern. Das Zeitalter des Online-Streamings stand kurz bevor (Reed Hastings nannte sein Unternehmen nicht umsonst *Net*flix). Zipcar war ein interessantes neues Konzept, das zunächst als auf Stundenbasis arbeitender Wettbewerber zu Hertz und Budget angesehen wurde, aber es war bereits abzusehen, wie sich im Bereich Pkw und Transport neue Ideen auftaten – Ideen, aus denen Uber und Lyft später Kapital schlagen sollten. Und natürlich war gerade das iPhone auf den Markt gekommen. Damals war es eher ein

Stück Unterhaltungselektronik, eine Sammelstelle für Plug-&-Play-Apps, aber es gab bereits das Potenzial für Geolocation-Dienste, die Identifizierung mittels Telefon sowie für Kurznachrichtendienste. Die Nutzungsbandbreite nahm zu, die Plattformkosten sanken, was den Weg für den nächsten logischen Schritt bereitete – digitale On-Demand-Dienstleistungen. Sie schossen wie Pilze aus dem Boden.

Damals beschlossen wir, ein neues Unternehmen ins Leben zu rufen und es Zuora zu nennen. Wir planten eine brandneue Plattform für Abonnement-Abrechnung und -Finanzierung. Wie so viele Unternehmen damals (Zendesk im Bereich Kundendienst, Okta im Bereich Passwörter, Xero bei der Buchhaltung) versuchten wir, eine Lösung für ein großes, langweiliges und nerviges Problem anzubieten. Ein Geschäftsprozess, den alle hassen, der unglaublich komplex ist und enorm viel Geld schluckt, stellt für jeden Unternehmer eine tolle Gelegenheit dar. Behalten Sie bitte im Hinterkopf, dass wir hier über die späten 2000er-Jahre sprechen, uns also mitten in der Weltwirtschaftskrise befanden. On-Premise-Software hatte es schwer, im Einzelhandel kam es zu Blutbädern, der Autoabsatz brach völlig ein, das Anzeigengeschäft löste sich in Luft auf.

Vielen Firmen und Investoren zog es 2008 den Boden unter den Füßen weg und ihnen wurde klar, dass sie mit einer eigenen Version des Hollywood-Wirtschaftsmodells arbeiteten: Man pumpt enorme Summen in die Entwicklung eines Produkts und betet dann, dass es ein Erfolg wird. Wenn es nicht klappt – Pech gehabt. Diese Unternehmen durchblickten ihre Finanzen nicht, ihren Prognosen fehlte jegliche Vorhersagbarkeit. Sie begannen jedes Quartal mit leerem Konto und mussten kämpfen und weiter kämpfen, bis sie ihre Vorgabe erreicht hatten. Beim Subskriptions-Modell läuft das anders: Ein zehn Millionen Dollar schweres Unternehmen mit 80 Prozent Abo-Einnahmen beginnt jedes Jahr mit acht Millionen Dollar in der Bank. Stellen Aktienkurse vorwärts gerichtete Prognosen dar, dann sind Abos vorwärtsgerichtete Umsatzmodelle.

Den Zuora-Gründern war all dies natürlich bekannt. Ich hatte das große Glück, als Mitarbeiter Nummer 11 zu Salesforce zu stoßen, und trug dazu bei, aus der Firma im Verlauf der nächsten zehn Jahre einen milliardenschweren Konzern zu formen. Wir alle, die wir früh bei Salesforce begannen, kamen aus der traditionellen On-Premise-Softwarebranche. Wir alle hatten dieses Geschäft ziemlich über. Firmen wie Oracle, Siebel und andere stellten unserer Meinung nach ein unnötig kompliziertes Produkt her, das von einer söldnerartigen Vertriebsmannschaft verkauft und von einer parasitären Industrie für Systemintegration beworben wurde. Der Millennium-Bug war gerade *das* Thema. Auf jeden Entwickler kamen zehn Vertriebsleute. Die Hälfte der Anwendungen schaffte es nicht bis zur Marktreife und selbst bei den Produkten, die als „Erfolg" eingestuft wurden, gab es genügend Endnutzer, die das Produkt hassten. Die Branche hatte ihre Kunden völlig aus den Augen verloren, sie hatte keine Ahnung, wer diese Kunden waren, was sie Tag für Tag taten, was ihnen an ihren IT-Systemen gefiel und was sie daran aufregte. Die Zeit war reif für einen Wandel.

Wir arbeiteten in der kleinen Mietwohnung von Marc Benioff und wollten eine neue Form der Nutzererfahrung kreieren, etwas, das so reibungslos und so intuitiv ablief wie das Kaufen eines Buches bei Amazon. Doch je intensiver wir uns damit befassten, desto klarer wurde, dass wir all unsere Denkprozesse auf den Kopf stellen mussten. Wir mussten Sinn und Zweck eines Software-Unternehmens von Grund auf überdenken und die über allem stehende Frage neu formulieren – von „Wie viele Produkte kann ich verkaufen?" hin zur Frage „Was will mein Kunde und wie kann ich es ihm als intuitive Dienstleistung liefern?".

Als Salesforce an den Start ging, war allen rasch klar, dass man es hier mit etwas Neuem zu tun hatte – keine gewaltigen Installationen mehr, keine Berge an Hardware. Es war Software als *Dienstleistung* und kein statisches Produkt. Das versetzte uns in die Lage, uns neue Ansätze für die Vermarktung und den Verkauf einfallen zu lassen und ein tatsächlich auf Abonnements basierendes Unternehmen zu betreiben. Wir entwickelten Ideen wie nutzungsabhängige Preismodelle, mehrstufige Ausgaben, Customer-Success-Organisationen, Dinge, die heutzutage bei Software-als-Service-Unternehmen (SaaS) zum üblichen Vorgehen gehören. Als wir damals Salesforce aufbauten, gab es dergleichen überhaupt nicht, wir mussten das alles erst erfinden.

Es bringt aber auch Nachteile mit sich, wenn man mit allem bei null anfangen muss. So wussten wir, dass wir bei Backoffice-Systemen einen völlig neuen Weg würden einschlagen müssen, damit dieses neue Geschäftsmodell funktionierte. Was wir benötigten, war dem Modell eines Telekommunikationsunternehmens oder eines Verlages ähnlicher. Damit kannte ich mich seit meinen Tagen bei Oracle aus, derartige Modelle gab es jedoch nicht als Bausatz. Was es gab, war für Telefon-Riesen oder Energiekonzerne ausgelegt, also mussten wir uns alles selbst bauen. Es kostete uns jedes Jahr Millionen Dollar, das Rechnungswesen, den Handel, die Angebotsseite und überhaupt die gesamte Infrastruktur auf- und auszubauen. Rasch erkannten wir, dass wir hier ein Problem hatten, aber uns war auch klar, dass es keine gute Idee war, ein Entwicklerteam von der Arbeit an unserem Kernprodukt abzuziehen und darauf anzusetzen, eine eigene Abrechnungslösung zu entwickeln.

2007 sprach Marc mit K. V. Rao und Cheng Zou von WebEx und bat mich zu dem Treffen dazu. Die Hälfte des Meetings ging schließlich für unser Gejammer über das Abrechnungssystem drauf. Marc schimpfte darüber, dass er für diese blöde selbst gebaute Abrechnungslösung ein paar Millionen Dollar würde in die Hand nehmen müssen, und Zou erklärte: „Ja, genau. Wir haben dasselbe Problem. Der reinste Albtraum. Wir haben 40, 50 Leute, die daran arbeiten." Dann sagte Rao: „Mann. Wenn Salesforce *und* WebEx dieses Problem haben, dann ist das vielleicht eine gute Geschäftsidee." Vielleicht, ja.

Während der nächsten Monate diskutierten wir weiter. Rao war sehr angetan von der Idee einer auf die Abrechnung von Abonnements spezialisierten SaaS-Firma, während ich noch nicht völlig

überzeugt war. Wir standen vor denselben Fragen wie alle potenziellen Start-up-Unternehmen: „An wen werden wir verkaufen? Wie
groß ist dieser Markt tatsächlich? Wird es ein Software-Unternehmen sein, das nur an andere Software-Unternehmen verkauft, oder
verbirgt sich dahinter eine größere Chance?" Je mehr ich darüber
nachdachte, desto deutlicher wurde mir bewusst, dass die Idee des
Abo-Modells nichts war, was ausdrücklich auf den Softwaremarkt
beschränkt war. Gleichzeitig wurde mir klar, dass mir alles, was ich
bei Salesforce lernte – nicht nur die technologische Seite, sondern
auch all die Innovationen, das Marketing und der Vertrieb –, in
sämtlichen Abonnement-Unternehmen branchenübergreifend von
Nutzen sein würde.

Heute kann Zuora tausende Kunden aus Dutzenden Branchen
vorweisen. Wir arbeiten mit Streaming-Unternehmen, mit Verlagen,
mit Zeitungen, mit herstellenden Betrieben, mit Anbietern von
Online-Learning-Diensten, mit Unternehmen aus der Gesundheits-
wirtschaft. Wir kooperieren mit Firmen, die gewaltige Traktoren
bauen, ebenso wie mit kleinen Infrastruktur-Start-ups, die Canna-
bis vertreiben. Unsere Kunden lassen Flugzeuge aufsteigen, bringen
Züge aufs Gleis oder bewegen Automobile. Tagtäglich managen wir
Milliarden Dollar an Abonnement-Umsätzen. Infolgedessen wissen
wir sehr viel über dieses Modell und wie es sich auf alle möglichen
Bereiche anwenden lässt. So haben wir herausgefunden, dass Unternehmen mit Abo-Modellen ihren Umsatz mehr als neunmal
so schnell steigern wie die Firmen im S&P-500-Aktienindex (im
„Subscription Economy Index" am Ende des Buches finden Sie aktuelle Zahlen zu diesem Thema). Unsere Entwicklungsabteilung hat
sehr ausführlich zu speziellen Zielen geforscht, die Sie – abhängig
von der Größe und Art Ihres Unternehmens – anpeilen sollten, außerdem hat sie individuelle Bedrohungen ausgemacht, die Sie nach
Möglichkeit vermeiden sollten.

WAS SIE IN DIESEM BUCH
LERNEN WERDEN

Ich habe aufgehört mitzuzählen, wie oft am Ende meiner Präsentationen jemand zu mir kommt und von mir Grundlegendes dazu wissen möchte, wie man ein traditionelles, produktbasiertes Unternehmen auf ein Abo-Umsatzmodell umstellt. Wettbewerber können vielleicht Ihre Produkteigenschaften abkupfern, aber an die Erkenntnisse, die Sie aus einem aktiven, loyalen Abonnentenstamm ziehen, kommen sie nicht heran. Ich denke, was Sie suchen, ist mehr Klarheit, was die Funktionsweise des Modells angeht und wie Sie es am besten auf Ihr Unternehmen übertragen können. Ein paar Benchmarks aus der Wirtschaft können nicht schaden, ebenso wenig relevante Fallstudien und Beispiele für Best Practices. Genau das ist das Ziel dieses Buches.

Gleichzeitig versuche ich, eine Lücke zu füllen. Es gibt nämlich überraschend wenig anständige Ressourcen zu diesem Thema. Wenn Sie etwas über Mitgliedsprogramme im Verbraucherbereich oder Subscription-Box-Modelle suchen, finden Sie reichlich Material, ebenso gibt es jede Menge über SaaS, wenn man jedoch aus Unternehmenssicht nach einer grundsätzlichen Anleitung sucht, wie der Umstieg auf wiederkehrende Umsätze gelingt, dann ist das Ende der Fahnenstange sehr rasch erreicht. Abonnements waren zuletzt ein großes Thema in der Presse, aber ich werde Ihnen hier das wichtigste Material zusammentragen, die Gesetzestafeln sozusagen. In Teil 1 dieses Buches sehen wir uns an, inwieweit Abonnements einige Branchen verändert haben. In Teil 2 geht es dann mehr um taktisch-operative Einzelheiten, die relevant sind, wenn Sie unternehmensweit das Abo-Modell anwenden. Im Folgenden einige Aspekte, die ich behandeln werde:

▶ Wie das Abo-Modell jede Branche auf dem Planeten verändert, darunter auch den Einzelhandel, den Journalismus, die verarbeitende Industrie, die Medien, das Transportwesen und Firmensoftware;

- ▶ das grundlegende Finanzmodell und die wichtigsten Wachstumskennzahlen für abo-basierte Unternehmen;
- ▶ wie das Subskriptions-Modell Ihre Herangehensweise in Sachen Entwicklung, Vermarktung, Vertrieb, Finanzierung und IT-Fragen beeinflusst;
- ▶ die acht zentralen Wachstumsstrategien sämtlicher mit Subskriptions-Modellen arbeitenden Firmen und
- ▶ ein auf Abo-Firmen zugeschnittenes operatives Grundgerüst, bei dem die Kunden im Mittelpunkt stehen.

Eines möchte ich klarstellen: Es handelt sich hier nicht einfach um eine weitere Story, die nur für das Silicon Valley von Relevanz ist, abgesehen davon ist das auch kein Buch über das Silicon Valley (davon gibt es bereits reichlich). Das hier ist eine Business-Story. In vielerlei Hinsicht begünstigt dieses Buch die alteingesessenen Firmen, die „Platzhirsche", denn all dem Gerede über technologische Disruption liegt letztlich eine ganz einfache, aber sehr mächtige Idee zugrunde: Die Unternehmen fangen endlich an, ihre Kunden zu begreifen.

Lernt man endlich seine Kundschaft kennen, hat das für ein Unternehmen umwälzende Folgen. Das wirkt sich auf jede einzelne Funktion aus. Bei einem Abo-Modell fängt Ihr Entwicklungsteam plötzlich an, auf der Grundlage der Nutzerdaten neue Dienstleistungen zu entwickeln und nicht mehr wie zuvor auf die lauteste Stimme im Raum zu hören. Ihr Finanzteam hat im Wettlauf gegen den Kundenschwund die Nase vorn und kann neue Ideen ausprobieren. Ihr Kundendienst reagiert nicht mehr auf Tickets, sondern berät proaktiv. Das Marketing kann die Preispolitik an den Wert koppeln und kreative neue Pakete und Dienstleistungen entwickeln. Auf einmal werden Sie nicht mehr durch Backend-Prozesse gelähmt, die nicht angepasst oder skaliert werden können. Die operativen Abläufe sind nicht länger linear wie bei einer Eimerkette. Ihr Unternehmen ist flexibel, aber klar strukturiert, liefert reproduzierbare Ergebnisse und kann optimal reagieren. Vor allem aber steht immer und jederzeit der Kunde im Mittelpunkt.

TEIL 1
DIE NEUE SUBSKRIPTIONS-WIRTSCHAFT

KAPITEL
EINS

KAPITEL 1
DAS ENDE EINER ÄRA

Wie sieht digitaler Wandel aus? Lassen Sie uns zunächst eines ganz deutlich machen: „Digitaler Wandel" ist ein ausgesprochen schwammiger Ausdruck. Der Begriff klingt sehr pfiffig und wird viel in Meetings verwendet, er taucht in McKinsey-Berichten auf und in Artikeln der *Harvard Business Review*. Wenn dieses Wort fällt, nicken viele Menschen reflexhaft mit dem Kopf, aber ob sie tatsächlich alle wissen, was damit gemeint ist? „Digitaler Wandel" kann alles bedeuten oder nichts.

Ich möchte Ihnen erklären, was er meiner Ansicht nach aussagt. Sie kennen vermutlich die Statistik: Von den Unternehmen, die im Jahr 2000 auf der „Fortune 500"-Liste standen, existiert mittlerweile nicht einmal mehr die Hälfte.[1] Einfach weg! Fusioniert, aufgekauft, bankrott, wie auch immer, sie sind von der Liste verschwunden. 1975 betrug die Lebenserwartung eines „Fortune 500"-Unternehmens 75 Jahre, heute bleiben einem 15 Jahre, seine Zeit ganz oben zu genießen, bevor die Lichter ausgehen. Woran liegt das? Es bringt wenig, nach Gründen für das Scheitern zu suchen und nachzusinnen, welche Firmen es alles erwischt hat, wir sollten uns vielmehr die Konzerne genauer ansehen, die noch immer ganz vorne dabei sind.

Große Hersteller wie GE und IBM schafften es 1955 auf die allererste Liste und sie haben sich bis heute gehalten. Ist Ihnen aufgefallen, dass diese Firmen nicht mehr viel über ihre Großrechner, Kühlschränke und Waschmaschinen reden? Sie sprechen vielmehr davon, „digitale Lösungen anzubieten", was auf eine – zugegebenermaßen arg jargonbehaftete – Art und Weise nichts anderes heißt als: Die Hardware ist nur Mittel zum Zweck. Oder noch anders formuliert: Diese Firmen konzentrieren sich heute darauf, ihren Kunden zu Resultaten zu verhelfen, anstatt ihnen einfach nur die Gerätschaften zu verkaufen.

In der ersten „Fortune 500"-Liste lag GE 1955[2] auf Platz 4, und während ich dieses Buch im Herbst 2017 schreibe, rangiert das Unternehmen auf Platz 13. GE wurde 1889 als Edison General Electric Company gegründet. Es stellte damals Glühbirnen, elektrische Armaturen und Dynamos her und bot sie zum Verkauf an. Heute erzielt GE den Großteil seines Umsatzes mit Dienstleistungen, nicht mit Produkten. Während der Übertragung der Oscar-Verleihung schaltete GE Werbespots mit dem Slogan „Das Digitalunternehmen. Das auch ein Industrieunternehmen ist".[3] Diese Neuausrichtung hat es GE erlaubt, zu überleben und seinen Platz auf der „Fortune 500"-Liste zu verteidigen.

IBM lag 1955 auf Platz 61 der „Fortune 500"-Liste, heute findet man das Unternehmen auf Platz 32. Anfangs verkaufte IBM kommerzielle Waagen und Maschinen zur Verarbeitung von Lochkarten, heute bietet es Dienstleistungen im Bereich IT- und Quantenrechner an. IBM hat sich umwälzend verändert, von einem Produkthersteller hin zu einem Giganten der Unternehmensdienstleistungen. Heutzutage arbeitet IBM mit Watson, einer Technologieplattform, die normale menschliche Sprache versteht und mithilfe maschinellen Lernens aus gewaltigen Mengen unstrukturierter Daten Erkenntnisse ableitet. In seiner Werbung lässt IBM Bob Dylan mit einer künstlichen Intelligenz plaudern. Der Konzern ist nun im Feld der Cognitive Services aktiv – eine ganz schön aufregende Entwicklung, wenn man bedenkt, womit das Unternehmen einmal angefangen hat.

Von den Firmen, die 1955 auf der „Fortune 500"-Liste standen, sind zwölf Prozent bis heute dabei und die meisten von ihnen haben sich auf ähnliche Weise gewandelt. Xerox etwa hat mit der Herstellung von Fotopapier und Fotoausrüstung angefangen und operiert heute als Informationsdienstleister. McGraw-Hill druckt keine

Lehrbücher und Magazine wie das *American Journal of Railway Appliances* mehr, sondern bietet Finanzdienstleistungen und adaptive Lernsysteme an. NCR verkaufte zu Zeiten des Wilden Westens Registrierkassen an Saloons, heute konkurriert man mit Firmen wie Square im Bereich digitaler Zahlungen. *Dinge* erwirbt man dort nicht mehr wirklich.

Und was ist mit den neueren Namen auf der Liste? Mit dem „neuen Establishment", Konzernen wie Amazon, Google, Facebook, Apple und Netflix, den Namen also, die uns sofort vertraut erscheinen, die tatsächlich aber erst seit relativ kurzer Zeit auf der „Fortune 500"-Liste stehen? Sie sind im Eiltempo an die Spitze der Liste geschossen und es scheint nicht so, als würden sie dort in absehbarer Zukunft wieder verschwinden. Diese Firmen haben sich niemals als Produktunternehmen betrachtet, insofern war auch keine Transformation erforderlich. Vom Start weg waren diese Unternehmen voll und ganz darauf ausgerichtet, direkte digitale Beziehungen zu ihren Kunden aufzubauen. Den etablierten Konzernen ist das aufgefallen.

Wir wollen uns ein großes Unternehmen ansehen, mit dem wir alle bestens vertraut sind – Disney. Disney-CEO Bob Iger sagte vor einiger Zeit: „Es ist schon ein ziemlicher Glücksfall, wenn man wie wir Disney, ABC, ESPN, Pixar, Marvel, Star Wars und Lucasfilm hat, aber in der heutigen Zeiten reicht selbst das kaum aus, hat man nicht außerdem Zugang zu seinen Verbrauchern."[4] Abgesehen von dem, was Disney über das Publikum seiner Themenparks an Erkenntnissen gewinnt, weiß das Unternehmen aktuell kaum etwas über seine einzelnen Kunden. Kaufe ich bei Walmart eine Disney-DVD, macht mich das nicht zum Disney-Kunden, sondern zum Walmart-Kunden. Sehe ich mir in einem AMC-Kino den neuesten „Star Wars"-Film an, macht mich das zum Kunden von AMC Theaters und nicht von Disney. Für Disney scheint sich all das schon sehr bald zu ändern.

Und zu guter Letzt: Was ist mit all den jungen Emporkömmlingen, den Firmen, die schon bald ganz oben in der „Fortune 500"-Liste stehen könnten, die neuen Disruptoren wie Uber, Spotify und

Box? Diese Firmen erschienen und eroberten alles im Sturm. Nicht nur, dass sie keine Produkte verkaufen, sie haben ganz neue, eigenständige Märkte erfunden, neue Dienstleistungen, neue Geschäftsmodelle und neue Technologieplattformen. Sie haben dafür gesorgt, dass viele alteingesessene Unternehmen ihnen nun hinterherhecheln. Verbraucher sind verrückt nach diesen Marken, diesen Dienstleistungen und dem Wert, den sie für uns haben – und der weit über das hinausgeht, was ein einzelnes Produkt uns je bieten könnte.

Was haben diese drei Gruppen gemein? Ob GE, Amazon oder Uber – sie alle sind erfolgreich, weil sie erkannt haben, dass wir heute in einer digitalen Welt leben und die Kunden in dieser neuen Welt anders sind. Die Art und Weise, wie Menschen einkaufen, hat sich unwiderruflich verändert. Die Konsumenten hegen neue Erwartungen. Uns ist das Ergebnis wichtiger als der Besitz. Wir haben es lieber maßgeschneidert als standardisiert. Und wir wollen ständige Verbesserungen, keine geplante Obsoleszenz. Wir wollen eine neue Art und Weise, mit Unternehmen zu interagieren. Wir wollen Dienstleistungen und keine Produkte. Der „Einer für alle"-Ansatz reicht nicht mehr aus. Um in dieser neuen, digitalen Welt überleben zu können, müssen die Firmen sich wandeln.

DIE PRODUKTÄRA UND
DIE TYRANNEI DER MARGEN

Etwa 120 Jahre lang haben wir in einer Produktwirtschaft gelebt. Unternehmen entwarfen ein Produkt, stellten es her, verkauften es und verschifften physische Dinge im Rahmen eines Modells zur Wertübertragung. Alles drehte sich um Inventar, Lagerbestände und Zuschlagskalkulationen. Das Verkäufer-Käufer-Modell beruhte auf separaten, oftmals anonymen Transaktionen. „Vom Umtausch ausgeschlossen." – das Schild an der Registrierkasse fasste es perfekt zusammen. Erste Einzelhandelspioniere wie Sears und Macy's veränderten die Art und Weise, wie die Gesellschaft konsumierte, aber sie besaßen nur minimale Erkenntnisse darüber, wer ihre Produkte tatsächlich erstand und wie sie dann verwendet wurden.

1913 nahm Henry Ford das erste Fließband in Betrieb, doch das war letztlich lediglich eine Erweiterung der Produktionsgrundsätze, die während der Industriellen Revolution im 19. Jahrhundert entwickelt worden waren. Beim Fließband ging es nicht nur darum, durch separate, sich wiederholende Aufgaben die Effizienz zu maximieren, es war auch eine Metapher dafür, wie ein Produkt bestimmen kann, wie Lieferketten, Fertigungsprozesse, Vertriebskanäle und Managementstruktur eines Unternehmens auszusehen haben.

Das Produkt war das einzige Leitprinzip. Es organisierte alles entlang eines völlig geradlinigen Kurses. Die Menschen, die in die Fertigung, den Kauf und den Verkauf des Produkts eingebunden waren, waren völlig beliebig und austauschbar. Es kursierte ein Witz, Henry Fords Kunden könnten ihr Model-T-Modell in jeder beliebigen Farbe bestellen, solange sie nur Schwarz war. Was brachte diese gnadenlose Effizienz? Damit gelang es Ford, die Stückkosten enorm zu drücken, und es ermöglichte ihm, den Markt mit günstigen, langlebigen Fahrzeugen zu fluten. Das Model T war aus folgendem Grund nur in Schwarz erhältlich: Wenn alle drei Minuten ein fertiges Auto vom Fließband rollt, *trocknet nur Schwarz schnell genug.*

Die Logik dahinter? Hatte man sich erst einmal ein ausreichend großes Stück vom Kuchen gesichert, konnte man langsam anfangen, die Preise anzuheben und dann über die Gewinnmarge Geld zu verdienen. Die Marge war das alles bestimmende Element (und ein wenig geplante Obsoleszenz hat auch noch nie geschadet). Die Macht, über die Amerikas Großkonzerne in den Nachkriegsjahren verfügten, lässt sich kaum zu groß ansetzen. Sie organisierten sich entlang streng abgegrenzter Produktabteilungen und mussten niemandem Rechenschaft ablegen. Callcenter? Gab es nicht, ebenso wenig Kundendienstvertreter. Einen Artikel zurückgeben? So etwas kam nur in ganz, ganz seltenen Fällen vor. Bei Kunden wie unseren Großeltern funktionierte dieses Modell mehr schlecht als recht, es führte jedenfalls dazu, dass ständig Einheiten ausgeliefert wurden und das Management zufrieden war.

In der zweiten Hälfte des 20. Jahrhunderts tauchten dann ERP-Systeme (Enterprise Resource Planning) auf, das verschlimmerte dieses Problem aber bloß noch. Solche Systeme waren gut darin, die Effizienz der operativen Abläufe zu messen: Rohstoffe, Inventar, Bestellungen, Versand, Lohnkosten. Sie versagten jedoch kläglich, wenn es darum ging, die tatsächliche Kundenerfahrung zu evaluieren. Aber wie sagte schon Peter Drucker, Guru des modernen Managements: Firmen neigen dazu, zu managen, was sie messen können. Also verschrieben sich die Managementteams mit Haut und Haaren dem Produkt, sowohl organisatorisch wie auch strategisch.

Zu dieser Zeit feierte die Lieferketten-Ökonomie ihren Aufstieg. Ziel war es, mit so geringen Lagerbeständen wie möglich ein Gleichgewicht von Angebot und Nachfrage herzustellen. Es war ein Nirwana für Entwickler und Managementberater, die sich von den aus Japan kommenden neuen elektronischen Produkten und den Effizienz-Innovationen bedroht fühlten. „Just in time" bedeutete, der Erzfeind waren nun Lager voller Produkte, die dort Staub ansetzten. „Total-Quality-Initiative" bedeutete, die Prozessoptimierung war niemals abgeschlossen. Michael Dell hat rund um diese Disziplin ein ganzes Imperium aufgebaut.

Vor etwa 20 Jahren wachte schließlich Amerikas Unternehmensriege auf. Ihr war aufgefallen, dass diese unerbittliche Ausrichtung auf Produktivität ihren Preis hatte – es litt nämlich das Verhältnis zwischen Verkäufer und Kunden. Der Kunde war eine völlige Unbekannte, ein Punkt am Ende der Lieferkette, dessen einzige Funktion darin bestand, die vom Unternehmen hergestellten Produkte zu „konsumieren". Wie sich nun zeigte, hatten viele dieser neuen Verbraucher Schwierigkeiten damit, ihre neuen Produkte wie gewünscht verwenden zu können. Und wie gelangten Amerikas Firmen zu dieser Erkenntnis? Die Telefonzentralen der Unternehmen erhielten aufgebrachte Anrufe.

Was unternahmen die Großkonzerne wegen dieses Problems? Sie gründeten Kundendienst-Abteilungen, ganz nach dem Motto: „Wenn man nicht mehr weiter weiß, baut man am besten ein weiteres vertikales Silo auf." Sie riefen Teams für Marktdienstleistungen ins Leben, setzten technische Hotlines auf, Garantieverträge und Wartungsabteilungen. Nun spielte der Kunde endlich eine Rolle, er hatte sogar seine eigene Abteilung! Und diese Abteilung saß ganz am unteren Ende der Lieferkette, kurz hinter dem Verladeplatz.

DAS ZEITALTER
DES KUNDEN

Die Tage des seelenlosen, allmächtigen Großkonzerns gehören heutzutage längst der Vergangenheit an. Die Verbraucher heutzutage sind um ein Vielfaches besser informiert, meistens haben sie vor dem ersten Hallo bereits ausführlich recherchiert, abgewogen und kategorisiert. Und den meisten von ihnen, speziell jüngeren Leuten, geht es nicht mehr so sehr um das Besitzen. Ein Produktkauf ist für viele zusehends zu unnötigem Ballast geworden. Sie wollen Medien auf Abruf haben und nicht physische Produkte verwalten müssen. Deshalb sind die meisten großen Einzelhändler, mit denen ich aufgewachsen bin, mittlerweile verschwunden, Firmen wie Circuit City, Tower Records, Blockbuster, Borders oder Virgin Megastore. Auch viele Malls gibt es heute nicht mehr. Heutzutage erwarten die Menschen von Dienstleistungen unmittelbares und anhaltendes Fulfillment, seien es Mitfahrzentralen, Streaming-Dienste oder Abo-Boxen. Sie wünschen sich regelmäßig positive Überraschungen. Und wenn Sie diese Erwartungen nicht erfüllen, sind Sie ruckzuck weg vom Fenster (ganz abgesehen davon, dass Sie in den Social Media noch eine Abreibung mit auf den Weg bekommen). So einfach ist das.

Die Marktforscher von Forrester Research vertreten die These, dass wir am Anfang eines neuen 20-Jahres-Zyklus stehen, dem „Zeitalter des Verbrauchers".[5] Sie machen eine breit gefasste, systemische Verlagerung bei den Kapitalmodellen aus, eine Hinwendung zu einer neuerdings einflussreichen Konsumentengeneration, die über die Fähigkeit verfügt, jederzeit und überall Preise zu bestimmen, Kritik zu äußern und einzukaufen. Wie diese neue Kundenklasse denkt, beschreibt Forrester so: „Es herrscht die Erwartung, dass jede gewünschte Information oder Dienstleistung auf jedem passenden Gerät, in jedem Kontext auf Abruf zur Verfügung steht." Kunden kommen mit neuen Erwartungen (und ja, es stimmt, diese Erwartungen wurden zweifelsohne von den Millennials geschürt, aber mittlerweile teilt sie nahezu jeder). Sie wollen die Fahrt, nicht das Auto. Die Milch, nicht die Kuh. Die neue Musik von Kanye West, nicht die neue CD von Kanye West.

Anfangs reagierten die Unternehmen größtenteils so, wie sie immer reagiert hatten – mit noch mehr Systemen. Sie legten CRM-Datenbanken für die Kundenpflege an, führten Treuepunkte ein, boten Belohnungen und Anreize für Mitgliedschaften und überschütteten die Menschen mit Umfragen zur Kundenzufriedenheit. Es galt als unumstößlicher Fakt, dass es schwieriger ist, neue Kunden zu gewinnen, als die alten zu halten, und dass negative Kundenerfahrungen viel größere Kreise ziehen als positive. Und es wurde viel von Customer Journeys gesprochen und von Net Promoter Scores.

„Der Kunde hat immer recht." Niemand weiß, woher dieser Satz stammt, aber bereits Ende des 19. Jahrhunderts verwendeten ihn Kaufhaus-Pioniere wie Harry Gordon Selfridge und Marshall Field. Es war damals ein völlig neuartiges Konzept (und verdrängte die allgemein im Einzelhandel vorherrschende Haltung des „Caveat emptor", wonach der Käufer selbst bei einem Geschäft darauf zu achten hat, dass es nichts zu beanstanden gibt). Faszinierend ist jedoch, dass all diese großen „Fortune 500"-Unternehmen es dennoch nicht richtig hinbekamen. Sie entwickelten jede Menge bindende Strategien zum Thema Kundenorientierung, doch was fehlte, war ein *anschauliches* Verständnis von der Denkweise ebendieser Kundschaft. Nach wie vor wurden die Konzerne in den Social Media von links und rechts mit Kritik überschüttet und die Haltung der Öffentlichkeit gegenüber großen Unternehmen hatte sich nicht grundlegend gewandelt. Es reichte schlichtweg nicht.

Dann geschah etwas Komisches: Diese digitalen Disruptoren, die ich bereits erwähnt habe, Firmen also wie Salesforce und Amazon, führten das Konzept „Der Kunde kommt an erster Stelle" auf ein ganz neues Level, indem sie tatsächlich eine echte, direkte und anhaltende Beziehung zu ihren Kunden aufbauten. Es gab keine Kundensegmente mehr – sie besaßen individuelle Abonnenten. Und jeder einzelne dieser Abonnenten verfügte über eine eigene, individuelle Homepage, eine eigene Historie seiner Aktivitäten, seine eigenen No-Gos, seine eigenen, von Algorithmen errechneten Empfehlungen, seine eigenen einzigartigen Erfahrungen. Und dank der Abonnenten-IDs verschwand auch die Notwendigkeit, sich mit all diesen langweiligen Verkaufsprozessen herumzuplagen. Vor zehn Jahren gab es kein Spotify und Netflix war ein DVD-Vertrieb. Heute sind beide Unternehmen für einen beträchtlichen Anteil am Umsatz ihrer jeweiligen Branche verantwortlich! Heute stellen sich Firmen ganz andere Fragen: Was braucht es, um langfristige Beziehungen aufzubauen? Was benötigen wir, um uns auf Ergebnisse und nicht auf Besitz zu konzentrieren? Um neue Geschäftsmodelle zu erfinden? Um unsere wiederkehrenden Umsätze zu steigern und anhaltend Wert zu liefern?

Um zurück zum Anfang zu springen: Wie sieht „digitaler Wandel" aus? Für mich sieht er sehr nach einem Kreis aus. Warum, das möchte ich Ihnen jetzt darlegen.

DAS NEUE
GESCHÄFTSMODELL

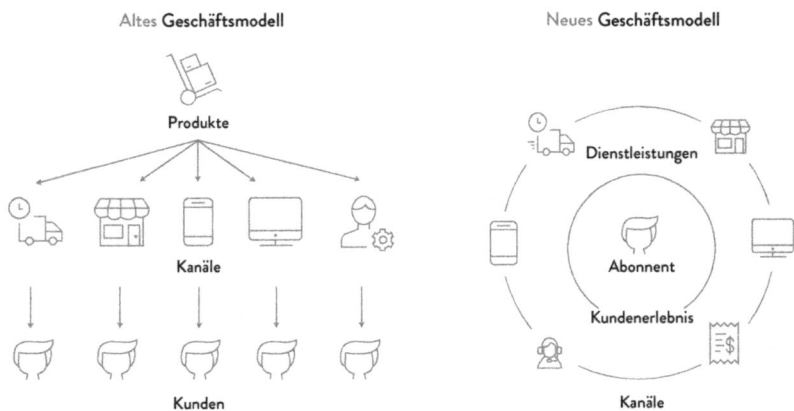

Auch wenn Sie ansonsten den kompletten Inhalt dieses Buches wieder vergessen, behalten Sie bitte dieses Diagramm in Erinnerung. Es fasst zusammen, welchen Wandel wir derzeit durchlaufen. Auf der linken Seite sehen Sie das alte Modell. Die Unternehmen konzentrierten sich darauf, „ein Produkt auf den Markt zu bringen" und von diesem Produkt so viele Einheiten wie möglich zu verkaufen, egal ob es sich um Autos, Kugelschreiber, Rasierer oder Laptop-Rechner handelte. Um dieses Ziel zu erreichen, schoben sie ihre Produkte in so viele Verkaufs- und Vertriebskanäle, wie es nur ging. Natürlich muss am anderen Ende auch ein Konsument sein, der all das Zeug kauft, aber oftmals war es dem Unternehmen völlig egal, wer diese Menschen waren. Hauptsache, das Lager leerte sich im gewünschten Tempo.

Das moderne Unternehmen denkt nicht so. Firmen, die heutzutage erfolgreich sind, beginnen mit dem Verbraucher. Sie sind sich darüber im Klaren, dass Verbraucher ihre Zeit auf viele unterschiedliche Kanäle aufteilen – und wo auch immer diese Verbraucher sind, wichtig ist, deren Bedürfnisse zu erfüllen. Je mehr Informationen

Sie über den Kunden zusammentragen können, desto besser können Sie seine Bedürfnisse befriedigen und desto wertvoller wird die Beziehung. Das ist digitaler Wandel – weg von linearen Transaktionskanälen hin zu einer kreisförmigen, dynamischen Beziehung zu Ihrem Abonnenten.

Große Veränderungen stehen uns bevor. Wenn Sie innerhalb der nächsten fünf bis zehn Jahre nicht herausfinden, wer Ihre Kunden sind, sind Sie zum Scheitern verurteilt. Kleinere Start-ups erledigen gewaltige Großkonzerne einfach nur aus dem Grund, dass sie wissen, an wen sie verkaufen. In der gesamten 80.000 Milliarden Dollar schweren Weltwirtschaft werden die Karten neu gemischt. Es überleben diejenigen Unternehmen, die ihren Kunden über einen langen Zeitraum hinweg folgen. Sie erwarten von ihren Kunden nicht, dass diese ihnen folgen. Weiß ein Unternehmen, was die Kunden wollen und wie sie es wollen, wird es sich gegen eine Firma durchsetzen, die viel Geld und Mühe auf ein Produkt aufwendet, das es für eine gute Idee hält, und dann noch einmal genauso viel Zeit und Mühe darauf, die Menschen vom Kauf zu überzeugen.

Dieser Wandel weg von einer Denkweise, bei der das Produkt im Mittelpunkt steht, hin zu einer, die sich um den Kunden dreht, ist eines der Hauptmerkmale der Subskriptions-Wirtschaft. Heutzutage läuft die ganze Welt „as a Service" – das Transportwesen, das Bildungswesen, die Medien, der Gesundheitssektor, Connected Devices, Einzelhandel, Industrie. Natürlich sind Abonnements an sich nichts Neues. Als Geschäftsmodell haben sie Journalisten, Autoren, Illustratoren, Historiker und Kartografen über Hunderte von Jahren hinweg in Lohn und Brot gehalten. Abonnements halfen in den 1980er-Jahren auch, jede Menge schlechter CDs zu verkaufen (mehr dazu später).

Warum kommt es gerade jetzt zu diesem Wandel? Das hängt mit der Art und Weise zusammen, wie diese Abonnements zugestellt werden – nämlich digital –, und mit den enormen Datenmengen, die diese digitalen Abos erzeugen. Wenn man bedenkt, dass der Handel noch immer von Buchhaltungsstandards dominiert wird, die aus dem 15. Jahrhundert stammen, ist das kommerzielle Internet im Vergleich dazu verhältnismäßig jung, gerade mal um die 20 Jahre alt. Ich bin komplett ohne Online-Handel aufgewachsen und so alt bin ich nun auch noch nicht. Das iPhone ist knapp über zehn Jahre alt und nun überlegen Sie einmal, wie sehr dieses Gerät beeinflusst hat, wie wir Dienstleistungen nutzen. Die Cloud hat die Ansichten der Firmen über IT-Infrastruktur, über professionelle Dienstleistungen und über Capex (Investitionsausgaben) gegen Opex (Betriebskosten) grundlegend verändert. Diese ganze neue Welt der Connected Devices fühlt sich ohne Frage brandneu an. Wie Mary Meeker in ihren jüngsten Berichten zu Internettrends schrieb: Dass die Zahl digitaler Abonnements im Verbraucherbereich explodiert, hängt mit den massiven neuen Verbesserungen der digitalen Nutzererfahrung zusammen, insbesondere im Bereich der Mobiltelefone.[6]

Es fühlt sich an, als stünden wir am Anfang von etwas ganz Großem.

Also lassen Sie uns gemeinsam einige der Aspekte untersuchen, die aufzeigen, wie das Abonnement-Modell jeden einzelnen Bereich der modernen Wirtschaft verändert.

KAPITEL 2
EINZELHANDEL NEU GEDACHT

Der traditionelle Einzelhandel stirbt. Zumindest lassen die Zahlen diese Schlussfolgerung zu. In den Vereinigten Staaten schlossen 2017 mehr Läden als je zuvor, mindestens 7.000 stationäre Geschäfte machten dicht. Während der Finanzkrise von 2008 waren es knapp über 6.000 gewesen, was den bisherigen Rekord darstellte. Hinter dieser Zahl verbergen sich über 13 Quadratkilometer leer stehende Einzelhandelsfläche und die dazugehörenden Namen sind uns wohlbekannt: Staples, Kmart, JCPenney, Sears (in den 1960er-Jahren machten die Umsätze von Sears ein Prozent des amerikanischen BIP aus). Mindestens ein Dutzend hoch verschuldeter Einzelhändler suchte 2017 Gläubigerschutz. Amerika hat zu viele Geschäfte – die Private-Equity-Branche überfrachtete die großen Einzelhandelsketten mit Schulden und zwang sie, Hunderte neuer Geschäfte an Standorten mit durchwachsenen Erfolgsaussichten zu eröffnen. Es gibt in den Vereinigten Staaten über 1.000 Einkaufszentren und Experten gehen davon aus, dass innerhalb der nächsten fünf Jahre ein gutes Viertel davon schließen wird (in den 1990er-Jahren erreichte die Zahl der Shoppingmalls mit etwa 1.500 ihren bisherigen Höchststand). Eine kurze Google-Suche führt zu Websites für Fans „toter Malls" und Begriffen wie „Label Scar" („Marken-Narbe") für die verblassenden Markierungen, die zurückbleiben, wenn Ladenschilder entfernt werden.

Online-Handel ist die Zukunft, zumindest ist das die vorherrschende Meinung im Silicon Valley. Online-Handel oder E-Commerce macht mittlerweile über 13 Prozent des gesamten Einzelhandelsgeschäfts aus und wächst um jährlich 15 Prozent (bei stationären Geschäften sind es gerade einmal drei Prozent Wachstum). Während ich dies schreibe, macht E-Commerce etwa 450 Milliarden Dollar aus, Ende 2018 soll die Grenze von 500 Milliarden Dollar geknackt werden. Amazon beispielsweise weist allein in den USA über 90 Millionen Prime-Mitglieder auf, was etwa der Hälfte aller amerikanischen Haushalte entspricht. Diese Kunden bezahlen allein für ihre Prime-Mitgliedschaft nahezu neun Milliarden Dollar im Jahr und kaufen darüber hinaus im Schnitt für insgesamt 117 Milliarden Dollar ein. Die Beliebtheit von Online-Abonnements für Haushaltsbedarf und Routine-Einkäufe explodiert – vermutlich wird es in einigen Jahren völlig normal sein, den alltäglichen Lebensmittelkauf über das Internet abzuwickeln.

Aber Moment mal, nicht so schnell, bitte! Noch immer werden mehr als 85 Prozent aller Einzelhandelskäufe in realen Geschäften getätigt, wir sprechen hier über mehr als 5.000 Milliarden Dollar Umsatz. Und bitte nicht vergessen – diese Zahl steigt noch! In den kommenden vier Jahren wird der globale Einzelhandelssektor den Umsatz um 5.000 Milliarden auf 28.000 Milliarden Dollar steigern und der Großteil davon wird auf den stationären Handel entfallen. Parallel dazu gibt es eine weitere interessante Entwicklung: Online-Händler eröffnen Ladengeschäfte. Und zwar reichlich. Während ich dies hier schreibe, sind Unternehmen wie Trunk Club (Bekleidung), Warby Parker (Brillen), UNTUCKit (Hemden), Casper (Matratzen), Birchbox (Kosmetik), Allbirds (Schuhe), Boll & Branch (Laken), Away (Gepäck), ModCloth (Bekleidung) und Rent the Runway (Bekleidung) dabei, Hunderte neuer stationärer Geschäfte zu eröffnen. Laut dem Immobilien-Marktforscher CoStar Group hat sich die stationäre Ladenfläche von Einzelhändlern, die mit Online-Geschäften starteten, während der vergangenen fünf Jahre verzehnfacht. Was noch interessanter ist: Um Kunden in ihre Geschäfte zu locken, beschlossen die Händler, ihre Produkte nicht mehr online anzubieten. Auf Starbucks.com beispielsweise können Sie keinen Kaffee mehr kaufen.

Und wir dürfen Amazon nicht vergessen. Dem Konzern gehören 460 Läden der Marke Whole Foods plus mehrere neue Buchgeschäfte. Mittlerweile weist das Unternehmen in seinen Quartalsberichten außerdem Einnahmen aus stationären Geschäften aus. Laut internen Dokumenten macht Amazon Potenzial für mindestens 1.500 weitere Lebensmittelläden aus. Reid Greenberg vom Marktforscher Kantar Retail sagt: „Der Einzelhandel ist alles andere als tot. Rund 85 bis 90 Prozent des Handels findet in stationären Geschäften statt. Was tot ist, ist schlechter stationärer Handel. Diese mall-artigen Kaufhäuser haben mit reichlich Problemen zu kämpfen, weil sie nicht in der Art und Weise auf die Kunden eingehen, wie diese es sich wünschen. Wenn sie heute eines dieser Geschäfte betreten, wissen die Kunden bereits, was sie erwartet."[1]

Wie sich zeigt, wird es heutzutage immer schwieriger, sich als reiner Onlinehändler etwas aufzubauen. In der jüngsten *Activate*-Studie von Michael Wolf kommen die 15 weltweit führenden E-Commerce-Marktplätze auf über 60 Prozent des Gesamtumsatzes.[2] Alexei Agratchev, CEO von RetailNext, merkt an: „Als E-Commerce-Händler hat man es mit enorm hohen variablen Kosten zu tun, was Versand und Retouren anbelangt. Andererseits ist Amazon eine fantastische Logistikmaschine und selbst die arbeiten den Großteil der Zeit nicht gewinnbringend. Zudem steigen die Kosten für die Online-Kundenakquise – mehr Netzwerke fordern mehr Geld für Referrals. Und dann ist da noch die Frage, wie man sich online wirkungsvoll von der Konkurrenz abheben kann. Alles, was man auf seiner Website unternimmt, kann ein Wettbewerber ziemlich einfach nachahmen. In Ladengeschäften dagegen lassen sich wirklich coole Erfahrungen erzeugen, die man sonst nirgendwo findet."

UM E-COMMERCE
GING ES NIE

Wie sich zeigt, sind Ladengeschäfte noch immer unglaublich wertvoll und der traditionelle Einzelhandel ist alles andere als tot – er muss einfach nur neu gedacht werden. Was ich damit meine? Lassen Sie mich mit einer interessanten Gegenfrage antworten: Was war der allererste Artikel, den Sie auf Amazon gekauft haben?

Sie finden ihn auf der allerletzten Seite Ihrer Bestellhistorie. Nur zu, legen Sie das Buch weg und sehen Sie nach. Ich zeige Ihnen auch, wie es bei mir aussieht:

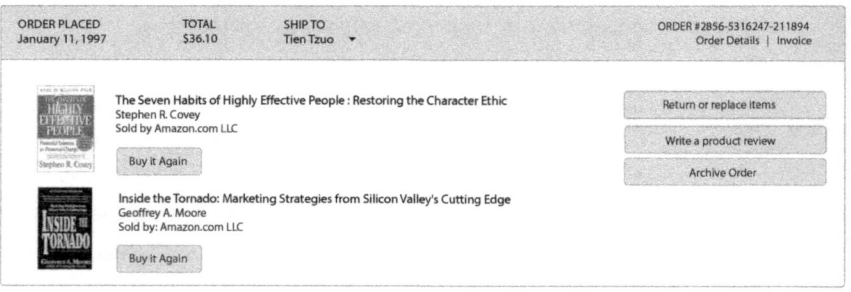

Das war noch in den Zeiten, als Amazon einfach nur Bücher verkaufte. Wie es sich für einen guten Wirtschaftsstudenten gehörte, gab ich 36,10 Dollar aus für Stephen Covey (*Die 7 Wege zur Effektivität: Prinzipien für persönlichen und beruflichen Erfolg*) und Geoffrey A. Moore (*Das Tornado-Phänomen: Die Erfolgsstrategien des Silicon Valley und was Sie daraus lernen können*). Natürlich kann ich mir auch alles andere ansehen, was ich im Laufe der Zeit bei Amazon bestellt habe. Das führt dazu, dass Amazon weiß, woran ich interessiert bin, mir durchdachte Empfehlungen macht und sich um die Einzelheiten kümmert. Alles führt zurück zum Kunden.

Sehen wir uns nun Walmart an. 90 Prozent aller Amerikaner leben nicht weiter als 20 Minuten von einem Walmart entfernt. Walmart betreibt 5.000 Geschäfte, hat über 1,5 Millionen Angestellte und bedient pro Woche mehr als 140 Millionen Kunden. Nahezu jeder Amerikaner gibt mindestens einmal im Jahr Geld bei Walmart aus. Das sind unglaubliche Zahlen. Es handelt sich um ein Unternehmen, das seit Jahrzehnten Erfahrungen im Umgang mit Lieferketten sammelt, mit Transportlogistik und Bestandsverwaltung. Das Unternehmen weiß, wie man Produkte einkauft und verkauft. Der Großteil der Kunden kauft dort Lebensmittel und Dinge des täglichen Bedarfs, es handelt sich also um ganz einfache, sich wiederholende Einkäufe. Aber was war der letzte Gegenstand, den Sie bei Walmart erworben haben? Das Unternehmen kann Ihnen das ganz gewiss nicht sagen. Für Walmart sind Sie im Grunde nur ein Vehikel für den Abtransport von Bestand. Haben Sie die Registrierkasse passiert, verschwinden Sie vom Radar.

Um der Gerechtigkeit Genüge zu tun, muss man hinzufügen, dass sich das bei Walmart gerade ändert. Der Konzern hat massiv in den Online-Handel investiert, in Bezahl-Apps und Abhol- und Bringdienste. Lange Jahre jedoch dachte man bei Walmart wie ein Produktunternehmen. Die Läden gab es, um dort Produkte zu verkaufen. Die Kundschaft war lediglich dazu da, diese Produkte zu kaufen. Amazon denkt da ganz anders. „Wir bei Amazon hatten drei große Ideen, an die wir uns all die Jahre gehalten haben", sagte Jeff Bezos: „Stell den Kunden an die allererste Stelle. Sei erfindungsreich. Sei geduldig." Ein anderes beliebtes Bezos-Zitat: „Ich weiß nicht, wie es Ihnen geht, aber die meisten meiner Gespräche mit Kassenpersonal sind nicht sonderlich bedeutsam." Die Auseinandersetzung zwischen Amazon und Walmart wurde als Kampf zwischen E-Commerce und traditionellem Einzelhandel hingestellt, aber das war seit jeher ein falsches Bild. Es geht vielmehr darum, mit dem Kunden anzufangen und nicht mit dem Produkt. Es geht darum, dauerhafte Beziehungen aufzubauen. Es geht darum, den Handel neu zu denken – mit der digitalen Erfahrung anzufangen und dann das Geschäft um diesen Aspekt herum aufzubauen.

APPLE ALS
DIENSTLEISTUNG

Jedes Jahr versammeln sich mehrere Tausend IT-Journalisten und lauschen Apple-Managern, wie sie über das neueste iPhone schwärmen, das *noch ein wenig* dünner, glänzender und breiter geworden ist als das iPhone, von dem sie vergangenes Jahr so schwärmten. Das allererste iPhone war wirklich bahnbrechend, aber mittlerweile wird diese ganze Nummer immer alberner. Die Analystin Simona Jankowski von Goldman Sachs schreibt völlig richtig: „Das Schlachtfeld bei Smartphones verlagert sich vom Kampf um Stückzahlen hin zur Monetarisierung der Nutzer."[3] Den Apple-Managern ist das wohl auch bewusst geworden, denn in letzter Zeit betonen sie immer, wie sehr die Einnahmen aus dem Dienstleistungsgeschäft zugelegt haben und dass diese sich bis 2020 verdoppeln sollen.

Bei der Telefonkonferenz mit den Analysten am 1. Februar 2018 ging es nahezu ausschließlich darum, die Einnahmen aus dem Servicebereich hervorzuheben – 31,15 Milliarden Dollar waren es 2017, was für sich genommen schon für einen Platz auf der „Fortune 100"-Liste reichen würde. Dieser Umsatz legt jährlich um 27 Prozent zu und macht über die Hälfte des Wachstums von Apple aus. Das Hardware-Geschäft unterliegt saisonalen Schwankungen und durchläuft enorme Höhen und Tiefen, doch das Dienstleistungsgeschäft zeigte Quartal um Quartal beständiges, vorhersehbares Wachstum. Aber wissen Sie was? Es gibt nach wie vor Leute, die es nicht kapiert haben. Bei dieser Telefonkonferenz dominierte vor allem ein Thema die Analystenfragen – Angebot und Nachfrage beim iPhone. Da möchte man am liebsten mit dem Kopf auf die Tischplatte hauen.

Mir ist schon klar, dass Apple hervorragend damit fährt, wohlhabenden Menschen teure Telefone zu verkaufen. Bislang. Aber stellen Sie sich einmal vor, Tim Cook stellt sich bei der nächsten Apple-Veranstaltung hin und verkündet einen simplen, monatlichen Apple-Abo-Plan, der alles abdeckt: Gebühren für den Netzanbieter, automatische Hardware-Upgrades, Add-ons für zusätzliche Geräte, Musik- und Video-Inhalte, spezielle Software, Spiele und so weiter. Nicht einfach nur ein Upgrade-Programm, sondern „Apple als Dienstleistung". Ich muss gestehen, das ist nicht meine Idee, sondern die von Goldman Sachs. Deren Analystin Simona Jankowski regt ein „Apple Prime"-Abo an. Für 50 Dollar im Monat würde man garantierte Telefon-Upgrades bekommen, Apple TV und Apple Music. Stellen Sie sich vor, das Unternehmen aus Cupertino würde eine Finanzprognose ähnlich wie die von Salesforce abgeben und erklären, 80 Prozent des Umsatzes vom kommenden Jahr habe man bereits in der Tasche. Was glauben Sie, wie lange es noch dauern würde, bis Apple die Schallgrenze von 1.000 Milliarden Dollar Börsenwert durchbricht?

Mit jedem Jahr wird es Apple immer mehr egal, wie viele iPhones verkauft werden. An Bedeutung gewinnen hingegen der Umsatz pro Apple-ID, der Lifetime Value pro Apple-ID und die Effizienzzahlen, was Umfang und Wert dieser Apple-IDs anbelangt. Apple war clever genug, diese IDs zum Teil seiner Einzelhandelserfahrung zu machen: Ich kann in einen beliebigen Apple-Store gehen, meine ID vorzeigen und mit einem Produkt zur Tür herausspazieren. Das ist ziemlich beeindruckend. Auch bei Starbucks gibt es eine derartige ID. Ich kann mich bei Starbucks einloggen und nachsehen, wie viel Kaffee und Lattes ich konsumiert habe, seit ich die Starbucks-Karte und die App zum mobilen Bezahlen das erste Mal benutzt habe. Wer sonst hat so eine ID? Allzu viele Unternehmen fallen einem da spontan nicht ein. Das ist für jede Verbrauchermarke ziemlich ernüchternd.

DIE NEUEN „BUCH DES MONATS"-KLUBS

Wenn Sie in fünf Jahren Ihr Geld noch immer damit verdienen, Fremden Ihr Produkt aus einem Regal heraus zu verkaufen, dann werden Sie in zehn Jahren vermutlich gar nichts mehr verkaufen. Jede Verbrauchermarke sollte heutzutage vor allem ein Ziel verfolgen, nämlich ihre Kunden zu kennen. Gelingt Ihnen das nicht, werden Sie scheitern, so einfach ist das. Dieses Prinzip haben all diese neuen Abo-Unternehmen verstanden, die derzeit so phänomenale Erfolge feiern: Birchbox (Kosmetik), Dollar Shave Club (Rasierer und Pflegeprodukte), Loot Crate (Gaming-Artikel), Stitch Fix (Kleidung), Freshly (Mahlzeiten), Graze (Snacks), Trunk Club (Kleidung), Fabletics (Sportbekleidung) oder Stance (Socken). All diese Unternehmen unterscheiden sich stark von den „XY des Monats"-Klubs früherer Zeiten. Sie rücken den Kunden an die erste Stelle, sie beginnen mit ihm und kreieren spaßige, fesselnde Abo-Erfahrungen, die mit der Zeit immer feiner ausgeklügelt daherkommen.

Das war nicht immer so. Columbia House war ein Mailorder-Musikdienst, der im Herzen vieler, die wir in den 1980er- und 1990er-Jahren aufwuchsen, einen besonderen Platz einnimmt (nämlich weit oben auf der Hassliste?). Man meldete sich für das Einführungsangebot an und Columbia House schickte einem für gerade einmal einen Cent das Album (und später auch Acht-Spur-Kassetten, gewöhnliche Kassetten und CDs) seiner Wahl. Was sollte es sein? Journey? Run-D.M.C.? Springsteen? Egal, Columbia House fällte kein Urteil. Man wählte einfach etwas aus und wartete dann, bis der Postbote mit der Lieferung vor der Tür stand. Jahrzehntelang dominierte Columbia House das Mailorder-Musikgeschäft – in seinen besten Tagen kam das Unternehmen auf 1,4 Milliarden Dollar Umsatz -, musste Ende 2015 aber dennoch Gläubigerschutz beantragen. Das lag zum Teil daran, dass sich unser Medienkaufverhalten geändert hatte (siehe Spotify, Netflix, Nischenanbieter und so weiter) und dass Amazon und andere Online-Händler einen gnadenlosen Wettbewerb führten – aber wenn Sie mich fragen, hängt der Untergang von Columbia House vor allem damit zusammen, dass das Unternehmen keinen guten Umgang mit seinen Abonnenten pflegte.

Es wurde nicht versucht, rund um die Beziehungen zu den Abonnenten ein Geschäft aufzubauen, stattdessen verschickte Columbia

House die Produkte einfach blind und ließ den Verbraucher den Preis dafür bezahlen. Es ist ein trauriger Trick: Man verleitet den Verbraucher dazu, im Tausch gegen ein vergünstigtes Produkt oder eine kostenlose Testphase seine Kreditkarteninformationen herauszugeben, und wenn er dann nicht rechtzeitig kündigt, stellt man ihm alles in Rechnung. Dank unklarer Abrechnungspraktiken, vertrackter Kündigungsprozesse und schlechter Kommunikation bleiben viele Abonnenten auf ungewollt gekauftem Müll sitzen. Es ist traurig, aber bis heute kommen viele Unternehmen mit diesen Zombie-Geschäftsmodellen durch, indem sie ihre Kunden vernachlässigen.

Und was ist heute anders bei den Monatsabonnements? Nun, die klugen haben erkannt, dass sie einen großartigen Dienst aufbauen müssen, wollen sie ihre Kunden tatsächlich halten. Billige Tricks wie das Verstecken des „Kündigen"-Knopfes führen dabei zu nichts. „Wenn man auf lange Sicht im Abo-Geschäft ist, ist es vor allem in einer Zeit, in der unzufriedene Kunden blitzschnell miteinander kommunizieren können, von höchster Bedeutung, die Goldene Regel zu befolgen", sagt der Autor Robbie Kellman Baxter (*The Membership Economy*): „Möchte der Kunde gehen, mach es ihm einfach. Natürlich können Sie nachfragen, warum er geht, Sie können auch versuchen, ihn zurückzugewinnen, aber stellen Sie sich ihm nicht in den Weg. Das wäre das digitale Gegenstück dazu, den Ausgang durch einen riesigen Türsteher blockieren zu lassen."[4]

Wir haben erlebt, wie Unternehmen wie Fabletics (ein Lululemon-Wettbewerber, zu dessen Gründern die Schauspielerin Kate Hudson gehört) und Adore Me (Designer-Unterwäsche) heftige Kritik für ihren Umgang mit Abonnenten einstecken mussten. Undurchschaubare Abrechnungsmodelle, schwierige Kündigungsprozesse, schlechte Kommunikation – diese Probleme im Abo-Einzelhandel und diese Kundenkritik haben ihre Wurzeln allesamt in der Idee der „negativen Option". Man muss beiden Firmen zugutehalten, dass sie konkrete Schritte ergriffen haben, um Service und Transparenz zu verbessern. Die Folge: Die Kundenzufriedenheit stieg an.

Dennoch scheint es 60 Jahre nach der Gründung von Columbia House so, als hätten viele andere Abo-Einzelhändler diesen Punkt noch immer nicht begriffen. Sie haben nicht die geringste Vorstellung davon, wie sie eine großartige Kundenerfahrung (und nicht einfach nur ein Produkt) verkaufen sollen und wie sie aus dem Potenzial für eine nahtlose Kundenerfahrung Kapital schlagen sollen. Es reicht nicht, einfach eine Monatsgebühr für ein Produkt festzulegen und dann mit dem Versand zu beginnen. Nein, es muss vielmehr ein komplettes Umdenken einsetzen. Benötigt wird eine geistige Haltung, bei der die Kunden wie Abonnenten behandelt werden – Partner in einer fortwährenden und auf gegenseitigen Nutzen ausgelegten Beziehung.

FENDER:
STATT NUR GITARREN ZU VERKAUFEN, WERDEN MUSIKER GESCHAFFEN

Dass Abos eine tolle Sache für verderbliche Waren und Wiederholungskäufe sind, liegt auf der Hand, etwa für Rasierer, Windeln, Lebensmittel, Waschmittel oder Tiernahrung. Aber was, wenn Sie hochpreisigere Produkte vertreiben und trotzdem die Vorteile der Abonnenten-Beziehung genießen wollen, die durch diese monatlichen Boxen entstehen? Ganz einfach: Binden Sie Ihre Produkte in überzeugende digitale Dienstleistungen ein. Eine tolle Geschichte in dieser Hinsicht ist Fender. Das Unternehmen stellt seit über 70 Jahren fantastische E-Gitarren her, doch im Verlauf des letzten Jahrzehnts ist der Absatz von elektrischen Gitarren branchenweit um etwa ein Drittel eingebrochen. Fender macht fast die Hälfte seines Umsatzes mit dem Verkauf an Anfänger, aber etwa 90 Prozent von ihnen hören innerhalb eines Jahres wieder auf zu spielen. Aus dem Blickwinkel eines Abonnenten-Unternehmens bedeutet das eine „Churn Rate", eine Abwanderungsquote, von 90 Prozent!

Das erkläre sich vor allem dadurch, dass die Gitarre als Instrument schwer zu erlernen sei, sagt Fenders Chief Product Officer für den Digitalbereich, Ethan Kaplan. Die ersten Akkorde mögen noch ganz einfach sein, aber die meisten Anfänger würden auf diesem Niveau hängenbleiben und schließlich ganz aufgeben, so Kaplan. Er weiß aber: Gelingt es Fender, die Leute zum Weiterspielen zu bringen und die Abwanderungsquote zu reduzieren, dann gewinnt das Unternehmen zahlreiche lebenslange Kunden. Aus diesem Grund erklärte es das Unternehmen zur Priorität, Gitarrenspieler davon abzuhalten, ihr Instrument beiseitezulegen. Damit das gelang, musste man über ungewöhnliche Wege nachdenken. Fenders Ansatz: Eine neue Online-Videoplattform, Fender Play, für die man ein Abonnement abschließen muss. Im Gegenzug erhält man Zugriff auf Lehrvideos, die einem in einer halben Stunde oder noch schneller beibringen, sein erstes Riff oder seinen ersten Song zu spielen. (Ich bin ein Fan und beherrsche bislang drei Grundakkorde: C, D und G. Drücken Sie mir die Daumen, dass ich nicht auch stagniere.)

„Um wirklich ein Gefühl für unser Publikum zu gewinnen, haben wir eine Segmentierungsstudie durchgeführt und diese als Ausgangspunkt für die Entwicklung einer Digitalstrategie genutzt", sagt Kaplan. Der Erfolg von Lynda.com, einer Bildungs-Website mit Abo-Modell, überzeugte Fender davon, dass es einen Markt für Fender Plays Premium-Inhalte geben könnte. Fenders erstes Produktangebot war im August 2016 Fender Tune, eine kostenlose App zum Gitarrenstimmen. Fender Tune ebnete den Weg für Fender Play – und verhalf Fender zu ersten Erfahrungen im Gewinnen enormer Datenmengen über seine Kundschaft. „Ich kann sehen, wie viele Minuten [bei Tune] verbracht werden, wie viele Leute ihre Gitarre stimmen, in welcher Tonart sie stimmen und ob sie es hinbekommen", sagt Kaplan. Vor der Einführung von Fender Play hat Kaplans Team ein Jahr lang Kapazitäten für Datenanalysen aufgebaut, um in Echtzeit Erkenntnisse zu Fenders digitalen Produkten gewinnen zu können. „Durch die Lernprozesse in einem ständigen Dialog mit unseren Kunden zu stehen, ist wirklich zentral", sagt Kaplan. „Ich will den Menschen nicht nur Gitarren verkaufen und dann hoffen, dass sie sie auch tatsächlich spielen."[5]

Allein dadurch, dass er den Anteil derjenigen, die ihre Gitarre dauerhaft weglegen, um zehn Prozent reduziere, könne er die Größe seines Markts verdoppeln, erklärt Fender-Chef Andy Mooney (der übrigens 2017 die „Subscribed"-Konferenz in San Francisco mit einer atemberaubenden Coverversion von „Layla" beendete). Ein fantastisches Beispiel dafür, wie jemand eine service-orientierte geistige Haltung auf ein vermeintlich „statisches" Produkt anwendet. Mooney denkt nicht über Reseller-Margen und Stückzahlen nach, sondern über Kundenbasen und Engagement-Raten. Es geht nicht darum, eine Gitarre zu besitzen, sondern darum, sein Leben lang jemand zu sein, der es liebt, Gitarre zu spielen und Musik zu machen. „Leo Fender hat zeitlebens keine Gitarre gespielt", sagte Mooney. „Aber er hat Künstlern zugehört. Wir bei Fender glauben bis heute daran, unseren Kunden zuzuhören."

DIE NEUE
EINZELHANDELSERFAHRUNG

Wie wir gesehen haben, kann der Einzelhandel funktionieren, wenn man ihn neu denkt. Was bedeutet das? Nun, sehen Sie sich Amazon und Apple an. Bei denen fängt alles mit dem Kunden an (jaja, schon klar, Apple ist ein berühmtes „Produktunternehmen", aber meiner Meinung nach erachtet man bei Apple diese Produkte zusehends – und völlig zu Recht – als einen Weg, kundenbasierte Dienste möglich zu machen). Und jetzt blüht eine völlig neue Art von Boxen-Abo-Anbietern auf, die denselben Weg einschlagen und sich unbeirrbar auf den Kunden fokussieren. Selbst Hersteller von Luxusartikeln wie Fender setzen auf Innovation und gehen dauerhafte digitale Beziehungen mit ihren Kunden ein, die auf Lernen und Einbinden basieren. Und was hat das jetzt alles mit den „regulären" Geschäften in den Einkaufszentren zu tun? Auch bei der neuen Sorte Einzelhändler dreht sich vom Start weg alles um den Kunden. Mike Elgan, Kolumnist beim digitalen Fachmagazin *Computerworld*, fasst das Ganze gut zusammen: „Unter dem Strich zeigt sich, dass es keine ‚Einzelhandels-Apokalypse' gibt. Das basiert auf einer überholten Unterteilung in ‚online' und ‚stationär'. Die wirkliche Grenze verläuft zwischen datenbasiertem, app-zentriertem, flexiblem und sich über alle Kanäle erstreckendem Einzelhandel auf der einen Seite und dem alten, muffigen Einzelhandel auf der anderen."[6]

Sehen wir uns einmal näher an, wie Firmen Ladengeschäfte als Verlängerung ihres Online-Shops ansehen, während gleichzeitig immer deutlicher wird, wie schwierig es ist, allein mit Abverkäufen über das Internet rentabel zu arbeiten.

Erinnern Sie sich noch an die große „Showrooming"-Hysterie? Bei den Einzelhändlern ging die Angst um, die Leute würden ihre Geschäfte besuchen, sich dort in aller Ruhe umsehen und dann online beim Wettbewerber günstiger bestellen.

Mithilfe von etwas Marktforschung stellten sie dann fest, dass natürlich das Gegenteil zutraf: Mehr Menschen machen sich erst einmal im Internet schlau und gehen dann das Produkt im Laden testen, bevor sie es kaufen. Heute ist das der Schlüssel für jede erfolgreiche Verbrauchermarken-Erfahrung: An erster Stelle muss die Online-Erfahrung stehen. Zwischen 2010 und 2016 fiel Gillettes Marktanteil in den USA bei Rasierern für Männer von 70 auf 54 Prozent. Woran lag das? Weil immer mehr Männer online bei Harry's oder dem Dollar Shave Club einkaufen. Lagert man die Kundenidentität, den Versand und die Verpackungslogistik ins Internet aus, müssen die stationären Geschäfte nicht wie Warenlager aussehen, sondern können wie Showrooms gestaltet werden. Warby Parker schätzt, dass drei Viertel der Kundschaft in den stationären Geschäften vor dem Besuch auf der Website war.

In den „Guide Shops" von Bonobos (gehört inzwischen zu Walmart!) beispielsweise werden im Grunde gar keine Artikel verkauft. Wenn Sie etwas sehen, was Ihnen gefällt, schickt man es Ihnen später

KAPITEL
ZWEI

zu. Das Grundkonzept besteht darin, dass die Menschen kommen, Sachen anprobieren und sich beraten lassen. Die Läden dienen nicht dazu, Bestand zu verwalten, sondern dazu, das Entdecken in den Vordergrund zu stellen.

Warby Parker erzielt durchschnittlich 280 Dollar Umsatz pro Quadratmeter Verkaufsfläche (etwas weniger als Tiffany), wohlwissend, dass 85 Prozent der Laufkundschaft zuvor bereits ausführlich online gestöbert hat. Das Unternehmen versucht, nicht jeden Zentimeter Verkaufsfläche mit Artikeln zuzustellen. Die neuen Nordstrom-Läden bieten „Trunk Club"-Mitgliedern alle möglichen Dienstleistungen von Styling bis hin zu Maniküren. Tatsächliches Inventar sucht man dort vergebens. Die Kunden erhalten ihre Artikel per „Curbside Pickup" (zu einer vereinbarten Zeit fahren sie vor dem Geschäft vor und ein Mitarbeiter reicht ihnen die Lieferung ins Auto) oder per Same-Day-Lieferung. Im neuen Amazon-Buchladen werden die Bücher mit dem Cover nach vorne präsentiert (Schnappatmung!), dazu gibt es Kommentare und Bewertungskarten. Das ist deutlich verbraucherfreundlicher, als Kunden auf eine Mauer aus Buchrücken loszulassen. Neue und interessante Inhalte werden prominenter in den Vordergrund gerückt, ähnlich wie es Netflix auf seiner Homepage macht. Der Starbucks-CEO Kevin Johnson sagt: „Erstens müssen Sie sich auf eine Form des Experiential Retail konzentrieren, durch die in Ihrem Laden eine Erfahrung entsteht, die das Geschäft zu einer Destination macht. Zweitens müssen Sie diese Erfahrung aus dem stationären Bereich auf eine digitale/mobile Beziehung übertragen."

Natürlich greifen all diese Unternehmen, wenn sie über Design und Aufbau ihrer Ladengeschäfte nachdenken, auf die vorhandenen Online-Daten zurück. Birchbox beispielsweise berücksichtigt bei der Präsentation der Waren im New Yorker Geschäft die Beurteilungen und Rezensionen auf seiner Website. Außerdem hält sich Birchbox an einfache, intuitive Dinge und organisiert beispielsweise nicht nach Marke, sondern nach Kategorie. Tesla-Autohäuser quillen nicht über vor Fahrzeugen und es schwärmen dort auch keine

Horden von Autoverkäufern aus, die auf Provisionsbasis arbeiten. Es geht vielmehr darum, die Menschen zu informieren und Fragen zu beantworten. Wenn Ihnen das Auto gefällt, können Sie den gesamten Kram rund um die Transaktion online erledigen. Hol- und Bringdienste als Abonnement werden immer alltäglicher. In den vergangenen fünf Jahren sei der Markt für E-Commerce-Abonnements Jahr für Jahr um über 100 Prozent gewachsen, teilt McKinsey mit. Vor allem wenn es um Lebensmittel und Alltagsbedarf geht, hat sich eine wie auch immer geartete beschleunigte Abholung oder Lieferung zur Norm entwickelt. Einzelhändler arbeiten zusammen mit Autobauern an Kofferraumschlössern mit eigenständiger Sicherheitstechnik. So könnte man Ihnen, während Sie bei der Arbeit sind, Sachen aus der Reinigung oder Lebensmittel in den Kofferraum packen. Dem Supermarktbetreiber Target ist aufgefallen, dass Amazon in den USA zwar etwa 80 Fulfillment Center betreibt, man selbst aber theoretisch über 1.800 verfügt. Ähnlich wie Walgreens hat auch Target mittlerweile jede Menge Kunden, die per App bestellen und die Ware dann im Laden abholen.

Selbst das grundlegende Wirtschaftsmodell für Ladengeschäfte wird umgekrempelt und völlig neu gedacht. Ein Beispiel dafür ist b8ta, ein Einzelhändler, der angesagte Technik-Gadgets verkauft, aber am Produktverkauf nichts verdient. Das Geschäftsmodell des Unternehmens basiert ausschließlich auf bezahlten Abos der Produktanbieter selbst. Das führt dazu, dass b8ta extrem darauf fokussiert ist, die Kapitalrendite zu steigern. Und nicht nur das: Das Modell mit beständigen, wiederkehrenden Einnahmen sorgt dafür, dass b8ta bei Weitem nicht so abhängig davon ist, mit dem Weihnachtsgeschäft noch das Jahresergebnis herausreißen zu müssen. Eine Win-win-Situation.

Und was ist mit diesen sterbenden Einkaufszentren? Nun, denjenigen, die nicht scheitern, geht es ziemlich gut. Alexei Agratchev von RetailNext schreibt: „Firmen, die durchschnittlich etwa 23 Dollar Umsatz pro Quadratmeter schaffen, werden von trendigen neuen Marken abgelöst, die auf 65 bis 75 Dollar im Schnitt kommen. Dabei wird das Gesamtportefeuille optimiert, was zur Folge hat, dass es erfolgreichen Malls besser und besser geht." Ein Beispiel ist die Westfield World Trade Center Mall in Manhattan. Sie ist Museum, Unterhaltungskomplex, Showroom und Nachbarschaftstreff in einem. In den Läden brummt das Geschäft, aber das Management hat begriffen, dass es in puncto Zugang und Annehmlichkeiten investieren muss, um das „Schwungrad"-Wachstumsmodell am Laufen zu halten. Disney Parks praktizieren das durch eine Mischung aus Publikumsverkehr, Unterhaltungswert, gastronomischem Angebot und Einzelhandelsangeboten.

HUSQVARNA,
DAS 329 JAHRE ALTE START-UP

Wenn man keinen Laden hat, was dann? – Dann nimmt man eine Hütte! Die Geschichte von Husqvarna ist ein weiteres großartiges Beispiel für einen Einzelhändler, der durch Abo-Einnahmen und Annehmlichkeit Wert erzielt. Husqvarna wurde 1689 in Schweden als Waffenschmiede gegründet und ist heute eine landesweite Einrichtung. Das Unternehmen zählt zu den Weltmarktführern bei Artikeln für die Forstwirtschaft und Garten- und Landschaftspflege sowie bei Werkzeugen für den Bau und die Steinindustrie. Für die zum Kerngeschäft zählenden Heimwerker hat das Unternehmen vor Kurzem die sogenannte Husqvarna Battery Box auf den Markt gebracht. Dabei handelt es sich um eine Art schicker blauer Lagerhütte, die auf dem Parkplatz eines beliebten Einkaufszentrums steht.

Betritt man die Box, findet man sich in einer kommerziellen Werkzeug-Entleihstelle wieder. Husqvarna-Kunden in Stockholm haben in der Battery Box Zugriff auf alle möglichen Arten von schwerem, batteriebetriebenem Gerät wie Heckentrimmer, Kettensägen oder Laubbläser. Die Geräte werden täglich gewartet, damit stets gewährleistet ist, dass sie einwandfrei funktionieren, und auch der Akku wird vor der Ausleihe voll aufgeladen. Die Abonnenten bezahlen eine monatliche Pauschalgebühr und bringen die Geräte einfach zurück, wenn sie sie nicht mehr brauchen – keine Lagerung, keine Reparaturen, kein Stress. Gleichzeitig ist es eine tolle Gelegenheit, ein Gerät auszuprobieren, bevor man es kauft.

„Schon heute teilen sich die Menschen Unterkünfte und Autos. Produkte wie beispielsweise Heckenschneider zu teilen, die man nur gelegentlich benötigt, ist für manche Nutzer ausgesprochen sinnvoll", sagt Husqvarna-Präsident Pavel Hajman.

Für neue Geschäftsmodelle ist es unerlässlich, einen engagierten Stamm an Abonnenten aufzubauen und weiterzuentwickeln. Im Einzelhandel bedeutet das, dass Sie mit ihren Kunden eine digitale Identität kreieren, die zum Entdecken und Einbringen ermutigt, und dass Sie im Ladengeschäft eine überzeugende Einzelhandels-Erfahrung bieten. Die Sieger von heute nutzen ihre stationären Geschäfte als Erweiterung ihrer Online-Erfahrung, nicht andersherum. Sie denken neu.

KAPITEL
DREI

KAPITEL 3
DAS NEUE GOLDENE ZEITALTER DER MEDIEN

Von Ende der 1920er-Jahre bis in die frühen 1960er-Jahre erlebte Hollywood seine absolute Blütezeit. Hollywoods führende Filmstudios, die „Big Five", warfen wöchentlich Dutzende Filme auf den Markt. Man konzentrierte sich naturgemäß eher auf Quantität als auf Qualität, aber immer wieder stach aus einem gewöhnlich wirkenden Genre ein Film hervor: *Der schwarze Falke, Der Zauberer von Oz* oder *Casablanca*. Diese Meisterwerke sind genauso ein Massenprodukt wie hunderte andere Western, Musicals und Dramen. Es kam zu einem Portfolioeffekt, die Hits bezahlten die Flops mit. Natürlich spielte sich das zu einer Zeit ab, als die Einnahmen an den Kinokassen deutlich stabiler waren, als es heute der Fall ist. Für die meisten Amerikaner war der Gang ins Kino eine Aktivität, die zuverlässig wöchentlich oder sogar täglich wiederholt wurde. Die Filmstudios betrieben ein vergleichsweise gut abschätzbares Geschäft.

Dann kam das Fernsehen und schlagartig wurden die Karten neu gemischt. Auf einmal gingen die Menschen nicht mehr so häufig in die Kinos.

Wie also reagierten die Hollywood-Studios? Mit Charlton Heston. Sie nahmen viel Geld in die Hand für Monumentalfilme wie *Ben Hur, Die zehn Gebote* oder *Antonius und Cleopatra*. Sie investierten in üppige Sets, in Massenszenen und in Stars, die bewiesen hatten, dass sie das Publikum ins Kino locken konnten. Natürlich war das keine Dauerlösung und Mitte der 1960er-Jahre stand die Filmindustrie ziemlich schlecht da. Aber dann stieß eine Reihe hipper neuer Produzenten und Regisseure dazu, und als *Der weiße Hai* und *Krieg der*

Sterne in die Kinos kamen, hatte sich der Blockbuster als *das* Hollywood-Geschäftsmodell der Wahl etabliert: Man landet einen großen Hit und kassiert dann mit Zusatzgeschäften wie den Fernsehrechten, Actionfiguren, Büchern zum Film, Halloween-Kostümen oder Süßigkeiten noch einmal ab. Das wachsende Auslandsgeschäft und der DVD-Boom trugen dazu bei, diese Haltung in der Produktpolitik zu zementieren: Man setzte sein Geld seltener aufs Spiel, dafür aber mit höheren Einsätzen, indem man auf große, aufsehenerregende Filme wettete, sogenannte Tentpoles. Es gab reichlich Wege, aus einem Hit Kapital zu schlagen.

Das Musikgeschäft fuhr im Grunde einen ähnlichen Kurs, aber mit deutlich mehr Wetten. Columbia Records hatte 1948 die 30-Zentimeter-Schallplatte mit 33 1/3 Umdrehungen pro Minute auf den Markt gebracht (davor gab es Wachszylinder und Schallplatten, die mit 78 Umdrehungen die Minute abgespielt wurden). Die großen Knaller bezahlten für all die Flops. Die ersten beiden Bruce-Springsteen-Alben waren kommerzielle Misserfolge, dann gelang ihm mit *Born to run* der Durchbruch. Ein Hit, der viel im Radio gespielt wurde, half das Album zu verkaufen, brachte in der Karaoke-Version Lizenzeinnahmen, dann gab es eine Muzak-Version, der Titel wurde für einen Film-Soundtrack genutzt und später vielleicht noch einmal in einer „Greatest Hits"-Zusammenstellung verwurstet.

Im heutigen Jargon des Silicon Valley würde man von der „Monetisierung von Longtail-Content" sprechen. Dann kamen Ende der 1980er-Jahre CDs auf den Markt und bescherten der Musikindustrie die Gelegenheit, ihr gesamtes Repertoire *noch einmal* zu verkaufen und parallel dazu bei Neuveröffentlichungen absurde Margen einzustreichen. Das *Merry Christmas*-Album von Mariah Carey ist ein gutes Beispiel: Es war schon ein Erfolg, als es 1994 auf den Markt kam, aber dann verkaufte und verkaufte und verkaufte es sich einfach immer weiter. Bis heute wurden weltweit über 15 Millionen Stück davon abgesetzt und Carey bewirbt es jede Weihnachtssaison aufs Neue. Also, Hits und Flops.

Bis neue Saiten aufgezogen wurden.

DER EINBRUCH UND
DIE ERHOLUNGSPHASE

Dann betraten das Internet und Filesharing-Websites die Bühne. Die Unterhaltungsbranche reagierte gelassen und methodisch. Man entwickelte eigene, legale und gut durchdachte Online-Alternativen. Nein, kleiner Scherz: Tatsächlich verlor die Branche völlig die Fassung. Sie warf mit Klagen um sich, es gab Ermittlungen des US-Kongresses, Teenager wurden vor Gericht gezerrt und Lars Ulrich von Metallica reichte höchstpersönlich im Büro von Napster eine Liste mit 335.000 Namen schändlicher Copyright-Verletzer ein (bei denen es sich vermutlich unter anderem um Metallica-Fans handelte).

Dann kam Steve Jobs und rettete die Musikindustrie. Oder so ähnlich. Jetzt musste man nicht mehr ein ganzes Album kaufen, um sich die ein, zwei Hits darauf anhören zu können, nun konnte man für einen Dollar pro Stück einfach die einzelnen Titel erstehen. Die Musiklabels strömten in Scharen herbei, beseelt von dem Wunsch, mitzumachen. Sie erkannten ein Geschäftsmodell, das ihnen bestens vertraut war – immer schön die Hits verkaufen!

Letztlich setzte sich das Ein-Song-für-einen-Dollar-Modell jedoch nicht durch. Der Piraterie wurde damit kurzfristig etwas Einhalt geboten, die Musiklabels erhielten eine kurze Verschnaufpause, aber diese Methode führte einfach nur den alten Ansatz fort, ohne Rücksicht auf Verluste alles auf Top-40-Songs zu setzen. Hinzu kam, dass der Gesamtumsatz der Branche immer weiter absackte. Irgendwann wurde das Internet schneller und schneller und dann erwischte es auch die Film- und Fernsehstudios. Sie litten massiv unter den Pirate Bays dieser Welt.

Damals fiel es keinem groß auf, aber es gab einige wenige ausgebuffte Start-up-Unternehmen, die es durch Streaming-Angebote und simple monatliche Abos leichter machten, Online-Medieninhalte legal zu konsumieren. Netflix begann 2007, Filme zu streamen, und gewann binnen zehn Jahren 100 Millionen Streaming-

Abonnenten. Spotify wurde 2006 gegründet, fast zehn Jahre später als Netflix, und brachte es in weniger als neun Jahren auf über 50 Millionen zahlende Abonnenten. Heute entfallen mehr als 20 Prozent der weltweiten Einnahmen aus der Musikbranche auf Spotify. Die Streaming-Angebote gewannen letztlich den Krieg gegen die Online-Piraten und boten gleichzeitig ein deutlich zuverlässigeres Geschäftsmodell.

Und damit wären wir im Hier und Jetzt angekommen. Niemand muss mehr versuchen, sich hässliche CD-Türme im Wohnzimmer irgendwie schön zu reden, niemand muss sich noch mit zerkratzten CDs herumärgern oder im Eiltempo nach Hause jagen, damit er ja nicht den Anfang seiner Lieblingsshow verpasst. Das ist alles so 2013, finden Sie nicht auch? Ich bin in den 1980er-Jahren aufgewachsen. Wenn man damals im Radio einen Titel hörte, den man gut fand, ging man ins Einkaufszentrum und kaufte sich die Kassette mit dem Stück darauf (für 15 Mäuse, das war eine Menge Geld), lief nach Hause und hörte sich den Hit an. Manchmal war das ganze Album gut (*The Joshua Tree*) und man hatte Glück, manchmal hingegen hatte man Pech (*No Jacket Required*). Doch ob gut oder schlecht, jedenfalls klang die 15-Dollar-Kassette ein halbes Jahr später wie Toilettenpapier. Heute haben Algorithmen und Spotify-Playlists eine völlig neue Entdeckungsebene für Musik erschaffen. Wenn man damals etwas Neues hören wollte, fragte man den coolen Jungen, der R.E.M. und The Smiths hörte. Kannte man so jemanden nicht – dumm gelaufen.

Heute befinden wir uns offenbar in einem neuen Goldenen Medienzeitalter, das nebenbei bemerkt in vielerlei Hinsicht den Glanzzeiten des Studiosystems zu entsprechen scheint. Grundsätzlich gilt, dass den meisten Künstlern eigentlich noch immer mehr gezahlt werden müsste, aber es gibt so viel mehr Musik zu erforschen, so viele neue Filme und so viele Serien. Die neuen Streaming-Dienste haben die Blockbuster-Hörigkeit abgelegt und müssen sich nicht länger darum sorgen, ob sie für ihre Unterhaltungsangebote beim Publikum den kleinsten gemeinsamen Nenner bedienen. Sie müssen sich keine Gedanken darüber machen, ob sie diesen einen Anzeigenkunden mit seiner Minivan-Werbung verlieren werden. Sie können Risiken eingehen, durchdachtere und weiter vom Mainstream entfernte Projekte anpacken. Können Sie sich vorstellen, dass *Stranger Things, Transparent* oder *Orange Is The New Black* auf einem großen Sender zur Hauptsendezeit läuft? Netflix gibt mittlerweile acht Milliarden Dollar pro Jahr für eigene Inhalte aus. Das ist ein gewaltiger Betrag und einer der Gründe, weshalb die Netflix-Kritiker unter den Analysten völlig kirre werden: „Das ist doch nicht nachhaltig ... Auf diese Weise sorgt das Unternehmen dafür, dass es in drei, vier Jahren geschluckt wird ... Reed Hastings ist arrogant und abgehoben" und so weiter. Wenn Netflix sich nicht einen Partner sucht oder ihm ein Wunder gelingt, werde man sich übernehmen und auf Dauer nicht erfolgreich sein, so der Tenor der Kritiker. Sollen die Netflix-Leute doch den Hollywood-Kram den Hollywood-Leuten überlassen und sich ganz im Silicon-Valley-Stil darauf konzentrieren, „Plattformen zu hebeln".

Und was meint das Management von Netflix dazu? Nun, den ersten Hinweis liefern uns die Zahlen: Netflix hat aktuell weltweit 120 Millionen Abonnenten. Gehen wir davon aus, dass die durchschnittlich 100 Dollar im Jahr bezahlen, dann sind das schon mal zwölf Milliarden Dollar Umsatz. Offensichtlich ist das Management bemüht, von diesem Geld so viel wie möglich wieder für eigene Inhalte auszugeben, aber wie will es derartige Ausgaben rechtfertigen?

Das Geschäftsmodell für einen furchtbaren Film wie *Batman v Superman: Dawn of Justice* ist ziemlich simpel: Das Studio gibt 250 Millionen Dollar für die Produktion aus, dann wirft es den Film auf den Markt und wenn er das Drei- bis Vierfache der Produktionskosten einspielt, wird er als Erfolg verbucht. Wenn ihn sich niemand im Kino anschauen will, ist es ein Flop. Hollywood ist und bleibt schließlich Hollywood (Steven Spielberg bedauert es mittlerweile, dass er so ein Blockbuster-Monster erschaffen hat. Er sieht eine Zukunft voraus, in der wir 40 Dollar für *Iron Man* hinblättern müssen, aber nur sieben Dollar für den neuen *Lincoln*.) Man gibt Geld aus, um einen Film zu kreieren, und entweder belohnt dich der Markt dafür oder nicht (ach, übrigens: Ich möchte mein Geld für *Batman v Superman* zurück!).

Das Geschäftsmodell für eine neue Netflix-Serie dagegen ist deutlich krisensicherer. Das Unternehmen bezahlt 50 Millionen oder 60 Millionen Dollar für eine Staffel von *Glow* oder *Godless*. Aber wie kommt dieses Geld wieder rein, schließlich „verkauft" Netflix diese Produktion ja nicht? Dafür kehren wir noch einmal zum Portfolioeffekt zurück. Wenn Netflix in interessante neue Inhalte investiert, trägt das unabhängig vom Erfolg einer Show dazu bei, dass a) mehr Menschen ein Abonnement abschließen und b) die aktuellen Abonnenten länger gehalten werden. Diese Serien verschwinden ja nicht! Vielmehr erhöhen sie den Gesamtwert des Portefeuilles. Sie tragen entscheidend dazu bei, die Kundenakquisitionskosten zu senken (weil mehr Abonnenten unterschreiben) und den Subscriber Lifetime Value zu erhöhen (da mehr Abonnenten länger bleiben). Netflix weiß exakt, wie lange es dauert, bis ein Abonnent anfängt, Gewinn abzuwerfen. Wenn das Unternehmen viel Geld für neue Inhalte ausgibt, macht sich das in den Büchern kurzfristig nicht so gut, aber das nimmt Netflix gerne in Kauf, schließlich erhöht es auf lange Sicht die Rentabilität.

Aber zu den schrägen Sachen kommen wir später. Sehen wir uns zunächst erst einmal ein paar coole Geschichten aus den neuen Medien an und welche Lektionen man daraus ziehen kann.

RAUS AUS DER NISCHE:
CRUNCHYROLL UND DAZN

Etwa zwei Drittel aller Amerikaner sind heute Abonnenten eines Video-Streaming-Dienstes. Und jeder einzelne Anbieter von Video-Inhalten auf diesem Planeten, vom größten landesweiten Sendernetzwerk bis hin zum kleinsten Kabelkanal, steigt derzeit um auf SVOD

(Subscription-Video-on-Demand, abonnierte Videos auf Abruf). Es gibt Streamingdienste für jedes nur vorstellbare Genre, seien es Bollywood-Filme, britische Komödien oder Seifenopern aus Südkorea. Ein weiterer Bereich mit enormem Wachstum ist Livestreaming – sehen Sie sich nur an, wie explosionsartig die Beliebtheit von Twitch zunimmt. Diese Website, die Videospiele streamt, lockt inzwischen fast eine Million Zuschauer im Monat an. Abo-Einnahmen stellen für diese Unternehmen eine stete und abschätzbare Einkommensquelle dar und erlauben es ihnen, gut durchdacht in die Zukunft zu investieren, anstatt zu versuchen, inmitten eines unvorhersehbaren Werbemarktes völlig gehetzt alle 90 Tage ihre Ziele zu erreichen. Sie können in Ruhe überlegen: Kaufe ich großartige ältere Inhalte für den Katalog ein oder entwickle ich lieber eigenes Material?

Zuora arbeitet mit einer bunten Palette an SVOD-Diensten zusammen, von großen Kabelsendern bis zu regionalen Anbietern, außerdem haben wir das Glück, mit dem ersten eigenständigen Online-Video-Abodienst überhaupt arbeiten zu dürfen. Sein Name? Crunchyroll. Über eine Million Abonnenten bezahlen Crunchyroll dafür, erfolgreiche Anime-Serien wie *Cowboy Bebop* oder *Dragon Ball Z* sehen zu können. Anime sagt Ihnen nichts? Damit sind japanische Zeichentrickfilme und -serien gemeint. Bei Crunchyroll gibt es so exklusives Material wie das Anime-Prequel zu *Blade Runner 2049* und ist rund um den Globus erfolgreich – außer in Japan, denn das Unternehmen ist auf Auslandsrechte spezialisiert. Die Abonnenten kommen aus 180 Ländern, von Brasilien bis Botsuana.

Begonnen hatte Crunchyroll 2006 als Piraterie-Website. Als man 2009 einen Neuanfang als legaler und offizieller Abo-Dienst wagte, hatte Crunchyroll zwei Vorteile auf seiner Seite: Der Name war bereits bekannt (was keine Entschuldigung für Piraterie sein soll) und man hatte eine ziemlich klare Vorstellung davon, was die Fans mochten und was nicht. Crunchyroll war der erste eigenständige Online-Video-Abodienst, und das zu einer Zeit, als Netflix noch ganz stark im DVD-Geschäft involviert war. Und ähnlich wie bei Netflix reinvestiert auch Crunchyroll einen beträchtlichen Anteil seiner Abo-Einnahmen in neue Inhalte und die Förderung der japanischen Anime-Industrie.

Die „User Conferences" von Crunchyroll ähneln heutzutage riesigen Comic-Cons. Können Sie sich vorstellen, dass ein gewöhnlicher Fernsehsender eine Messehalle mit Tausenden begeisterter Fans füllt, die sich als ihr liebster Sportkommentator oder ihr liebster Gerichtsmediziner aus *Law & Order: SVU* verkleidet haben? Nein? Ich auch nicht. Zählt man sämtliche Käufer der fünf erfolgreichsten Anime-Produktionen aller Zeiten zusammen, kommt man auf eine Zahl, die unterhalb der Abonnentenzahl von Crunchyroll liegt.

„Je mehr man in einer Nische steckt, desto stärker muss man sich durch einen bestimmten Aspekt abheben, und bei uns ist das die Community", erklärte Reid DeRamus, der Marketingchef von Crunchyroll, unserem *Subscribed*-Magazin. „Wir verfügen über ein sehr großes Marketingteam, das sich auf den Austausch mit unserem Publikum konzentriert."

DeRamus weiter: „Es gibt eine große Schnittmenge beim Gaming, bei Twitch, E-Sports, Comic-Con, diese Art von Leuten. Wir haben auf unserer Website jede Menge Hardcore-Anime-Fans. In unseren Anfangstagen haben sie das Wachstum von Crunchyroll beflügelt, aber inzwischen haben wir auch viele Titel, die ein breiteres Publikum ansprechen. Das sind nicht mehr nur eingefleischte Anime-Fans. Es ist eine wunderbare Mischung von allem."[1]

Wenn man den Durchbruch schaffen will, ist es von zentraler Bedeutung, eine Community aufzubauen.

Was fehlt bei all diesen Dutzenden Genre-SVOD-Kanälen noch? Sport natürlich. Aktuell gibt es ein gewaltiges Wettrennen darum, wer das „Netflix des Sports" wird – *die* Anlaufstelle, über die Fans live all ihre Lieblingsmannschaften und bevorzugten Ligen verfolgen und dazu Kommentare und Highlights abrufen können. Aktuell die Nase vorn hat DAZN (spricht sich „Da Zone"), ein britischer Streaming-Anbieter, der ausschließlich Sportinhalte zeigt und der Perform Group gehört. Das 2015 gegründete Unternehmen ist bereits in Deutschland, der Schweiz, Japan und Kanada am Start und bietet mehr als 8.000 Sportevents jährlich für 20 Dollar im Monat, was deutlich weniger ist als bei den üblichen Kabelfernsehpaketen. „Wir hatten von Anfang an ein Abo-Modell im Blick, das sich direkt an den Verbraucher wendet", erläutert Firmenchef James Rushton in *Sportsmail*.[2] Ähnlich wie Crunchyroll kämpft sich DAZN durch das Dickicht digitaler Rechte, um zahlreichen Auslandsmärkten interessante Inhalte bieten zu können. Viele Kanadier beispielsweise lieben die NFL, die Profi-Footballliga in den USA. In Japan wiederum sind die Baseball-Profis der US-Liga NBA sehr beliebt. Viele Deutsche sehen gerne die Fußballer der englischen Premier League. DAZN bedient diese unterversorgten Märkte. Dem Unternehmen kommt dabei natürlich zugute, dass es finanziell gut ausgestattet ist – so kaufte es kürzlich die Rechte an der ersten japanischen Fußballliga für fast zwei Milliarden Dollar und in Deutschland schnappte man großen Kabelsendern Rechte an der Übertragung von Premier-League- und Champions-League-Spielen weg. Stellen Sie sich vor: Eine Streaming-Website, für die das Abo 20 Dollar im Monat kostet, konkurriert gegen große europäische Kabelsender wie Sky Sports – und gewinnt! Erstmals überhaupt kann man einige Partien der Champions League ausschließlich im Internet verfolgen! DAZN hat erkannt, dass in einer vernetzten Welt unterbewertete internationale Zuschauer gewaltige Möglichkeiten eröffnen können. Mögen Tausende Nischen-Netflixe blühen!

DIE ABKEHR VOM KABEL
IST GROSSARTIG FÜR DIE KABELINDUSTRIE

Früher dachte man, Sport sei der Klebstoff, der das Paket an Kabelangeboten zusammenhält. Das gilt heute ganz offensichtlich nicht mehr: Liveübertragungen tauchen in Social Networks auf und viele Profiteams bieten inzwischen eigene SVOD-Dienste an. Die Probleme von ESPN sind gut dokumentiert. Seit dem Umstieg auf

Streaming-Dienste im Jahr 2011 hat der Sportsender über 13 Millionen Abonnenten verloren – und das, kurz nachdem ESPN sich gewaltige Mengen an Geld geliehen hatte, um für absurde Summen Fernsehrechte zu ersteigern. Während ich dies schreibe, greift ESPN zu Kündigungen, um sich gegen solche systemischen Herausforderungen zu stemmen. Das ist deprimierend, aber ein eigenes SVOD-Angebot von ESPN dürfte bald kommen. „Es ist nicht schwer herauszufinden, was die Ursache dafür ist, dass das ‚Cord-Cutting‘ immer mehr zunimmt. Es hat nichts mit der Nachfrage zu tun, die Nachfrage war immer da. Es geht um das Angebot. Endlich eröffnen sich Menschen, die gerne weg vom Kabel wollen oder die sowieso nie etwas damit zu tun haben wollten, Möglichkeiten“, sagte der Analyst Craig Moffett in *Recode*.[3]

Laut Digital TV Research werden die Einnahmen aus dem SVOD-Geschäft im Jahr 2021 in Kanada und den USA 24 Milliarden Dollar erreichen, nachdem es vor gerade einmal fünf Jahren noch 2,6 Milliarden Dollar waren. Etwa die Hälfte aller Millennials und Generation-Xer sieht überhaupt kein traditionelles Fernsehen mehr. Diese Zahlen sorgen für mächtig Kopfschmerzen in den Führungsetagen der Medienunternehmen, aber aus meiner Sicht ist der Trend zum „Cord-Cutting“ möglicherweise das Beste, was der Kabel-Industrie passieren konnte. Auf den ersten Blick mag das alles andere als logisch erscheinen (wenn Sie nach dem Begriff „Cable Industry“ googeln, schlägt ihnen die Suchmaschine relativ rasch den Zusatz „dying“ vor), clevere Medienunternehmen können durch diesen Umstieg von Koaxialkabel auf Ethernet jedoch enorm profitieren. Warum? Ist der Umstieg auf digital erst einmal vollzogen, können diese Unternehmen völlig neue Wege ausprobieren, mit ihren Pfunden (Infrastruktur, Pipeline, Menschen) zu wuchern und ihren Kunden ganz neue Dienstleistungen zu bringen. Da wird einiges dabei sein, auf das wir bislang noch gar nicht gekommen sind.

Aktuell gibt es in den USA über 19 Millionen Haushalte, die ausschließlich per Breitband versorgt werden. Die Medienforscher von Kagan prognostizieren, dass sich diese Zahl bis 2022 nahezu verdoppeln wird. Ja, es stimmt, die Anbieter müssen bei den Einnahmen aus dem Kabel-Abo-Geschäft Einbußen verzeichnen, aber beim Breitband-Internet waren die Margen schon immer besser. Bedenken Sie: Diese Kunden verschwinden nicht, sie verlangen einfach nur andere digitale Dienstleistungen. Wer sich als Anbieter vom Kabelpaket verabschiedet, mag kurzfristig Schmerzen erleiden (die meisten Kabel-Abonnenten schauen ohnehin nur neun Prozent des Angebotenen), aber früher oder später werden auf diese Weise besser fokussierte Umsatzströme freigesetzt. Es ist keineswegs so, als hätten wir unseren Appetit auf Video-Inhalte verloren! Die Kabelunternehmen besitzen nach wie vor einen direkten Zugang zu unserem Wohnzimmer, außerdem verfügen sie über eine gewaltige Infrastruktur und eine große Belegschaft (Comcast, Cox und Time Warner kommen zusammen auf über 200.000 Mitarbeiter). Besser durchdachte, nutzungsabhängige Rechnungsmodelle und cloudbasierte Updates werden dafür sorgen, dass die Videodienste besser reagieren und an Wert gewinnen. Außerdem haben die Firmen die Möglichkeit, zum Betriebssystem vernetzter Häuser zu werden. Möglicherweise werden wir in einigen Jahren unseren ehemaligen „Kabelanbieter" dafür nutzen, die Alarmanlage zu aktualisieren, den Einbau eines neuen Kühlschranks zu planen oder um festzustellen, dass einige Schindeln auf unserem Dach lose sind.

Heute werden mit SVOD-Abonnenten im Videobereich über 14 Milliarden Dollar Umsatz generiert. Vor zehn Jahren waren es null Dollar. Fast die Hälfte aller Amerikaner, die online einkaufen, bezahlen auch für Medien-Streaming. Das ist schon erstaunlich. Während wir damit beginnen, die Effizienzphase des SVOD-Modells hinter uns zu lassen, erhalten wir erste Eindrücke von den neuen Möglichkeiten. Medien-Start-ups wie Molotov in Frankreich werden mithilfe von cloud-basierten Festplattenrekordern, die über umfangreiche Suchfunktionen und mächtige Algorithmen zum Entdecken neuer Inhalte verfügen, die Art und Weise verändern, wie wir fernsehen. Immer mehr ehemalige „Filmstars" wie Will Smith werden beginnen, neue Projekte in SVOD-Bibliotheken auf den Markt zu bringen. Und immer mehr ehemalige „Filmproduzenten" wie Jeffrey Katzenberg werden anspruchsvoll produzierte Kurzvideo-Serien auf Abo-Basis anbieten, anstatt sich bei großen Blockbuster-Produktionen an den Mast zu ketten und darauf zu hoffen, dass alles gut geht.

STEVE JOBS
GEGEN PRINCE

Mehr als 30 Millionen Amerikaner bezahlen heutzutage für einen Streaming-Dienst und diese Angebote sind mittlerweile für mehr als die Hälfte aller Einnahmen verantwortlich, die die Musikbranche in den Vereinigten Staaten erzielt. Dieser Musikkonsum und das Entdecken neuer Inhalte bringen jede Menge positiver Nebeneffekte mit sich – so sind nach 15 Jahren des Schrumpfens die Absatzzahlen für Musik im Einzelhandel wieder gestiegen. Im Interview mit *Billboard* äußerte sich der ehemalige Sony-Music-Chef Edgar Berger sehr positiv, was die Aussichten für bezahlte Streaming-Abos und die Zukunft der Musikbranche insgesamt angehe: „Nach derzeitigem Stand wird die Branche unvermeidlich wachsen. Es steht außer Frage, dass bezahlte Abonnenten das vorherrschende Format am Markt sein werden, der Weg, den die Verbraucher einschlagen werden. Die Musikbranche verarbeitet drei Übergänge gleichzeitig: von physikalischem Tonträger zu digital, von PC zu Handy und von Download zum Streamen. In diesem Kontext schneidet die Branche aus meiner Sicht erstaunlich gut ab und mit einem bezahlten Abo-Modell bauen wir ein Geschäft auf, das von Dauer sein wird."

Steve Jobs war jemand, der bei den meisten Dingen absolut richtiglag. Er irrte sich allerdings gewaltig, als er im Zusammenhang mit einem Rückgang bei den Downloadzahlen von Anbietern wie iTunes über Streamingdienste sprach. „Das Abo-Modell für den Musikkauf ist am Ende", verkündete er 2002 dem *Rolling Stone*.[4] „Ich glaube, man könnte sogar die Rückkehr Christi als Abo-Modell anbieten und es würde kein Erfolg werden." Im selben Jahr äußerte sich David Bowie deutlich weitsichtiger: „Musik wird wie fließend Wasser oder Strom werden."[5] Bowie zählte zu den Pionieren, als es darum ging, durch digitale Abo-Dienste direkt mit den Fans in Verbindung zu treten. Er bot seinen Fans im Rahmen seines eigenen Internetdienstleisters BowieNet nicht nur exklusive Songs, Fotos und Videos an, sondern auch Online-Speicherplatz und E-Mail-Adressen. Ein weiterer Künstler, der die sich abzeichnenden Veränderungen richtig deutete, war Prince.

Am Valentinstag 2001 startete Prince den NPG Music Club (NPGMC), einen Abo-Dienst für Online-Musik. In gewisser Hinsicht war das eine Art Vorläufer von Tidal. Fünf Jahre lang konnte man beim NPGMC (benannt nach der New Power Generation, der Begleitband von Prince) monatliche oder jährliche Mitgliedschaften abschließen, welche den Fans nicht nur Zugang zu den Neuveröffentlichungen verschafften, sondern auch zu exklusiven Konzerttickets und Karten beispielsweise für Soundchecks und Afterpartys. Prince' Digitalproduzent Sam Jennings war zu Gast bei uns im „Subscribed"-Podcast und erzählte bei der Gelegenheit, wie sehr es Prince darum ging, dem Dienst einen echten Mehrwert zu verleihen:

„Sie erhielten etwa drei, vier neue Lieder jeden Monat, Live-Versionen, Remixes, alles Mögliche. Dazu noch eine Audio-Show. Wir nannten sie Audio-Show, aber eigentlich war es ein Podcast! Im Grunde handelte es sich um eine einstündige Radiosendung, die Prince in seinem Studio zusammenstellte und die wir zum Herunterladen anboten. Die Idee dahinter war, eine fortlaufende Experience für sie zu kreieren, an der sie teilhaben wollen. Sie bekommen die Musik, sie bekommen die Downloads, aber sie investieren auch in eine umfassendere Erfahrung, nämlich die Gemeinschaft der Abonnenten selbst. Die Frage war: Wie können wir ihnen das Gefühl geben, dass sie nicht bloß Kunden, sondern Mitglieder sind?"[6]

Und was, wenn Ihre Zuhörer nicht nur Mitglieder, sondern Teilnehmer am kreativen Prozess sind? 2016 veröffentlichte Kanye West ein neues Album ... wenn man das so sagen kann. Es war nämlich eigentlich noch gar nicht fertig und er feilte öffentlich an den Texten, stellte die Reihenfolge um, fügte Material hinzu und ließ anderes wegfallen. Ich werde später ausführlicher darauf eingehen, warum wir Kanyes Album *The Life of Pablo* in der Technologieindustrie als „Minimum Viable Product" bezeichnen würden. „Gerade so überlebensfähiges Produkt" klingt zunächst einmal abwertend, tatsächlich sind Minimum Viable Products jedoch enorm wichtig. Ein Unternehmen bekommt erst dann Feedback von seinen Kunden, wenn das Produkt auf dem Markt ist, und erst dann kann es die gewonnenen Erkenntnisse in einem fortlaufenden Prozess wiederholen und verbessern. Minimum Viable Products sind ein zentrales Prinzip bei der Entwicklung von Cloud-Software und Kanye übertrug es auf sein Songwriting.

Was geschieht, wenn sich ein statisches Produkt (ein Album) in eine fließende Dienstleistung (einen Musikstream) verwandelt? Auf jeden Fall jede Menge Interessantes. Heute profitieren Tausende Musiker von Plattformen wie Patreon, die ihnen eine stete und verlässliche Quelle wiederkehrender Einnahmen bieten. Ähnlich wie die „Lean Startup"-Methode von Eric Ries verkürzen sie durch Experimentieren, Validiertes Lernen und Iteration ihre Produktentwicklungszyklen. Sie erschaffen einen positiven Feedback-Kreislauf, bei dem die Reaktion der Kunden in die Produktentwicklung einfließt. Diese Musiker stellen ihre Musik online und lassen Abonnenten dafür bezahlen. Auf diese Weise befüllen sie ihre Verkaufstrichter, ohne auf ein fertiges Produkt warten zu müssen (ich bin mir allerdings ziemlich sicher, dass sie es niemals so formulieren würden). Stattdessen können sie weiter an ihrer Musik feilen und sie im Rahmen eines fortwährenden Einsatzzyklus optimieren.

Wenn es einen Musiker gibt, der vorbildlich den Nutzen ständiger Iteration und ständigen Experimentierens unter Beweis stellte, dann war es Prince. Nachdem er den NPG Music Club schloss, schickte er seinen Fans folgende E-Mail, die meiner Meinung nach seine Genialität als Künstler ebenso perfekt einfängt wie seine nicht zu bremsende Neugier und seine Bereitschaft, die Vergangenheit zu vergessen und einen Neuanfang zu wagen. Es ist ein wunderbares Zeugnis für kreative Freiheit:

Hallo, liebe Familie!

Den NPG Music Club gab es über fünf Jahre lang. In dieser Zeit haben wir viel übereinander gelernt und über diese kühne neue Online-Welt, an der teilzunehmen wir alle beschlossen haben. Die Menschen, bei denen wir das Glück hatten, dass sie sich unserer Familie angeschlossen haben, haben dies wirklich zum besten Musikklub gemacht, den sich ein Künstler erträumen könnte. All die Dinge, an denen wir gemeinsam beteiligt waren – die Konzerte, die Feiern, die Soundchecks, die Diskussionen und die unvergessliche Musik –, haben uns gezeigt, was eine New Power Generation tatsächlich sein kann. Wir danken euch von Herzen dafür, dass ihr euch eingebracht und eure Liebe der Musik mit uns allen geteilt habt. Es war ein Segen.

Nachdem der NPG Music Club den 2006 Webby Award gewonnen hatte, drehten sich die Diskussionen innerhalb der NPG vor allem um die Frage, wie es weitergeht. Was ist der nächste Schritt in diesem Experiment, das ständig im Fluss ist? In der Vergangenheit haben wir zweifellos eine Menge erreicht, und wir sind wirklich dankbar für alles, was wir geschafft haben. Aber in seiner derzeitigen Form herrscht das Gefühl vor, dass der NPGMC so weit gekommen ist, wie es nur geht. Ist in einer Welt ohne Einschränkungen und mit unendlichen Möglichkeiten die Zeit gekommen, noch einmal einen Gedankensprung zu machen und einen Neuanfang zu wagen? Das sind die Fragen, die wir in der NPG beantworten müssen. Aus diesem Grund haben wir beschlossen, den Club bis auf Weiteres auszusetzen.

Der NPG Music Club war ein erster Schritt. Was wir gelernt haben, wird ewig Bestand haben. Jetzt beginnt eine Zeit des großen Nachdenkens und Neuaufstellens. Die Zukunft hält unendlich viele Möglichkeiten bereit und wir haben vor, sie voll und ganz zu nutzen. Wollt ihr nicht mitkommen?

Love4oneanother, NPG Music Club 4ever

KAPITEL 4
IN DER LUFT, AUF DER SCHIENE, AUF DER STRASSE

Hyundais neues Hybridauto, den Ioniq, können Sie in den USA nicht kaufen. Sie können ihn nur abonnieren, und zwar für 275 Dollar im Monat. Es läuft ähnlich wie bei einem Handytarif: Sie suchen sich im Internet Ihr Modell aus, legen fest, ob das Abo 24 oder 36 Monate laufen soll, bestimmen die Extras und holen sich dann irgendwann beim Händler Ihren Wagen ab. Kein Feilschen um den Preis, keine Kredite, keine halbseidenen Verkaufsmaschen in letzter Minute. „Ein Auto zu besitzen soll genauso einfach werden wie der Besitz eines Mobilfunkgeräts, das ist unser Ziel", sagt Mike O'Brien, bei Hyundai Vice President für den Bereich Produktplanung. „Beim Kauf durchläuft man so viele Phasen: Man muss die Finanzierung klären, man muss das Geschäft aushandeln, man muss sich Gedanken wegen der Inzahlungnahme machen ... all diese Schritte sind sehr kompliziert, speziell dann, wenn man mit Millennials spricht."[1] Wenn Sie mich fragen, ist „sehr kompliziert" in diesem Fall nur eine höfliche Umschreibung von „vorsätzlich umständlich".

Hyundai hat reichlich Gesellschaft, wenn es um Auto-Abos geht. Beim Abo-Programm „Porsche Passport" hat man Zugriff auf ein halbes Dutzend Fahrzeugmodelle und die Kosten für Wartung, Versicherung, Kfz-Steuer und Registrierung sind bereits enthalten. Der Preis: ab 2.000 Dollar monatlich. Cadillac lässt sich den Zugang zur aktuellen Modellauswahl mit 1.800 Dollar im Monat bezahlen und man kann bis zu 18 Mal pro Jahr das Fahrzeug wechseln.

Bei Fords Programm Canvas kann man den Überhang der monatlich vereinbarten Kilometerleistung in den nächsten Monat mitnehmen, auch hier analog zum Datentarif fürs Handy. Für 600 Dollar im Monat kann man den Volvo-Geländewagen XC40 abonnieren und in dieser Summe sind Concierge-Dienste enthalten. Beispielsweise werden Pakete direkt zum Fahrzeug geliefert. Versicherung, Wartungskosten, Verschleißteile, ein Kundendienst, der rund um die Uhr sieben Tage die Woche erreichbar ist ... bis auf Benzin sind sämtliche Kosten gedeckt. Der Volvo-Chef prognostiziert, dass 2023 jedes fünfte Fahrzeug seines Unternehmens ein Abo-Modell sein wird. Parallel dazu arbeitet das Unternehmen an seinem eigenen Mitfahrnetz, das es Nutzern erlaubt, Fahrzeuge gegen Gebühr zu leihen oder zu mieten. Gegenüber *Consumer Reports* erklärte Jim Nichols, Produktmanager bei Volvo USA: „Unsere Forschung zeigt: Viele Kunden wünschen sich ein Festpreis-Paket mit wenig Aufwand, das all den anderen Abo-Programmen gleicht, die sie derzeit haben, beispielsweise Netflix oder dem [Upgrade-]iPhone-Programm von Apple.“[2]

Moment mal, kurze Nachfrage: Ist ein Fahrzeug-Abo nicht einfach nur ein anderes Wort für Leasing? Die kurze Antwort: Nein. Bei einem Leasing-Vertrag sind Sie an ein spezielles Fahrzeug gebunden, beim Abo hingegen haben Sie theoretisch Zugriff auf eine ganze Palette von Fahrzeugen. „Wenn sich Ihre Anforderungen ändern, wechseln Sie einfach per App das Fahrzeug", heißt es beispielsweise bei Porsche. Der Vertrag bezieht sich auf das Unternehmen, nicht auf das Auto. Und noch ein weiterer Unterschied: Bei einem Abo fallen sämtliche Aspekte weg, die einen normalerweise rasch am Besitz eines Autos nerven können – die Registrierung, die Versicherung, die Reparaturen. Auch beim Leasen muss man sich um seine Versicherung kümmern. Viele Auto-Abos enthalten darüber hinaus die Möglichkeit, monatsweise auszusteigen. Christina Bonnington vom Magazin *Slate* schreibt: „Theoretisch können Sie zehn Monate im Jahr kein Auto haben, weil Sie arbeiten und öffentliche Verkehrsmittel nutzen, und dann für die zwei Monate, in denen Sie häufiger reisen wollen, ein Auto-Abo abschließen."[3] Bei Abonnements fehlt außerdem die Option, das Fahrzeug anschließend zu kaufen. Ich empfinde dies als enorm positiv, denn es bedeutet, dass es im Interesse des Herstellers und nicht Ihre Aufgabe ist, dafür zu sorgen, dass das Fahrzeug in erstklassigem Zustand ist.

Nicht nur Millennials halten es für ein kostspieliges und überflüssiges Vergnügen, ein Auto zu unterhalten. Als ich gerade das College verließ, war mein Gebrauchtwagen eine tickende finanzielle Zeitbombe: Die nächste größere Reparatur hätte meine finanziellen Reserven aufgefressen. Der amerikanische Markt für Autokredite ist heutzutage ein gigantisches, über 1.000 Milliarden Dollar schweres Ungetüm und ich wage die Prognose, dass der überwiegende Teil dieses Geldes im Verlauf der nächsten zehn Jahre in Abonnements und Auto-Dienste umgeschichtet werden wird. Die Automobilhersteller stellen sich auf den Umschwung der Verbraucherpräferenzen in Richtung Dienstleistungen ein. Gleichzeitig reagieren sie auf ein anderes, massiv disruptives Phänomen. Und damit meine ich natürlich Uber.

DIE GEBURT DES RIDESHARING UND DAS ENDE DES TRANSPORTWESENS, WIE WIR ES KENNEN

Lassen Sie mich zunächst einen Schritt zurück in die Vergangenheit gehen. Während der ersten Jahre bei Zuora versuchten wir, andere davon zu überzeugen, dass Abo-Modelle nicht nur für Software-Unternehmen eine großartige Idee sind. Damals faszinierte uns eine Firma namens Zipcar. Bei dem 2000 gegründeten Unternehmen konnte man Autos minuten-, stunden- oder tageweise buchen. Zipcar positionierte sich als Konkurrent zu Autovermietern und U-Haul. Es war ein neuartiger Dienst, einfach und intuitiv zu verstehen. Zipcar unterhielt über 25 amerikanische Großstädte verteilt mehrere tausend Fahrzeuge. Man suchte sich ein in der Nähe geparktes Zipcar, reservierte es online, zog seinen Mitgliedsausweis durch ein am Wagen angebrachtes Lesegerät und konnte dann losfahren.

Es war ein sehr beliebtes Angebot. 2012 gab es bereits mehr als eine Dreiviertelmillion Kunden, die sich stundenweise ein Fahrzeug holten. Bei einer unserer frühen Veranstaltungen in New York City beispielsweise stellten wir fest, dass niemand ein eigenes Auto hatte. Das überrascht niemanden, der je in New York gelebt hat. Erstaunlich war allerdings, dass 80 Prozent der Teilnehmer unserer Umfrage Mitglied bei Zipcar waren. Dabei war Zipcar alles andere als perfekt. Es ging schon damit los, dass man in einer Großstadt leben musste, um den Dienst nutzen zu können. Uns war jedoch klar, dass die nächsten Versionen des Konzepts („Es geht mir um die Fahrt, nicht um das Auto") immer besser werden würden. Diese Erfahrung eröffnete uns einen Einblick in eine künftige Welt, in der es nicht mehr nötig sein würde, ein Auto besitzen zu müssen.

Heute nutzen über 60 Millionen Kunden Uber und Lyft. Diese Mitfahrdienste (neudeutsch: Ridesharing) haben die Prioritäten der Verbraucher völlig umgekrempelt: Weshalb überhaupt ein Auto kaufen, wenn man, um von A nach B zu gelangen, einfach nur sein Smartphone zücken muss? Warum kann ich für meine Transportbedürfnisse nicht einfach ein Abo abschließen, so wie ich es bei der Versorgung mit Strom und Internet tue?

„Nun mal halblang, Uber ist doch kein Abo-Dienst, ich zahle doch keine monatlichen Gebühren", sagen Sie jetzt vielleicht. Da bin ich anderer Auffassung. Für mich sieht das Ganze aus wie ein digitaler Abo-Dienst und es fühlt sich auch so an. Uber hat Ihre ID und all Ihre Bankangaben und rechnet nutzungsbedingt ab, sodass Sie nur das zahlen, was Sie tatsächlich „verbrauchen". Das Unternehmen kennt Ihre Nutzerhistorie (es weiß, wo Sie wohnen, wo Sie arbeiten, wo Sie meistens hinfahren) und nutzt diese Informationen, um sein

Angebot besser auf Sie zuschneiden zu können. Und dank der Partnerschaft mit Spotify kennt das Unternehmen sogar Ihre Lieblingsmusik.

Ach, und wissen Sie was? Uber bietet tatsächlich sogar Monatsabos an! Momentan testet der Dienst in mehreren Städten eine monatliche Flatrate. Nutzer bezahlen eine Gebühr und erhalten im Gegenzug vergünstigte Fahrten, bei denen keine Aufschläge in Stoßzeiten anfallen. Anders formuliert: Für ein auf Dauer angelegtes Geschäft kommt Ihnen Uber bei den Fahrten entgegen. Kurzfristig mag sich das negativ auf Ubers Rentabilität auswirken, aber das Ziel ist es, in einem sehr jungen und turbulenten Markt für langfristige Kundenbindung zu sorgen. Je alltäglicher und populärer Ridesharing-Dienste werden, desto wichtiger wird der Faktor Kundentreue. Hier in der Bay Area von San Francisco sind die Märkte von Uber und Lyft sehr durchlässig. Ich wechsle häufig zwischen beiden Diensten hin und her – viele Autos haben sogar die Logos beider Firmen an der Windschutzscheibe kleben. Markentreue ist für mich mehr oder weniger ein Fremdwort.

Und jetzt vergleichen wir das einmal mit den Erfahrungen, die ich mit Amazon Prime gemacht habe. Ich will die Konkurrenz im E-Commerce nicht schlecht machen, aber ich bin ein treuer Amazon-Kunde und das hängt zu einem nicht geringen Teil mit Amazon Prime zusammen. Geködert haben sie mich mit dem Gratis-Versand und jetzt habe ich noch Musik, Filme und was weiß ich für Dienste zusätzlich. Das werde ich so schnell nicht missen wollen. Uber und Lyft möchten denselben Effekt erreichen, indem sie bei regelmäßigen Konsum Dienstleistungen verbilligt anbieten – anders gesagt: Sie wollen ran an meinen Arbeitsweg.

Lyft-President John Zimmer sagte mit Blick auf selbstfahrende Autos der *New York Times*: „Es kostet 9.000 Dollar im Jahr, ein Auto zu besitzen. Sagen wir, wir bieten einen Monatsplan an, der 500 Dollar kostet. Im Gegenzug erhalten Sie, wann immer Sie wollen, auf Knopfdruck Zugang zu Transportmöglichkeiten, bei denen Sie über Ihr ‚rollendes Wohnzimmer' bestimmen können. Vielleicht wollen

Sie auf dem Weg zur Arbeit einen Kaffee trinken oder Sie möchten später das Spiel der Warriors schauen, also sind Sie im Grunde genommen in einer Sports Bar mit Barkeeper."[4]

HANDY
AUF RÄDERN

Heute herrscht im Silicon Valley die Einschätzung vor, dass Software über kurz oder lang Hardware an Bedeutung überholen wird, während Autos sich immer mehr zu rollenden Smartphones entwickeln. Ganz so, wie Microsoft damals IBM überholte. Während Lithium-Batterien den Verbrennungsmotor ersetzen, wird sich die Auto-Hardware anpassen und das neue Wachstumssegment werden Informationsdienste sein. Nach Schätzungen des Marktforschers Gartner werden 2020 weltweit 250 Millionen vernetzte Autos auf den Straßen unterwegs sein, das heißt, jedes dritte Auto wird vernetzt sein.[5] Der Markt für digitale Diagnosen, Infotainment-Kanäle und erweiterte Navigationssysteme wird dann geschätzte 270 Milliarden Dollar schwer sein, heute sind es 47 Milliarden Dollar. Irgendwann werden die mit einem Fahrzeug einhergehenden Daten und Dienste möglicherweise mehr wert sein als das Fahrzeug selbst (so wie es heute schon beim Handy der Fall ist!). OnStar beispielsweise, der 1996 von GM gestartete Dienst, ist heute in über zwölf Millionen Fahrzeugen vertreten und hat vergangenes Jahr mehr als 1,5 Milliarden Kundeninteraktionen abgewickelt.

Viele Silicon-Valley-Manager vertreten die Ansicht, die alteingesessenen Pkw-Hersteller würden IBM von 1985 sehr ähneln. Damals beschäftigte „Big Blue" über 400.000 Mitarbeiter (mehr als dreimal so viele wie Apple heutzutage), beim nächstgrößeren Wettbewerber Digital Equipment Corporation war die Belegschaft nur ein Viertel so groß. Apple selbst befand sich damals im Sturzflug. In einer der berüchtigtsten Board-Entscheidungen der Wirtschaftsgeschichte hatte das Unternehmen gerade Steve Jobs vor die Tür gesetzt. PCs waren damals zugegebenermaßen noch ein Markt mit geringem Umschlag, aber das ändert nichts daran, dass der IBM-PC der Platzhirsch war. Andere Hersteller mussten dafür sorgen, dass ihre Maschinen zu IBM-PCs kompatibel waren, der Konzern dominierte den Markt ganz eindeutig. IBM hatte den Hardware-Markt in der Tasche, was noch fehlte, war eine anständige grafische Benutzerschnittstelle.

Im selben Jahr brachte Microsoft, zum damaligen Zeitpunkt ein Unternehmen mit um die 2.000 Mitarbeitern, Windows auf den Markt. Das war der Anfang vom Ende für das PC-Geschäft von IBM. Zu Beginn der 1990er-Jahre waren IBM-PCs längst nicht mehr die Regel, sondern nur noch die Ausnahme, alles in der Branche drehte sich um Windows. Ende 1996 kam Microsoft auf 98 Milliarden Dollar Börsenwert, IBM auf 80 Milliarden Dollar. Wie der Analyst Horace Dediu schreibt: „Ohne Kontrolle über die Plattform ist PC-Hardware nicht mehr als ein Rohstoff. Die Margen sind kaum der Rede wert, der Wettbewerb ist hart und man ist nicht Herr über sein eigenes Schicksal."[6] IBM verlor den Krieg, weil es das Feld der Nutzererfahrung Microsoft überließ. Genauso wird es den alteingesessenen Automobilherstellern ergehen, wenn sie – wie es unabwendbar kommen wird – Apple, Google und Facebook das „Gehirn hinter dem Armaturenbrett" überlassen. Und wer weiß: Angesichts der dramatischen Fortschritte, die wir bei der Fertigung und dem 3D-Druck erleben, könnte es durchaus sein, dass ein Schwung von Pkw-Start-ups daherkommt und halt nicht Handys in großen Mengen in chinesischen Werken drucken lässt, sondern eben Autos. Was spricht dagegen?

Vieles. Wie sich herausgestellt hat, ist es verdammt schwierig, ein sicheres und großartiges Auto in großen Mengen herzustellen. Fragen Sie nur mal Elon Musk. Oder Apple. Oder Google.

SILICON VALLEY GEGEN DETROIT?
ICH WÜRDE AUF DETROIT SETZEN

Wie sich herausgestellt hat, verfügen die „Big Three", die drei großen amerikanischen Automobilkonzerne, über mehrere klare insti-
tutionelle Vorteile gegenüber dem Silicon Valley, was die Zukunft
der Automobilindustrie anbelangt. Zunächst einmal haben sie die
Vertriebsfrage bereits beantwortet. Die gewaltigen Händlernetz-
werke dieser Unternehmen sind ein gewichtiges Pfund. Zweitens ist
ihr Ausmaß unmöglich zu kopieren. Im vergangenen Jahr wurden
in den Vereinigten Staaten mehr als 17 Millionen Autos verkauft
(Tesla setzte um die 100.000 ab). Der Einkauf der Rohstoffe und die
Montage der Fahrzeuge sind streng reguliert und die Gewinnmar-
gen sind nicht allzu groß. Damit der gesamte Produktionsprozess
funktioniert, müssen die Unternehmen Milliarden in Fabriken und
Vertriebskanäle investieren.

Hinzu kommt, dass die drei größten Automobilhersteller über
enorme finanzielle Reserven verfügen. Seit GM und Chrysler 2009
ihr Insolvenzverfahren erfolgreich beendet haben, haben die „Big
Three" über 30 Milliarden Dollar in neue Arbeitsplätze und Ferti-
gungsstätten investiert. Die amerikanische Automobilindustrie
pumpt jährlich 18 Milliarden Dollar in die Forschung und Entwicklung und konzentriert sich dabei auf im Verbrauch sparsame, elektrische und autonome Fahrzeuge. Die GM-Chefin Mary Barra sagt,
ihr Unternehmen sei „Quartale, nicht Jahre" davon entfernt, mit vollständig autonomen Fahrzeugen in die Massenherstellung zu gehen.
Über Jahrzehnte hinweg haben diese Konzerne ihre Fahrzeuge und
ihre Marken perfektioniert. Infolgedessen genießen sie einige gewaltige Vorteile, aber es gibt eine Einschränkung: Wenn es so weit ist,
dass autonome Fahrzeuge und zugangsbasierter Verbrauch zum
Alltag gehören, sollten die Konzerne wissen, wer ihre Autos fährt,
ansonsten bleiben sie gegenüber der Konkurrenz auf der Strecke.

Die „Big Three" stecken derzeit mitten in einem Umdenken – sie
erfinden sich neu und wollen nicht länger als Automobilhersteller

auftreten, sondern als Anbieter von Lösungen im Transportbereich. Sie haben begriffen, dass die Automatisierung kommt. Sie haben begriffen, dass sie sich künftig mehr um Flottenmanagement kümmern müssen und weniger um den Verkauf einzelner Autos. Sie haben begriffen, dass sie in Zukunft weiterhin all die Wagen für die vielen neuen Ridesharing-Dienste herstellen werden. Und sie haben erkannt, dass es zur wahren „Mobilität als Dienstleistung" dazugehört, aus sämtlichen Transportarten Nutzen zu ziehen, nicht nur aus dem Fahren von Pkws. Das erachten sie als eine gewaltige Möglichkeit.

Der tägliche Transport ist noch immer enorm problembehaftet. Den meisten von uns geht es nur darum, möglichst reibungslos vom Bett zum Schreibtisch und zurück zu gelangen. Bei unserer „Subscribed"-Konferenz in San Francisco sagte Jamie Allison, bei Ford für Konnektivität und Mobilität zuständig, der neue Auftrag seines Unternehmens bestehe darin, diese „von Bett zu Bett"-Reise möglichst einfach zu gestalten. Das erklärt, warum Ford in Chariot-Vans für Pendler und in eine gewaltige Ausweitung seines Fahrradleihsystems investiert. Von A nach B zu gelangen, setzt oftmals eine Vielzahl von Transaktionen voraus und man verliert leicht den Überblick – Mautgebühren, Leasinggebühren, Fahrkarten, Reparaturen. Was, wenn man sämtliche dieser logistischen Schwierigkeiten mit einer einzigen ID abhandeln könnte?

„Wir beobachten einen Wandel weg von physischen Transaktionen und hin zu Dienstleistungen", meinte Allison auf unserer Konferenz. „Der Kundenkontakt zerfasert. Früher hat man ein Auto gekauft oder geleast, das war eine Interaktion. Dann benötigte man irgendeinen Service für sein Auto, also ging man zum Händler – eine weitere Interaktion erfolgte. Und all die Jahre über waren die Fahrzeuge nicht vernetzt, wir hatten also keinerlei Einblick in die Reise, auf der Sie sich befanden."[7]

Was die Zerfaserung des Kundenkontakts anbelangt, hat Allison absolut recht. Die meisten großen Automobilhersteller überließen bereits vor langer Zeit die Dienstleistungsbelange ihrer Branche

Tausenden Händlern und Werkstätten. Heute bemüht sich Ford aktiv darum, das zu beheben. Wie Allison sagte: „FordPass ist ein Portal für einen nahtlosen Kundenkontakt." Nutzer der FordPass-App können ihre geparkten Fahrzeuge per Fernsteuerung vorheizen, sie können Parkplätze finden und reservieren, Werkstatttermine abschließen, herausfinden, wo die nächste Tankstelle ist, und mobile Zahlungen vornehmen.

Henry Ford sagte einmal: „Hätte ich die Leute gefragt, was sie wollen, hätten sie erwidert: ‚Ein schnelleres Pferd.'" Heute erkennt Ford, dass man im Mobilitätssegment nicht damit durchkommt, einfach mehr Autos zu verkaufen. Dass das Unternehmen den Schwerpunkt dabei auf Stadtbewohner legt, ist ein kluger Schachzug: Heutzutage lebt mehr als die Hälfte der Weltbevölkerung in Städten, bis 2050 werden es zwei Drittel sein. Aktuell kommt Ford auf dem 2.300 Milliarden Dollar schweren Kfz-Markt auf etwa sechs Prozent Marktanteil – und ist praktisch überhaupt nicht präsent auf dem 5.400 Milliarden Dollar schweren Transportmarkt. Das Unternehmen hat erkannt, dass sich diese beiden Märkte nicht gegenseitig ausschließen und dass sich gewaltige Möglichkeiten auftun, solange man nur als allerersten und wichtigsten Schritt die Bedürfnisse der Passagiere in Erfahrung bringt und von diesem Punkt aus weiterarbeitet.

ALL YOU
CAN FLY

Etwas weniger prominent sind die Veränderungen innerhalb der Luftfahrtindustrie. Wir alle wissen, was Fliegen bedeutet – Stress pur. Selbst für Vielflieger wie mich ist es nie besonders entspannend, in ein Flugzeug zu steigen. Und hier kommt Surf Air ins Spiel. Jeff Potter, der ehemalige President und CEO, hat früher eine Airline geleitet und ein Urlaubsresort. Dann beschloss er, die beiden Dinge zu kombinieren. Das Ergebnis ist Surf Air, das häufig als

„Netflix der Luftfahrt" oder „Uber der Lüfte" bezeichnet wird. Mitglieder von Surf Air können gegen eine monatliche Pauschale so viel fliegen, wie sie möchten. Aktuell ist das Unternehmen im Westen der Vereinigten Staaten und in Europa aktiv, aber es expandiert rasch.

Surf Air ist ein weiteres klassisches Beispiel dafür, wie man ein erfolgreiches Unternehmen aufbaut, indem man mit den Bedürfnissen und Nöten der Kundschaft beginnt und Problempunkte mit der Machete angeht, um zum bestmöglichen Resultat zu gelangen. Gleichzeitig baut man auf diese Weise einen loyalen Kundenstamm auf. Als Surf-Air-Abonnent zückt man sein Handy, sieht nach, wann die nächsten Flüge gehen, und reserviert einen Sitz. Als Mitglied hat man das Screening bereits durchlaufen, man besteigt also einfach das Flugzeug. Für die Menschen aus meinem Unternehmen, die ständig die amerikanische Westküste auf und ab reisen, war es eine bahnbrechende Erfahrung.

Seit Jahrzehnten ist die Luftfahrtindustrie reif für eine Disruption. Die Kunden fordern mehr Autonomie und mehr Gestaltungsspielraum. Ständig haben Flugreisende das Nachsehen, wenn sie versuchen, in letzter Minute ein Flugticket zu kaufen, aber warum wird man dafür bestraft, bei der Reiseplanung flexibel zu sein? Und wie viel Zeit man in Flughäfen totschlägt ... Von der Ineffizienz des Flugreisens mag der Flughafen-Einzelhandel profitieren, aber die meisten von uns würden diese Zeit lieber woanders verbringen. Weltweit gibt es über 200 Millionen Menschen, die regelmäßig fliegen, und wenn sich die Kundenpräferenzen ändern, ist jeder einzelne dieser Menschen auf dem Markt und kann geworben werden.

Die derzeitige Strategie der Luftfahrtindustrie, unverschämte Gebühren zu berechnen, wird früher oder später unter ihrem eigenen Gewicht kollabieren. Sie ist das deprimierende Ergebnis einer produktzentrierten geistigen Haltung, bei der Zusatzleistungen und reines Profitdenken im Mittelpunkt stehen, während der Kunde entwertet wird.

Wie aber könnte eine künftige Flugerfahrung aussehen? Nun, zunächst einmal könnte sie mit Autos oder Zügen beginnen. Vielleicht lässt United Sie von einem Uber mit United-Logo abholen. Während der Fahrt können Sie auf einem Bildschirm noch einmal alle Einzelheiten zu Ihrem Flug und Ihrer Unterkunft durchgehen, in einem Dropdown-Menü aussuchen, was Sie während des Fluges essen wollen und welche Unterhaltungsangebote Sie in Anspruch nehmen möchten. Sie können abrufen, wie es am Zielort um den öffentlichen Nahverkehr bestellt ist. Vielleicht ist die Ankunftszeit des Wagens sogar an die Abflugzeit Ihres Fliegers angepasst. Sie könnten während der Fahrt anfangen, einige Folgen der TV-Serie *Narcos* zu sehen und im Flieger exakt an der Stelle, an der Sie unterbrechen mussten, weitergucken. Nach Ihrem Eintreffen am Flughafen würde Sie ein Dienst wie Clear mithilfe von Bordkarte und Daumenscan im Expresstempo durch die Kontrollen schleusen, denn sämtliche erforderlichen ID-Informationen wären bereits an Ihre biometrischen Details gekoppelt. Möglicherweise bündelt man all diese Dienste in einem jährlichen Pauschaltarif für Vielflieger.

„Aus Unternehmerperspektive ist uns allen seit Jahren klar, dass Fluggesellschaften schwer zu kämpfen haben", sagt Mac Kern, ehemaliger Vice-President of Commercial Planning bei Surf Air. „Es ist ein ausgesprochen kapitalintensives Geschäft, ganz zu schweigen davon, dass es sehr warenabhängig ist. Die Preise werden gedrückt, der Wettbewerbsdruck ist enorm. Das Abo-Modell liefert uns vorhersagegenaue Umsätze, keine kommerzielle Fluggesellschaft hat so etwas. Die wissen erst, wenn sich die Flugzeugtür schließt, ob der Flug rentabel sein wird (und dann müssen sie ihr Ziel noch anfliegen!). Dank der Abonnements wissen wir zu Beginn jedes Monats ganz genau, wie viel Umsatz wir generieren werden. Also können wir unseren Betrieb effizient skalieren, denn wir haben einen exakten Überblick, wie viele Flüge wir umsetzen können. In der Luftfahrtindustrie kommt diese Expertise praktisch der reinsten Magie gleich. Das ist zuvor noch niemandem gelungen."

Heutzutage gibt es Luftfahrtgesellschaften, Telekommunikationsanbieter, Musik-Streamingdienste und Zeitungsverleger, die sich allesamt dieselbe Frage stellen: Wie groß ist der Wert dieses neuen Dienstes (oder dieses neuen Weges) für unseren Kundenstamm? Wird der Service wie prognostiziert angenommen? Wie lange bleiben unsere Mitglieder bei uns? Wie ist es um unsere Wachstumseffizienz bestellt? In welchen Bereichen müssen wir unseren Nutzungsmustern zufolge noch mehr Ressourcen investieren? Inwiefern besteht die Gefahr, dass uns Kunden abwandern? Aktuell kostet die Mitgliedschaft bei Surf Air etwa 2.000 Dollar im Monat, richtet sich also ausdrücklich an Vielflieger mit mehr Geld (oder Zugang zu Spesenkonten), aber wir werden beobachten können, dass sich dieses Modell in der gesamten Luftfahrtbranche ausbreitet und dort eine ähnlich transformative Wirkung entfaltet wie in der Automobilbranche. Es ist nur eine Frage der Zeit.

EISENBAHNEN UND
MITFAHRGELEGENHEITEN

Der Wettbewerb in der Transportbranche verläuft nicht länger vertikal, sondern horizontal. Was ich damit sagen will: Es konkurrieren nicht mehr nur Automobilhersteller gegen Automobilhersteller oder Airlines gegen Airlines. Stadtbahnen stehen mit Ridesharing-Diensten im Wettbewerb, die wiederum mit Billigfliegern konkurrieren. Alle jagen sie den Passagieren nach, die fordern, jederzeit und überall Zugang zu Transportmöglichkeiten zu bekommen.

Nehmen wir als Beispiel SNCF, die 1938 gegründete französische Staatsbahn. Wer je als Rucksacktourist in Europa unterwegs war, dürfte schon einmal mit SNCF gefahren sein. Für viele junge Franzosen, die in den Großstädten arbeiten, war SNCF eine zuverlässige Methode, am Wochenende nach Hause zu gelangen. In den vergangenen Jahren allerdings sah sich die Bahn heftigem Wettbewerb ausgesetzt, und zwar von neuen Mitfahrdiensten, Fernbussen und Billigfluglinien.

SNCF erkannte: Um zu überleben, würde man es mit all diesen neuen Transportplattformen aufnehmen müssen. Das Unternehmen beschloss, einen spezifischen Abonnementdienst zu starten: Junge Erwachsene zwischen 16 und 27 würden für 79 Euro im Monat im ganzen Land herumfahren können. Von der Entwicklung der Idee bis zur Markteinführung dauerte es acht Monate – immens schnell. Allein die Aufnahme in das alte kartenbasierte Treuepunktesystem nahm zuvor drei Wochen in Anspruch, für das neue Programm waren es fünf Minuten. Das Angebot erwies sich als durchschlagender Erfolg: Die Zahl der jungen Franzosen, die Bahn fahren, ist um 75.000 gestiegen und SNCF erreichte innerhalb weniger Monate sein jährliches Wachstumsziel.

„In der Telekommunikation, in Fitnessstudios und im Kino ist das Modell des unbegrenzten Abonnements Realität geworden", sagt Rachel Picard, Leiterin von SNCF Voyages. „Die jungen Menschen wollen mehr Freiheit. Sie reisen gerne, aber sie entscheiden erst spät und buchen meistens nicht im Voraus die günstigeren Tarife. Also dachten wir uns: Warum arbeiten wir nicht mit Online-Abos und passen uns auf diese Weise an die neuen Formen des Konsums und die neuen Reisegewohnheiten an? Warum lassen wir sie nicht unbegrenzt fahren?"

Ja, warum nicht? Auf der Grundlage der Nutzerdaten, die SNCF aus bestehenden monatlichen Bahnkarten-Programmen ziehen konnte, erarbeitete das Unternehmen die gute Idee für eine neue Abo-Initiative. Und dank der richtigen Systeme innerhalb der Organisation war es der französischen Bahn möglich, dieses Vorhaben rasch in die Tat umzusetzen.

Stellen Sie sich das einmal vor: Es handelt sich um ein 80 Jahre altes Bahnunternehmen in staatlicher Hand, das gegen Transport-Start-ups wie BlaBlaCar antritt, einen extrem erfolgreichen französischen Mitfahrdienst, der für längere Strecken Passagiere und leere Plätze zusammenführt und dafür sorgt, dass Fahrer und Mitfahrer sich die Fahrtkosten teilen. Das gelang BlaBlaCar, indem es eine cloud-basierte Palette von Lösungsanbietern nutzte: unter anderem für die Kundenbeziehungen Salesforce, für das Abonnementsmanagement Zuora, für die Bezahlprozesse SlimPay und für die Dokumentverifizierung AriadNEXT. SNCF ist ein weiteres Beispiel für einen großen „Platzhirschen", der mithilfe einiger neuer Softwaredienste zu einer raschen Reaktion imstande war. Und weil es ein junges Zielpublikum anvisierte, investierte das Unternehmen groß in Social-Media-Abfragen und die Vermarktung auf diesen Kanälen. Vom Start weg wusste SNCF, dass die Kundendienstplattformen Twitter und Facebook sein würden. Das Resultat: Tausende junger Menschen sahen ihre Familien und ihre Liebsten häufiger.

Züge, Leihräder, U-Bahnen, Shuttle-Busse, Autodienste – sie alle stehen horizontal miteinander im Wettbewerb, aber kluge Partnerschaften und Plattformen werden den Pendlern helfen, sich mit ihrer Identität völlig nahtlos und intuitiv innerhalb dieser Netzwerke zu bewegen. Durchsetzen werden sich Dienste, die nicht nur Strecken managen, sondern die gesamte Reise von A nach B begleiten. Helsinki führt derzeit Experimente mit einer Mobilitäts-App namens Whim durch, die auf Anfrage persönliche Fahrpläne ausspuckt, bei denen private und öffentliche Transportnetze sich abwechseln. Bei gutem Wetter schlägt die App sogar gesündere Reisemethoden vor. Der *Economist* schreibt: „Junge Stadtmenschen sind es inzwischen gewohnt, etwas zu nutzen, anstatt es zu besitzen. Transport als Dienstleistung ist insofern für sie eine Vorstellung, die ihnen natürlich erscheint und die sie anspricht. Unterdessen wird es immer teurer, in der Stadt ein Auto zu unterhalten. Und es wird immer schwieriger, einen Parkplatz zu finden. Viele Stadtbewohner fragen sich, ob es die Bequemlichkeit wert ist. Die Zahl der 20- bis 24-jährigen Amerikaner mit Führerschein sank zwischen 1983 und 2014 von 92 auf 77 Prozent."[8]

Wenn all diese Geschichten eine Botschaft enthalten, dann die, dass sich der Transport rasch entwickelt – von einer Abfolge schmerzlicher, aber notwendiger Transaktionen hin zu einem intuitiven Dienst, der irgendwann nahtlos in unseren Alltag eingebettet sein wird. Selbst die Vorstellung, man müsse rund um bestimmte

Fahrzeugarten bestimmte Branchen aufbauen, wird inzwischen hinterfragt. Wenn Automobilhersteller Fahrrad- und Shuttle-Unternehmen kaufen, wer will da ausschließen, dass das nächste Übernahmeziel eine Fluggesellschaft ist? Und Airline-Manager tauschen sich mit Experten für digitale Medien über Themen wie Kundenabwanderung, Kundenbindung und Customer Lifetime Value aus. Bahnbetreiber denken nicht länger nur über Kundensegmentierung nach, sondern über den einzelnen Kunden als solchen. Die Dinge geraten in Bewegung. Das ist alles ziemlich aufregend.

KAPITEL 5
UNTERNEHMEN, DIE FRÜHER ALS ZEITUNGEN BEKANNT WAREN

Wie oft wurde die arme Zeitungsbranche schon für tot erklärt! Laut einer aktuellen Studie von Nielsen Scarborough lesen monatlich über 169 Millionen Erwachsene in den USA Tageszeitungen, sei es ein gedrucktes Exemplar, eine Online-Ausgabe oder auf dem Handy. Das entspricht nahezu 70 Prozent aller Erwachsenen. Dem jüngsten *Reuters Institute Digital News Report* zufolge verzeichneten die *New York Times,* das *Wall Street Journal* und der *New Yorker* im Jahr 2017 insgesamt Hunderttausende neue Digital-Abos. *Vanity Fair* gewann an einem einzigen Tag 13.000 neue Abos dazu.

Erinnern Sie sich noch an die Zeiten, als es hieß, Millennials würden niemals bereit sein, für Content Geld zu bezahlen? Das Reuters Institute hat ausgerechnet, dass in den USA der Anteil der 18- bis 24-Jährigen, die für Online-News bezahlen, von vier Prozent im Jahr 2016 im darauffolgenden Jahr auf 18 Prozent anstieg. Beim *New Yorker* beispielsweise hat sich die Zahl der Neu-Abonnenten aus der Millennials-Generation gegenüber dem Vorjahr mehr als verdoppelt, *The Atlantic* verzeichnete bei den 18- bis 40-Jährigen einen Anstieg von 130 Prozent, was Neu-Abonnenten anbelangt.

Selbst kostenlose Medien verzeichnen ein Plus bei den Bezahlmodellen. *The Guardian* beispielsweise hat sich in seinen Grundsätzen dazu verpflichtet, kostenlose Nachrichten anzubieten, also experimentiert die britische Zeitung mit freiwilligen Spenden in Form von Mitgliedschaften. Bislang ist das Experiment ein voller Erfolg. Bis März 2017 hatte der *Guardian* über 230.000 Mitgliedschaften für sechs bis 60 Pfund monatlich verkauft, hinzu kamen 160.000 Einmalspenden. Laut der Nachrichtenagentur *Reuters* bezahlen deutlich mehr Amerikaner als je zuvor Geld für Online-Nachrichten – 2017 waren es etwa 16 Prozent der Bevölkerung, sieben Prozentpunkte mehr als im Vorjahr.

Natürlich können sich diese Presseprodukte vor allem bei einem gewissen umstrittenen Staatsoberhaupt dafür bedanken, dass er ihnen so viel Zulauf beschert hat, aber das ist nicht nur eine rein politische Geschichte. Digital-Abos verändern die allgemeine Verlagslandschaft auf weitreichende Weise und eine neue Art von Titeln, die von ihrer Leserschaft unterstützt werden, genießen eine neu entdeckte Beliebtheit. In der Technologieindustrie beispielsweise reden wir da über *The Information*. Jessica Lessins scharf und pointiert geschriebene Technologie-Website beschäftigt mittlerweile das zweitgrößte IT-Reportageteam im ganzen Silicon Valley und die Inhalte von *The Information* stehen ausschließlich Abonnenten offen. Ben Thompson wiederum hat Tausende Leser, die gerne bereit sind, ihm 100 Dollar im Jahr für seinen exzellenten *Stratechery*-Newsletter zu bezahlen. Bill Bishop schreibt einen E-Mail-Newsletter, *Sinocism*, über das aktuelle Geschehen in China. Seine mehr als 30.000 Abonnenten bezahlen ihm 118 Dollar pro Jahr. Gleichzeitig tun sich jede Menge der knallbunten, von Wagniskapitalgebern finanzierten „Digital Natives"-Publikationen wie *BuzzFeed, Mashable, The Daily Beast* oder *Vice* schwer damit, ihre Vorgaben zu erreichen. Woran könnte das wohl liegen?

AUFSTIEG UND FALL DES
ANZEIGENFINANZIERTEN JOURNALISMUS

Erinnern Sie sich noch an die Zeiten, als die vorherrschende Meinung war, die Zeitungsbranche befinde sich in einer Abwärtsspirale ohne Aussicht auf Besserung? „Die Zeitungen sterben", verkündete der *New Yorker* 2008. „Überall finden sich Belege für einen Rückgang in Bezug auf wirtschaftliche Vitalität, redaktionelle Qualität, Fundiertheit, Personal und die Gesamtzahl von Veröffentlichungen. Was dies für die Zukunft bedeutet, ist schwer zu sagen."[1] Craigslist, die Weltwirtschaftskrise und ein wegbrechender Anzeigenmarkt im Printbereich setzen der vierten Macht von allen Seiten zu. Gleichzeitig pumpten Wagniskapitalgeber viel Geld in coole neue anzeigenbasierte Nachrichten-Websites wie *BuzzFeed* oder *Vice* und waren nur zu gerne bereit, der Zeitungsindustrie Vorträge darüber zu halten, wie man heutzutage Journalismus zu betreiben habe. Es hieß, sich zu verabschieden von örtlichen Monopolen, die von Kleinanzeigen leben, nun sei die Zeit gekommen von Vertriebskosten, die bei null liegen, und kostenlosen Inhalten. Ohne die Last von Druckereien und Zustellerflotten um den Hals würden die neuen digitalen Medien den Mainstream aufrollen und wie ein Staubsauger all die sich explosionsartig vermehrenden digitalen Anzeigengeschäfte aufsaugen. (Moment mal, war es nicht genau diese Denkweise gewesen, die Zeitungen vor 20 Jahren dazu brachte, kostenlose Internetangebote ins Leben zu rufen?!)

Warum ziehen Leser und Verleger gleichermaßen Abo-Modelle den anzeigenfinanzierten Geschäftsmodellen vor? Dafür gibt es mehrere Gründe, aber der katastrophale Zustand der Werbung ist ein zentraler. Von den Tausenden möglichen Gründen, warum Werbung furchtbar ist, möchte ich beispielhaft drei anführen. Punkt eins: Den Menschen gefällt sie nicht. Laut *MediaPost* verwendet rund ein Viertel aller Amerikaner einen Adblocker, was den Verlegern Umsatzeinbußen in Höhe von fast 16 Milliarden Dollar pro Jahr verursacht. Das Reuters Institute hat 70.000 Leser aus aller Welt befragt und auch hier nutzt etwa ein Viertel tagtäglich Adblocker (die stärkste Nutzung verzeichnet Griechenland mit 36 Prozent, Südkorea liegt mit zwölf Prozent auf dem letzten Platz).[2] Und obwohl wir viel zu hören bekommen haben über Smart Targeting und Native Advertising, ertrinken wir alle noch immer tagein, tagaus in Tausenden Werbebotschaften, die nicht die geringste Relevanz für uns oder unser tagtägliches Leben haben.

Punkt zwei: Digitale Werbung ergibt aus Sicht eines Unternehmens nicht sonderlich viel Sinn. Von den Dollarsummen, die 2016 in die Online-Werbung gesteckt wurden, landeten dem Interactive Advertising Bureau zufolge 49 Prozent bei Google, 40 Prozent bei Facebook und elf Prozent bei „allen anderen". Wie Josh Marshall von Talking Points Memo es beschreibt: „Es gibt, gemessen an den Anzeigenumsätzen, zu viele (digitale) Publikationen. Nehmen wir an, es gibt 30 Publikationen und 25 Umsatzstühle. Die Publikationen kämpfen wie die Löwen darum, sich einen dieser Stühle zu sichern. Dann kommen die Plattform-Monopolisten daher und setzen sich auf fünf bis zehn der 25 Stühle. Erkennen Sie das Problem? Wenn 30 Publikationen um 15 Stühle konkurrieren, wird es verrückt. Einige Publikationen werden sterben oder müssen sich einen anderen Weg suchen, um sich finanzieren zu können."[3] Und natürlich kann dieses ganze Szenario, das aus einem der *Hunger-Games*-Filme entliehen sein könnte, auch noch rasch in sich zusammenfallen, sobald der Anzeigenmarkt nach der nächsten Rezession in den Keller rauscht.

Punkt drei: Anzeigen bringen reichlich schleichende Nebenwirkungen mit sich. So verwandeln sie Anbieter von Inhalten in Fabriken, die wie am Fließband Klickstrecken produzieren. Anzeigen beschleunigen diese Talfahrt. Jim VandeHei, Ex-President von *Politico*, spricht von der „Crap Trap", der „Dreckfalle", und Jessica Lessin von *The Information* sagt: „Ich bin weiterhin der Auffassung, dass es viel sicherer ist, ein Unternehmen aufzubauen, das zum Überleben keinerlei Werbung benötigt. Auf diese Weise ist man gezwungen, sich zu 100 Prozent auf den Nutzen für die Leserschaft zu konzentrieren. Nur auf diese Weise kann man sicherstellen, dass das, was die Nachrichtenverleger in Zukunft den Lesern liefern, intelligenter, ausgewogener und relevanter als in der Vergangenheit ist."[4]

Ich behaupte: Als die Zeitungen in Einnahmen aus dem Kleinanzeigengeschäft und der Werbung ertranken, stand hinter ihren Geschäftsmodellen eine sehr kurzsichtige und produktorientierte

Haltung. Das galt sowohl für den Print- als auch für den Online-Bereich und forderte unter den Lesern reichlich Opfer. Wie immer bestand das Ziel darin, so viele Einheiten wie möglich abzusetzen, um das Anzeigeninventar in die Höhe zu schrauben, egal, ob es sich um gedruckte Exemplare oder Seitenaufrufe handelte. Sich durch eine Sonntagsausgabe zu kämpfen, der zwölf Pfund Coupons und Broschüren beilagen, war wahrlich kein Spaß und dasselbe traf zu, wenn man versuchte, sich durch eine „kostenlose" Nachrichtenwebsite zu kämpfen, die mit Pop-ups und Bildergalerien gepflastert war.

Das Anzeigengeschäft ist bekanntermaßen unstet, insofern muss man sich fragen, was noch geht. Während Verleger das marode Anzeigensystem sehr sorgfältig und kritisch beäugen, wächst gleichzeitig eine neue Verbrauchergeneration heran, für die es kein Ding ist, ein Abo für Dienste abzuschließen, sei es nun Spotify, Netflix, Foodboxen oder Apps zur Steigerung der Produktivität – solange diese Dienste zeitgemäß und relevant bleiben und ihren Fokus nicht verlieren. In den skandinavischen Ländern sind Spotify und sogenannte OTT-Content-Dienste besonders stark vertreten und es überrascht nicht, dass dort auch der Prozentsatz der Menschen, die für Online-Nachrichten bezahlen, am höchsten ist (15 Prozent in Norwegen, zwölf Prozent in Schweden, zehn Prozent in Dänemark und sieben Prozent in Finnland).

Plattformen wie Patreon ermöglichen es Menschen, im Gegenzug für regelmäßige monatliche Zahlungen direkt Hunderte neuer Videoshows und Podcasts zu abonnieren. Es besteht ein starker Zusammenhang zwischen Menschen, die bereit sind, für Streaming-Dienste zu bezahlen, und Menschen, die für Online-Inhalte bezahlen. „Andere Online-Dienste haben den Leuten im Grunde die Grammatik gegeben, die es zum Verstehen von Abonnements braucht", sagt Nic Newman, Lead-Autor des 2017er *Reuters Institute Digital News Report*. Für eine Branche, bei der weit über die Hälfte der Umsätze früher aus dem Anzeigengeschäft stammte, ist das ein bemerkenswerter Umschwung.

Werbung wird niemals verschwinden, aber während digitale Abo-Dienste immer mehr zur Norm werden, werden Leser und Verleger gleichermaßen schätzen lernen, was eine direkte Beziehung zum Leser für Dividenden abwirft. Erinnern Sie sich noch an die Zeiten, als Paywalls eine umstrittene Idee waren? Die Erkenntnisse, die die Verlage durch Abo-Modelle und smarte Paywalls gewinnen, helfen ihnen dabei, sich von nichtssagenden Kennzahlen wie CPM und von Bildergalerien zu verabschieden und sich auf aussagestärkere Kennzahlen zu fokussieren, etwa darauf, wie viel Zeit ein Leser auf der Website verbringt. Abos machen Anzeigen relevanter und dadurch wertvoller.

„Das absolut wichtigste strategische Ziel der meisten Nachrichtenverlage besteht darin, das Anzeigengeschäft in eine sekundäre, aber weiterhin wichtige Umsatzquelle zu verwandeln", sagt Ken Doctor, ein ausgesprochen strenger Kritiker der Branche, der die großartige Website *Newsonomics* betreibt.[5] „Wenn die Leserumsätze durch ausreichend qualitativ hochwertige Umsätze und gute digitale Produkte unterfüttert werden, sind sie deutlich stabiler als das Anzeigengeschäft."

Natürlich wird sich die Nachrichtenbranche auf Gegenwind einstellen müssen, während sie von einem Print-Anzeigenmodell auf ein Modell umstellt, das in erster Linie auf digitalen Abos basiert. Von Vorteil dabei ist, dass es für die heutigen Verbraucher immer normaler wird, smarte Digitaldienste aller Art zu unterstützen. Einem Bericht vom Reuters Institute zufolge bezahlen Amerikaner, die bereits für Streaming-Angebote zahlen, mit fünfmal höherer Wahrscheinlichkeit auch für Online-Nachrichten als Menschen, die kein Geld für Online-Medien ausgeben.

DER MYTHOS VON
PRINT GEGEN DIGITAL

Die Publikationen, die heutzutage erfolgreich sind, denken weniger darüber nach, wie sie aus dem Format (der Titelgeschichte, der Ban-

ner-Anzeige, der Klickstrecke) Geld ziehen können, sondern mehr
darüber, wie sie die Wünsche und Bedürfnisse der Leser stärker in den
Mittelpunkt stellen können. Diese „Format-Blindheit" ließ sich sehr
gut vor einigen Jahren bei den Debatten um Mikrozahlungen beobachten. Die Zeitungen hatten vor, den Leuten fünf oder zehn Cent pro
gelesenem Artikel in Rechnung zu stellen – eine Idee, die aus meiner
Sicht niemals Sinn ergeben hat, denn es belegt einzelne Teile des Inhalts mit einem Aufschlag und nicht die Marke an sich (dieselbe De-
batte lässt sich aktuell rund um Facebook Instant Articles beobachten). Wie sich herausstellte, hatten die Zeitungen jede Menge loyaler
Leser direkt vor der Nase – die Menschen, die sich die Zeitung allmor-
gendlich nach Hause liefern ließen. Man sehe sich nur an, wie loyal
Londoner zu ihren Zeitungen stehen. Unlängst erlebte ich bei einem
Flug mit, wie ein Brite nach dem *Guardian* fragte. Die Flugbegleiterin
entschuldigte sich und erklärte, sie habe nur den *Daily Telegraph*,
woraufhin der Mann nur erwiderte: „Warum sollte ich diese Fischver-
packung lesen?!" Den Zeitungen wurde bewusst, dass die loyale Leserschaft bereit war, für gut geschriebene Inhalte zu bezahlen, sie
kämpfte nur nicht mehr im Pendlerzug mit sperrigen Druckproduk-
ten, sondern las die Texte auf dem Handy. Schlagartig wurden Digital-
Abos sehr, sehr wichtig. Warum sollte das eine Format Geld kosten,
während es das andere gratis gab? Das ergab überhaupt keinen Sinn.

Print gegen Digital war schon immer die falsche Wahl. Nach der
vorherrschenden Meinung agierten die „Digital Native"-Medien-
firmen wie Vox und BuzzFeed in einer Art magischem Universum
ohne laufende Kosten, während die sinkenden Printanzeigen die
Zeitungen wie ein Anker immer weiter hinab auf den Grund des
Meeres zogen. Aber dieses ganze „Print gegen Digital"-Argument
setzte voraus, dass die physische Zustellung des Inhalts wichtiger
sei als der Inhalt selbst. Es ist nicht die gedruckte Zeitung, die den
Kern des *Wall Street Journals* ausmacht, es sind vielmehr die Journalisten, die Marke, die Kultur, die Reichweite und die Werte. Der
wahre Wert (und die erforderlichen Ausgaben) liegt im Inhalt, nicht
im Format. *Dafür* sind die Menschen bereit zu zahlen.

Arbeiten Sie mit der Prämisse, dass Sie treue Kunden besitzen, die sich mit Ihrer Marke identifizieren. Sehen Sie es als Gelegenheit an, die Kunden im Rahmen einer reichhaltigen digitalen Erfahrung noch stärker einzubinden. Dann wird Ihr neues Modell weniger stark von den Launen des Anzeigengeschäfts abhängen und stärker durch stabile, wiederkehrende Abo-Einnahmen gestützt. Viele aufgeweckte Verlagsunternehmen nutzen die Loyalität ihrer bestehenden Print-Abonnenten bereits, während sie auf überwiegend digitale Umsatzmodelle umsteigen. Dabei ziehen sie einen Vorteil aus den flexiblen Preis- und Paketmodellen und den Bündelangeboten.

Diese Verleger verwandeln sich rasch in etwas, was Ken Doctor als „Unternehmen, die früher als Zeitungen bekannt waren", bezeichnet. Es sind gewiefte Medienbetriebe, die ihre intellektuellen Kernwerte mit ergänzenden Diensten mischen und auf diese Weise neue Angebote für ihre Leser bereithalten, seien es kostenlose Spotify-Konten (News UK), kostenlos herunterladbare Wirtschaftsbücher (WSJ+), Tee-Times für Golfspieler, Kreuzfahrten oder Tagungen. In manchen Fällen stoßen sie dabei auf neue digitale Einnahmequellen, die tatsächlich dem Printgeschäft den Rang ablaufen.

THE ENTHUSIAST NETWORK –
BENZIN IM BLUT

Sehen wir uns beispielhaft *Motor Trend* an, ein Magazin, das erstmals im Mai 1949 erschien. Heute wird es vom Verlag The Enthusiast Network (TEN) herausgebracht. Vor einigen Jahren begann das Magazin, die Videos auf seiner Website auch über YouTube zu verbreiten. Nach über einer Milliarde Aufrufe und fünf Millionen abgeschlossenen Gratis-Abos startete das Unternehmen 2016 „Motor Trend on Demand". Auf der Plattform lassen sich für 5,99 Dollar im Monat Hunderte Stunden exklusiver Inhalte abrufen, darunter Shows wie *Roadkill Garage* und *Head 2 Head*. Heute generiert *Motor Trend* weniger als die Hälfte seiner Umsätze mit der gedruckten

Ausgabe und die SVOD-Angebote sollen schon bald 20 Prozent des Gesamtumsatzes ausmachen.

Ein erstaunlicher Wandel für ein Unternehmen, „das früher als Automobil-Magazin bekannt war". *Motor Trend* zweitverwertet seine eigenen Inhalte unter anderem bei Roku, Apple TV und Amazon, gleichzeitig experimentiert man mit unterschiedlichen Preismodellen und Abonnementplänen, die mit Merchandising-Artikeln daherkommen oder mit Eintrittskarten für *Motor-Trend*-Veranstaltungen – teilweise gibt es sogar das Abo für das gedruckte Magazin kostenlos dazu! „Die Logik ist unvermeidlich. Das ist die Richtung, in die sich die moderne Medienlandschaft entwickelt", sagte Angus MacKenzie, bei TEN Chief Content Officer, gegenüber *Digiday*. „Es gibt immer weniger Szenarien, bei denen man sich ausschließlich in einem anzeigenfinanzierten Geschäftsmodell bewegt. Eine Abo-Plattform ist ein verbrauchergestütztes Geschäftsmodell – das ist grob vergleichbar mit dem, was die Magazine einmal waren."[6]

Wie alle anderen erfolgreichen Abo-Dienste nutzt TEN den Vorteil des absehbaren wiederkehrenden Umsatzes, um sich hundertprozentig auf sein Publikum fokussieren zu können und den Raum zu schaffen, im Umfeld beliebter Themen eigenständige neue Angebote zu entwickeln. (Die *New York Times* erzielt mittlerweile beträchtliche Umsätze mit ihrer Kreuzworträtsel-App und hat gerade eine neue, nicht kostenlose Koch-App gestartet.) Außerdem wird auf diese Weise die „Crap Trap" vermieden.

Bei einer unserer „Subscribed"-Konferenzen in London war der Verleger eines Magazins für Pferde-Enthusiasten anwesend und er sagte etwas sehr Wichtiges: Natürlich gebe es abgesehen von einem 20 Pfund teuren Jahresabo für ein Pferde-Magazin noch andere Wege, Geschäfte mit Lesern zu machen, die Pferde besitzen. Sie hätten sich beispielsweise stärker in Wettbewerbe und Zubehör eingebracht. Einige Ansätze seien erfolgreich gewesen, andere gescheitert, aber hinter allen stehe die Absicht, die Leserbindung zu stärken, und nicht, ein journalistisches Produkt zu entwickeln, das die Bedürfnisse der Anzeigenkunden bedient.

GEWIEFTE BRITEN –
FINANCIAL TIMES UND THE ECONOMIST

Ein wichtiger Aspekt dieses Wandels ist auch preisliche Flexibilität, also die Fähigkeit, blitzschnell zu reagieren, wenn sich eine große Story entwickelt. Bei der *Financial Times* wusste man, dass an dem Wochenende, an dem über einen Verbleib in der EU abgestimmt wurde, der Traffic auf der Website deutlich zunehmen würde. Was also hat man gemacht? Die komplette Berichterstattung über den Brexit wurde freigeschaltet, gleichzeitig sorgte man dafür, dass die Scharen neuer Leser reichlich Angebote für maßgeschneiderte Abos zu sehen bekamen. Das Resultat: Gegenüber einem normalen Wochenende wurden 600 Prozent mehr Abos abgeschlossen. Heute hat die *FT* mehr als 900.000 Abonnenten und erzielt über 75 Prozent ihres Umsatzes mit Digital-Abos.

Gegenüber *Digiday* erklärte Jon Slade, Chief Commercial Officer der *Financial Times*: „Wir haben unser Marketing in Echtzeit hochgefahren. Wir haben uns das Kaufverhalten angesehen, die Möglichkeiten in den sozialen Netzen, und haben unser Marketingbudget dafür verwendet, eine Geschichte zu dominieren. Dann stellten wir sicher, dass dies nicht mit den Anstrengungen kollidierte, die unser Team für Audience Engagement unternahm, insofern gab es einen ständigen Dialog zwischen Audience Engagement und der Redaktion sowie zwischen Marketing und Akquise."

So sehr die *FT* für außergewöhnlichen Journalismus steht, so innovativ und kreativ ist man dort aber auch, wenn es um Kundenakquise geht. Die *FT* arbeitet zudem mit einer einfachen, aber brillanten Formel, um die Einbindung der Leserschaft zu messen. Dazu hat sie sich etwas aus dem Einzelhandel abgeschaut und bewertet jeden Leser nun nach drei Faktoren: Wann war er das letzte Mal auf der Seite? Wie oft besucht er die Seite? Wie viele Artikel liest er? Eine niedrige Punktzahl spricht dafür, dass man diesen Kunden verlieren könnte. Hier könnte möglicherweise die Abteilung für Werbeaktionen mit einem Preisnachlass die Kundenbindung wieder stärken.

Ähnliche Erfolge mit kreativen Preisstrategien für die Kundenakquise kann der *Economist* vorweisen. Vor einigen Jahren unternahm das britische Wirtschaftsmagazin einen interessanten und mutigen Versuch. Anstatt es wie die Konkurrenz zu halten und den Online-Zugang als Gratis-Dreingabe zum Print-Abo dazuzupacken, beschloss man, auch für den digitalen Bereich Geld zu verlangen. Warum denn auch nicht? Die meisten großen Publikationen stecken viel Arbeit in ihre eigenständigen digitalen Anstrengungen. Das sollte dem Kunden doch durchaus etwas wert sein, oder?

„Die Idee dahinter war es, unsere Einnahmen aus der Abo-Verlängerung zu steigern, indem wir die Menschen dazu bringen, das Print-plus-Online-Paket zu wählen und nicht das reine Print-Paket. Anstatt Online also einfach nur zu verschenken, werden wir dafür tatsächlich sogar einen Aufschlag verlangen", erklärte Subrata Mukherjee, damals Vice President of Product und Head of Business Systems bei der Economist Group.[7]

Es war ein brillanter Schachzug und erhöhte die Einnahmen durch Leser, die bereit waren, das Print-Abo um die Digitalversion zu ergänzen, um 25 Prozent. Der *Economist* experimentiert nun mit unterschiedlichen Methoden, mehr Menschen auf diesen Weg zu lenken. Wer beispielsweise die Website mit eingeschaltetem Adblocker aufruft, dem wird ein Abo-Angebot angezeigt. Zusätzlich gibt es Sonderangebote für Studierende oder Anreize für Vielflieger.

Mir ist durchaus bewusst, dass die Zeitungsindustrie ganz gewiss keine Vorträge über die Vorteile des Abo-Modells benötigt, schließlich hat sie es erfunden. Und natürlich ist mir auch klar, dass die Branche eine extrem schmerzhafte Phase durchlaufen hat. Was ich allerdings gerne sehen würde, ist, dass mehr Manager aus der Zeitungsbranche mit Führungskräften aus der „Software as a Service"-Branche (SaaS) darüber sprechen, wie man sich ein digitales Publikum aufbaut und einbindet. Zeitungen können den Start-up-Firmen noch eine Menge beibringen.

Vor einigen Jahren witzelte der Medienmanager Mark Lotto auf Twitter: „Hier Ihre halbjährliche Erinnerung: Wäre die *New York*

Times nicht vor 160, sondern vor fünf Jahren gegründet worden, wäre sie heute 40 Milliarden Dollar wert." An dieser Einschätzung ist durchaus etwas dran und ich möchte sogar behaupten, was das Geschäftsmodell angeht, so ähnelt die *New York Times* immer stärker einem SaaS-Unternehmen als einer Tageszeitung.

DIE NEW YORK TIMES
IST EIN UNICORN

Von Unicorns haben Sie bestimmt schon gehört. Nein, wir reden hier nicht über die Einhörner aus den Fabeln, sondern über Silicon-Valley-Firmen, die aufgrund von rekordverdächtigen Finanzierungsrunden in einem Umfeld leicht verfügbarer Mittel und zinsloser Darlehen eine Bewertung von über einer Milliarde Dollar erreichen. Natürlich haben einige auch das Zeitliche gesegnet, was mit „Down-Rounds",[8] mit Abschlägen bei Zukäufen oder mit turbulenten Börsengängen zu tun hat. Viele dieser Firmen, wenn nicht gar der Großteil, generieren in der einen oder anderen Form mit Abonnements Einnahmen. Wäre die *New York Times* keine Tageszeitung, sondern ein SaaS-Unternehmen, wäre es mehr als doppelt so viel wert wie die aktuell rund vier Milliarden Dollar. Davon bin ich überzeugt.

Während ich dies schreibe, steht die Aktie der *New York Times* auf dem höchsten Stand seit fünf Jahren. Das hängt damit zusammen, dass das Unternehmen heute mehr als 60 Prozent seiner Umsätze direkt mit seiner Leserschaft erwirtschaftet. Traditionell war es so, dass bei Tageszeitungen die Werbeeinnahmen höher sind als die Einnahme aus dem Abo-Geschäft, insofern hat die *New York Times* eine bemerkenswerte Weggabelung in seinem Einnahmenmix erreicht. Diese Mischung bildet die Grundlage für ein starkes, nachhaltiges Geschäftsmodell, mit dessen Hilfe das Unternehmen sein für 2020 angepeiltes Ziel erreichen will, mit digitalen Geschäften 800 Millionen Dollar Umsatz zu generieren (schon jetzt sind es 600 Millionen Dollar und der Umsatz aus dem gesamten Abonnementgeschäft beträgt mehr als eine Milliarde Dollar). Im zweiten Quartal 2017 überstiegen die Einnahmen aus dem reinen Digital-Abo-Geschäft die der Printanzeigen. Und das dürfte erst der Anfang sein. Inklusive der Koch- und Kreuzworträtsel-Apps verfügt die Zeitung heute über mehr als 2,6 Millionen zahlende Digital-Abonnenten. Fragen Sie mal bei einem Wagniskapitalgeber nach, wie der ein SaaS-Unternehmen mit solchen Zahlen bewerten würde!

Der *New York Times* ist es gelungen, das Verhältnis von Abo- und Anzeigeneinnahmen umzukehren, was eine gute Sache ist. So ist die *New York Times* besser geschützt vor konjunkturellen Schwankungen (die sich auf den Anzeigenmarkt übertragen), gleichzeitig kann sie einen Aufschlag dafür verlangen, Zugang zu einem engagierten und professionellen Publikum zu gewähren. Etwa vier Prozent des Online-Publikums bezahlt für Inhalte. Für mich ist das ein Aufwärtspotenzial von 96 Prozent und gleichzeitig eine Lektion, die viele SaaS-Unternehmen hier im Silicon Valley bereits vor langer Zeit gelernt haben: Den Großteil seiner Gewinne erzielt man mit einem kleinen Kern von Nutzern.

In der Technologiebranche kommt diesem Ansatz wahrscheinlich das „Freemium"-Modell am nächsten. Es bedeutet, dass man eine kostenlose Basisversion anbietet in der Hoffnung, möglichst rasch möglichst viele Nutzer anzulocken. Im nächsten Schritt versucht man dann, die Kunden von einem erweiterten, nicht mehr kostenlosen Modell zu überzeugen. Die Menge der zahlenden Nutzer wird immer nur einen Bruchteil der Freemium-Basis darstellen, aber wenn Ihr Angebot überzeugend ist, dann trägt die Kerngruppe Ihr Geschäft (fragen Sie mal bei Dropbox oder Slack nach). Es hat sich gezeigt, dass loyale Zeitungsabonnenten bereit sind, für erweiterte Angebote zu zahlen (43 Prozent der Amerikaner, die eine Spitzenzeitung abonniert haben, wären bereit, mehr für ihr aktuelles Abo zu bezahlen, hieß es im „Activate"-Bericht von Michael J. Wolf). Das erklärt die Beliebtheit von Mitgliedsprogrammen wie „Slate Plus" und „Times Insider" oder dem Programm „Masthead" von *The Atlantic.*

Die Abonnenten der *New York Times* stammen inzwischen aus 195 Ländern. Die Ausländer stellen rund 15 Prozent der mehr als 2,6 Millionen rein digitalen Bezahl-Abos und die Zuwächse hier sind größer als im Inland. Die Zeitung hat massive Expansionsbemühungen in englischsprachigen Ländern wie Australien unternommen und seit Kurzem wird auch ein Dienst auf Spanisch angeboten. Zehn Millionen digitale Abonnenten will die Zeitung erreichen und für dieses ehrgeizige Ziel muss sie gut situierte Leser im Ausland ansprechen. In dieser Hinsicht ist es ausgesprochen wichtig, rasch eine breite Palette von Währungen und Bezahlarten anbieten zu können.

Als jemand, der sich mit Zahlen rund um Abonnements befasst, würde ich natürlich gerne noch viel, viel mehr wissen. Wie effektiv ist die *New York Times* darin, neue Leser zu gewinnen? Wie hoch sind die Kosten der Kundenakquise, wie groß ist die monatliche Abwanderung bei den Abonnenten? Wie sehr bringt sich der durchschnittliche Abonnent ein? Öffentlich macht die Zeitung nur sehr wenige Einzelheiten zu diesen Themen, aber das Gesamtbild ist klar: Die *New York Times* ähnelt eher einer klugen, auf wiederkehrenden Einnahmequellen basierenden SaaS-Plattform als einer statischen Werbetafel. Berühmt ist die *New York Times* auch dafür, dass sie sehr zurückhaltend ist, was das Teilen von Inhalten mit Facebook, Google und Apple angeht. Ich halte das für eine gute Idee. Alle drei arbeiten an Mechanismen, wie man Bezahl-Abos incentivieren kann, aber wenn ich Verleger wäre, würde ich auch damit warten, Vereinbarungen einzugehen, bei denen ich meine Kunden- und Bezahldaten aushändigen muss.

„Wir achten darauf, den Laden hier nicht zu verschenken", sagte Rebecca Grossman-Cohen *Digiday*. Sie arbeitet bei der *New York Times* als Vice-President of Audience and Platforms. „Wir wissen, was nötig ist, um ein gesundes Abonnementgeschäft aufzubauen, dazu muss man nämlich eine Beziehung zu den Lesern aufbauen und das erfordert eine direkte Verbindung zu ihnen. Wenn wir ein atomisierter Satz von Artikeln mit einem Hauch von Branding sind, das man vielleicht noch als *New York Times* erkennt, vielleicht aber auch nicht, dann erschwert das diese Aufgabe möglicherweise."[9] Ganz genau. Aus exakt diesem Grund haben so viele Verleger völlig zu Recht die 30-prozentige „iTunes-Steuer" von Apple abgelehnt. Es ging ihnen weniger darum, auf so viel Umsatz verzichten zu wollen. Sie waren vielmehr aufgebracht darüber, dass Cupertino alle Bezahlinformationen und demografischen Daten einbehalten wollte. Das läuft nämlich darauf hinaus, den Laden zu verschenken. Eigentlich müssten die Wagniskapitalgeber die *New York Times* mit Geld zuschütten. *Recode* wies kürzlich darauf hin, dass die digitale Paywall der *New York Times* so schnell wie Facebook und schneller als Google wächst. Die Zeitung hält sich dabei an sämtliche Best-Practice-Standards aus dem Silicon Valley: Abo-Umsatz, internationale Expansion, mehrstufige Service-Angebote, Freemium-Angebote, Überwachung des Konsumentenverhaltens und ein signifikanter TAM („total adressable market", also „der gesamte adressierbare Markt").

„Wir sind, auf den simpelsten Nenner gebracht, ein Unternehmen, bei dem das Abonnement an allererster Stelle steht", sagt der CEO der *New York Times*, Mark Thompson.[10] „Dass wir den Schwerpunkt auf Abonnenten legen, unterscheidet uns in entscheidender Hinsicht von vielen anderen Medienorganisationen. Wir wollen keine Klickzahlen maximieren und sie gegen Anzeigen mit geringen Margen verkaufen. Wir versuchen nicht, ein Wettrüsten bei den Seitenaufrufen zu gewinnen. Wir glauben, dass es für die *Times* der strategisch gesündere Ansatz ist, einen Journalismus anzubieten, der so überzeugend ist, dass mehrere Millionen Menschen aus aller Welt bereit sind, dafür zu bezahlen."

Ich höre ein starkes Echo von Jeff Bezos in dieser Aussage. Und wenn wir schon dabei sind: Warum stürzen sich die Wagniskapitalgeber nicht verstärkt auf versierte, etablierte Zeitungsunternehmen mit einem festen Stamm an Digital-Abos, sondern auf diese digitalen Journalismus-Projekte, die versuchen, Google und Facebook beim Wettrennen um Anzeigengelder auszustechen? Das ist mir ein Rätsel.

Der Medienexperte Peter Kreisky erklärte mir einmal, was hier aus seiner Sicht die allgemeine Botschaft ist: Qualitätsjournalismus wird auch in Zukunft die feste Unterstützung leidenschaftlicher Leser genießen, denen qualitativ hochwertige Berichterstattung am Herzen liegt und die gerne Geld dafür zahlen, wenn sie im Gegenzug jederzeit und überall darauf zugreifen können (insbesondere auf ihren Handys und Tablets). Michael Wolf schreibt in dem erwähnten „Activate"-Bericht: Wenn etwa ein Viertel der lesenden Öffentlichkeit in den USA derzeit für Nachrichten bezahlt, kommt noch mindestens ein weiteres Viertel hinzu, das sich über geteilte Passwörter und Social Media aktiv informiert. Das sind eine ganze Menge potenzieller neuer Bezahlabonnenten.

Für Publikationen wie *The New York Times,* die *Financial Times* und den *Economist,* aber auch für Verbrauchermagazine wie *Motor Trend* geht es nicht darum, um jeden Preis Größenvorteile zu erzielen, sondern darum, sich mit ihrem Publikum auszutauschen und dafür bezahlt zu werden. Dieser Gedanke klärt die Dinge und befreit: Sie müssen nicht alles für alle sein. Sie müssen nur Ihre Leser kennen.

KAPITEL 6
SCHLUCKEN SIE DEN FISCH – LEKTIONEN AUS DER WIEDERGEBURT DER TECHNOLOGIEBRANCHE

WEGBEREITER
ADOBE

Im November 2011 erklärte Adobes Finanzvorstand Mark Garrett vor Dutzenden Wall-Street-Analysten, er werde sich bemühen, Umsatz und Gewinn des Unternehmens so rasch wie möglich zu drücken. Verständlicherweise gab es zu dieser Aussage die eine oder andere interessierte Nachfrage. Adobe kündigte an, seine enorm profitable Software Creative Suite nicht länger als Produkt zu verkaufen, sondern auf ein digitales Abo-Modell umzustellen. „Je rascher die Gewinne fallen, desto besser wird es uns als Unternehmen ergehen und desto besser wird das für Sie als Investoren sein, denn aus Umsatzperspektive sind Millionen Menschen, die uns Monat für Monat Geld bezahlen, ausgesprochen attraktiv.“[1]

Der Gesamtumsatz würde also nicht verschwinden, sondern weiter in die Zukunft hinausgeschoben. Garretts Team gab sich sehr viel Mühe, zu erklären, wie dieser Kurswechsel vonstattengehen solle und was die Gründe dafür waren.

Wie kam es, dass Adobe beschloss, auf Abos umzustellen? 2011 war das Geschäft mit Softwarelizenzen eine Cashcow und warf bei einer Bruttomarge von 97 Prozent mehr als 3,4 Milliarden Dollar an Einnahmen ab. Die meisten Manager müssten sich schon sehr ins Zeug legen, um etwas zu finden, was sie an diesen Zahlen bemängeln könnten. Nichtsdestotrotz gab es einige beunruhigende Signale: Das Geschäft wuchs in erster Linie als Ergebnis von Preiserhöhungen, die Gesamtzahl an Nutzern wuchs hingegen nicht.

„Unter dem alten Lizenzmodell verkauften wir etwa drei Millionen Stück pro Jahr und dieser Wert stagnierte über einen langen Zeitraum hinweg", sagte David Wadhwani 2014 bei unserer „Subscribed"-Konferenz. Wadhwani war damals bei Adobe Senior Vice President of Digital Media. „Wir trieben das Umsatzwachstum voran, indem wir unseren durchschnittlichen Verkaufspreis anhoben – sei es durch direkte Preiserhöhungen oder indem wir die Leute auf die nächste Stufe der Produktleiter zogen."[2]

Es gab noch weitere Alarmsignale. In der Vergangenheit hatte Adobe alle 18 bis 24 Monate Produkt-Updates veröffentlicht, aber dem Unternehmen war klar geworden, dass sich die Bedürfnisse seiner Kunden, was die Erstellung von Inhalten anging, inzwischen rascher wandelten. Dafür sorgen technische Entwicklungen bei mobilen Geräten, Browsern und Mobilfunk-Apps. Das Unternehmen reagierte schlichtweg nicht mehr schnell genug. Und natürlich hatten alle Firmen unter der Weltwirtschaftskrise von 2008 zu leiden, Adobe jedoch wurde stärker in Mitleidenschaft gezogen als Softwarehersteller, bei denen der Anteil wiederkehrender Umsätze höher war. Adobe dagegen hatte keine großen finanziellen Polster. „Wir sahen uns an, wie sich andere Unternehmen mit hohen wiederkehrenden Umsätzen während der Rezession schlugen, und erkannten, dass die Firmen, bei denen die wiederkehrenden Umsätze hoch waren, geringere Einbußen bei den Wachstumsraten und den Bewertungen verzeichnen konnten", sagte Garrett. „Bei uns war beides sehr stark gefallen. Unser Umsatz ging um etwa 20 Prozent zurück, unsere Bewertung sogar noch mehr."[3]

Adobe musste sich immer stärker ins Zeug legen, um seine Quartalszahlen zu erreichen. Das Unternehmen schaltete beim Marketing einen Gang hoch, aber das zeigte nicht die erforderlichen

Ergebnisse. Sie beschleunigten die Produkt-Updates (soweit möglich), aber auch das brachte wenig. Zu diesem Zeitpunkt begann der Kundenstamm sogar zu schrumpfen, während gleichzeitig digitales Publizieren (Instagram, Online-Videos) explodierte. Adobe steckte in der Klemme und der Geschäftsführung blieben zwei Möglichkeiten: Entweder behandelte man Creative Suite, noch immer Marktführer bei gedruckten Veröffentlichungen, als Sparschwein, aus dem man sich bedienen würde, um einen neuen Geschäftszweig aufzubauen und beim digitalen Publizieren anzugreifen. Oder man stürzte sich mit voller Kraft auf Creative Suite und verwandelte das stärkste Produkt des Hauses in etwas, das für beide Welten geeignet war. Das würde ständige Innovationen bedeuten, digitale Angebote und geringere monatliche Kosten, wollte man auf organische Weise den Kundenstamm wachsen lassen. Als Mark Garrett im November 2011 ankündigte, Adobe werde auf Abonnements umsteigen, war seine Argumentation durchdacht und methodisch. Am nächsten Tag brach die Adobe-Aktie ein (allerdings nicht so stark, wie es die Geschäftsführung befürchtet hatte).

ATOMARER WINTER
FÜR DEN SOFTWARE-BEREICH

Der Technologiesektor ist heute ein gewaltiger Bereich, 3.000 Milliarden Dollar schwer, der jährlich um ordentliche vier Prozent wächst. Der Geldmittelzufluss aus dem Venture-Capital-Segment ist auf dem höchsten Stand der letzten zehn Jahre. 2017 beliefen sich die Investitionen auf 84 Milliarden Dollar, 100 Prozent mehr als 2007. Diese Zahlen nähern sich dem schwindelerregenden Niveau der Dotcom-Blase an, aber diesmal machen Late-Stage-Finanzierungsrunden etablierter Unternehmen mit soliden Kennzahlen den Großteil des Investitionsvolumens aus. Tomasz Tunguz von Redpoint Ventures sagt, das Barvermögen der börsennotierten Softwarefirmen habe sich im Lauf der letzten zehn Jahre verzwanzigfacht und die Kapitalisierung der börsennotierten Softwarefirmen sei im selben Zeitraum um den Faktor 28 gestiegen. Es wird immer wieder rauf und runter gehen (hätte jemand Interesse am Thema Kryptowährungen?), aber der Technologiesektor ist zweifelsohne eine wachsende, lebendige und immer breiter aufgestellte Branche.

Aber das ist keineswegs immer so gewesen! Vor zehn, 15 Jahren war Adobe nicht das einzige Unternehmen, das in unruhigem Fahrwasser steckte. In der gesamten Branche gab es Nullwachstum oder sogar Rückgänge zu verzeichnen. Der Crash von 2001 hatte die Gewinne der vorangegangenen Jahrzehnte vernichtet, Beobachter sprachen von einem „atomaren Winter für den Software-Bereich". Milliardenschwere Konzerne wie Siebel wurden geschluckt oder machten dicht. Venture-Kapitalgeber weigerten sich, neue Software-Start-ups zu finanzieren. Auf der Sand Hill Road[4] herrschte Untergangsstimmung (nur im übertragenen Sinne). Die Wall Street erklärte, die Branche sei dauerhaft gesättigt und die Firmen sollten – oh Schreck, oh Graus – Dividenden ausschütten, ganz so wie die Dinosaurier der alten Wirtschaft. Software sei ein Bereich, der unter „Ermessensausgaben" fallen solle und mit Beginn des nächsten Abschwungs deutlich zurückgefahren werden würde, erklärten Finanzanalysten.

Perfekt fasste die damals vorherrschende Stimmung ein Artikel zusammen, der 2003 in der *Harvard Business Review* erschien. Der Titel: „IT ist unwichtig".[5] Der Verfasser, Nicholas Carr, bezeichnete die gesamte Branche im Grunde als bessere Klempner: „Die Kernfunktionen der IT – Datenspeicherung, Datenverarbeitung und Datentransport – stehen mittlerweile allen zu bezahlbaren Preisen zur Verfügung. Ihrer Macht und ihrer Präsenz ist es zu verdanken, dass Ressourcen von potenziell strategischer Bedeutung in selbstverständliche Produktionsfaktoren verwandelt wurden. Sie werden zu Geschäftskosten, die alle aufwenden müssen, die aber niemandem ein Alleinstellungsmerkmal verschaffen." Die Zeit war reif für eine Konsolidierung und Oracle kaufte reihenweise angeschlagene Firmen auf, um allein durch schiere Trägheit seinen Marktanteil zu verteidigen. Nachdem Steve Ballmers Microsoft 2007 noch über das iPhone gespottet hatte, fand sich das Unternehmen mitten in einer zehn Jahre anhaltenden Flaute wieder.

Während die großen Technologie-Dinosaurier durch dieses Massensterben stapften, betrat eine agilere Art von SaaS-Firmen die Bühne, begleitet von reichlich Zweifeln: Sie arbeiteten nur für kleinere Unternehmen und ihre „Einwahlsoftware" ließ sich nicht konfigurieren oder in größere Systeme integrieren. Das sei doch bloß eine Modeerscheinung, die höchstens finanziell klamme Unternehmen ansprach, die im Sinkflug begriffen waren, hieß es. Und wer würde seine Daten schon dem Server eines anderen anvertrauen? Aber diese neue Spezies, die Säugetiere, wuchs weiter und weiter, allen voran Salesforce.

Dann schlug 2008 der nächste große Asteroid ein – die Finanzkrise. Über Nacht wirkten diese SaaS-Alternativen deutlich attraktiver auf Unternehmen, die den Wirtschaftsabschwung überstehen mussten. Statt „In der Cloud parken wir einige weniger wichtige Systeme." lautete die vorherrschende Meinung nun auf einmal: „Wir sind ein Cloud-first-Laden." Heutzutage starren immer mehr Chief Information Officer ungläubig auf die unfassbar hohen Rechnungen, die für die Modernisierung der hausinternen ERP-Systeme anfallen. Sie fragen sich, warum man sich überhaupt damit abgeben sollte, schließlich gibt es so viele günstigere und bessere SaaS-Alternativen auf dem Markt.

Heutzutage hat jeder erkannt: Abonnements sind das vorherrschende Geschäftsmodell für die Technologieindustrie. Gartner sagt voraus, dass im Jahr 2020 über 80 Prozent der Software-Anbieter auf Geschäftsmodelle umgestellt haben werden, die auf Abonnements basieren.[6] Die Unternehmensberater von Deloitte schrieben unlängst, dass es sich die großen Technologiefirmen überhaupt nicht mehr leisten könnten, keine Subskriptions-Modelle anzubieten: „Mehr und mehr Kunden verlangen flexiblere Bezahlmodelle. Das bedroht die anhaltende Überlebensfähigkeit zahlreicher Unternehmen und sogar ganzer Branchen. Wer es nicht hinbekommt, zumindest erste Gehversuche mit nutzungsabhängigen Angeboten zu unternehmen, könnte sich in der Bedeutungslosigkeit wiederfinden."[7]

Überall wachsen die Einnahmen aus dem Lizenzgeschäft und der Wartung immer langsamer, wenn überhaupt. On-Premises-Software ist kein Wachstumsgeschäft mehr, unterdessen verzeichnen nicht wenige der jüngeren SaaS-Unternehmen, die während der vergangenen zehn Jahre gegründet wurden, richtige Sprünge beim Marktanteil.

Im Hardware-Bereich kommt es ebenfalls zu enormen Verschiebungen. Der Erfolg von Amazon Web Services hat ein Umdenken bei IT-Einkäufern ausgelöst: weg von großen, kapitalintensiven Einrichtungen hin zu auf Betriebskosten basierenden Mietvereinbarungen. Große Unternehmen kämpfen mit Vollgas darum, den Anschluss zu halten, denn sie haben erkannt, in welche Richtung sich der Markt entwickelt.

Von den Firmen, die heute durch Innovation auffallen, richten immer mehr ihr Geschäftsmodell auf wiederkehrende Einnahmen aus. Ihre ERP-Systeme lagern sie dabei aus. Das alte, umständliche „Einheitsgrößen"-ERP-Modell bedeutet immer öfter, dass alles Oracle in Rechnung gestellt wird und nichts besonders gut erledigt wird. Ob Kundendienst, Spesenabrechnung, Prognosen oder Rechnungsstellung – mehr und mehr Firmen greifen auf „Plug & Play"-SaaS-Anbieter zu, die geradezu besessen daran arbeiten, eine einzelne zentrale Aufgabe richtig, richtig gut zu erledigen. Bei Concur denkt man den ganzen Tag lang über nichts anderes als Reisekosten nach. Salesforce ist praktisch ein Synonym für Customer Relationship Management. Aviso wendet die neuesten Erkenntnisse aus dem Maschinellen Lernen auf Umsatzprognosen an. Mein Unternehmen, Zuora, lebt und atmet Abrechnung, Handel und Finanzen rund um Subskriptionsmodelle. Diese SaaS-Lösungen sind weitaus flexibler und effektiver als eine einzelne gewaltige Oracle-Installation.

Wie aber können die Dinosaurier überleben? Zur Beantwortung dieser Frage müssen wir uns zunächst einmal mit dem Thema Fisch befassen.

DAS FISCH-
MODELL

Wollen Sie verstehen, warum traditionelle Softwarehersteller einen dermaßen steinigen Weg vor sich hatten, müssen Sie zunächst einmal das Fisch-Modell begreifen. In ihrem hervorragenden Buch *Technology-as-a-Service Playbook: How to Grow a Profitable Subscription Business* sprechen Thomas Lah und J.B. Wood davon, man müsse „den Fisch schlucken", wenn in der Übergangsphase die Umsatzkurve kurzzeitig unter die Kurve der Betriebskosten fällt, um dann wieder anzusteigen:[8]

„Der Fisch ist das, was geschieht, wenn ein traditionelles Unternehmen beginnt, seinen Einnahmenmix von einem Modell, bei dem Vermögenswerte gekauft werden, auf ein Subskriptions-Modell umzustellen. Bei diesem Szenario erlebt das Unternehmen eine Reihe Quartale, in denen der Gesamtumsatz fällt, während die Einnahmen aus großen, im Voraus zu bezahlenden Geschäften durch wiederkehrende Abonnements ersetzt werden, bei denen die große Vorwegzahlung fehlt. Während die Umsätze schwächer werden, muss das Unternehmen gleichzeitig in viele der neuen Fähigkeiten und Strukturen investieren, die erforderlich sind, um XaaS[9] erfolgreich betreiben zu können. Beim traditionellen rentablen und stabilen Mix stehen auf der linken Seite der Tabelle höhere Umsätze als Kosten. Dieses Bild wird abgelöst durch eine turbulente Phase, in der die Ausgaben die Einnahmen übersteigen."

So kommt der Fisch zustande:

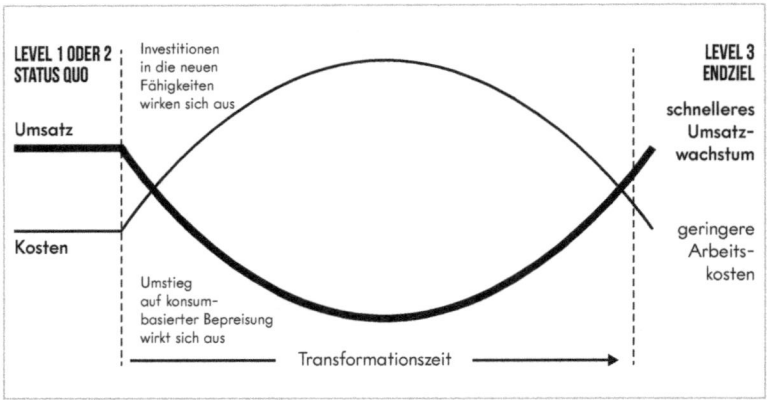

Lah und Wood haben recht, wenn sie schreiben: Einem Managementteam, das Quartalszahlen nachjagt, gefällt üblicherweise nicht, wie dieser Fisch aussieht. Am liebsten würden diese Führungskräfte einen großen Bogen darum machen. Das Board will zufriedengestellt sein, die Anleger sollen nicht meckern, die Wall-Street-Banken kategorisieren einen als stückzahlen-basiertes Unternehmen und messen einen nach strengen GAAP[10]-Zahlen, nicht nach Wachstumsraten, die auf abgegrenzten Einnahmen beruhen. Ein Beispiel: Salesforce meldet seine Umsatzzahlen und teilt mit, dass die abgegrenzten Einnahmen 60 Prozent von diesem Wert entsprechen. Das bedeutet, das Unternehmen hat am ersten Tag seines neuen Geschäftsjahres mehr als die Hälfte des Umsatzziels bereits erreicht. Die Wall Street bewertet Salesforce daraufhin deutlich höher als ein Unternehmen, das diesen zweiten Wert nicht in Aussicht stellen kann. Aber diese Managementteams sind gefangen in den alten GAAP-Regeln und müssen sich schließlich hinstellen und ein veraltetes Modell verteidigen: „Profitable, alteingesessene Akteure treten scheinbar auf der Stelle, während Neuzugänge den Markt durcheinanderwirbeln. Sie zögern, ihre ertragreiche Wirtschaftslokomotive zu stören – selbst dann noch, wenn die Kunden anfangen, auszusteigen, und die Einnahmen zu schrumpfen beginnen."

Das war die Herausforderung, vor der 2011 das Adobe-Management stand. Sie würden einen großen Fisch schlucken müssen, das wussten die Manager. Wie also bekamen sie es hin? Nachdem das Management beschlossen hatte, diesen Weg zu gehen, verpflichtete es sich darauf, ausgesprochen intensiv zu kommunizieren. Kontroversen sollten in Transparenz erstickt werden, aber für jede zentrale Interessengruppe benötigte die Geschäftsführung eine leicht voneinander abweichende Botschaft. Die Manager begannen mit der Belegschaft, denn es standen einige ziemlich tiefgreifende organisatorische Veränderungen an. Sollte das langjährige Mitarbeiter verschrecken, wäre das gewiss verständlich. Das Finanzteam beispielsweise würde künftig nicht mehr simple Transaktionen abwickeln, sondern Monat für Monat drei bis vier Millionen Individuen Rechnungen zustellen. Das Produktteam musste von jährlichen Updates auf monatliche Neuerungen umstellen und sich ganz neuen Herausforderungen in Bereichen wie Betriebszeit, Disaster-Recovery und Sicherheit stellen. Für den Vertrieb stellte das Management ein lustiges Selbsthilfevideo zusammen ("Umsatzsüchtige"). Bei der Vertriebsmannschaft musste ein großes Umdenken einsetzen – weg vom Quartalsdenken (und der Provisionsstruktur), hin zu langfristigen Buchungen.

Und das bringt uns zurück zu diesem legendären Analystentreffen 2011 in New York. Damals gab es nur wenig Präzedenzfälle für etablierte Software-Konzerne, die erfolgreich auf Abo-Modelle umgestiegen waren. Trägheit des Unternehmens, Kurzsichtigkeit des Marktes, Systemzwänge, statisches Produktdenken oder eine Kombination von allem erwiesen sich teilweise als zu hohe Hürden. Die meisten Managementteams standen wie gelähmt vor den immer gleichen und absehbaren Fragen: Wenn wir von Umsatz jetzt zu Umsatz auf lange Sicht umsteigen, wird dann nicht unsere Bilanz leiden? Schrumpfen bei Subskriptionen nicht unsere Margen? Wie bringen wir unseren Vertrieb dazu, so etwas zu verkaufen? Wie werden die Anleger reagieren? Parallel dazu gab es immer wieder

Erfolgsgeschichten, bei denen junge SaaS-Firmen mithilfe von Digital-Abos alteingesessenen Firmen Marktanteile abjagten, während diese verzweifelt versuchten, mittelmäßige, aber rentable Geschäftsbereiche am Laufen zu halten.

Adobe musste bei jenem Treffen zwei große Hürden nehmen. Das Unternehmen musste nicht nur die Wall Street von seiner Vision überzeugen, es musste die Banken auch dazu bringen, die Umsetzung zu ermöglichen, indem sie ihre Finanzmodelle umschrieben. 30 Jahre lang war Adobe unter dem Aspekt der Absatzzahlen bewertet worden, nun sollte dieser Ansatz auf die Müllhalde wandern. Die Wall Street müsse völlig neue Kennzahlen anwenden, frei von Offenlegungspflichten und Folgen für die GAAP-Ergebnisse eines Unternehmens, argumentierte Garrett. Um diese Argumentation zu unterfüttern, machte Adobe deutlich mehr Angaben zu seinen Finanzen als bislang, außerdem präsentierte es klare Zielvorgaben, was künftige Abonnentenzahlen und das Wachstum bei den jährlich wiederkehrenden Umsätzen (*annual recurring revenue,* ARR) anbelangte. Wie gesagt: Die Ergebnisse waren durchwachsen (sogar die NASDAQ meldete sich und fragte bei Adobe nach, ob man vom Handel ausgesetzt werden wolle), aber die Geschäftsführung hielt sich an den Plan. Sie wusste, als Nächstes würde man sich an die wichtigste Interessengruppe von allen wenden müssen – die Kunden.

Hier traf das Adobe-Team erneut eine kluge Entscheidung: Man gab den Kunden Zeit. Einerseits wurden Digital-Abos beworben, gleichzeitig jedoch brachte Adobe im Mai 2012 auch Creative Suite auf den Markt und bot es wie gewohnt zum Kauf an. So hatten die Kunden die Wahl zwischen den beiden Modellen. Selbst als Adobe im Mai 2013 auf digitale Abos umstellte, zog man bei der alten Verkaufssoftware nicht vollständig den Stecker. Stattdessen informierte das Unternehmen seine Kunden ausführlich darüber, dass es keine Updates mehr geben werde. Bei Adobes jährlicher „MAX"-Konferenz zum Thema Kreativität hielt Wadhwani eine zweistündige Keynote-Rede, die im Grunde ein unverhohlener Pitch an die Kundschaft war: Er ging auf Bedenken ein, legte ausführlich die

Gründe des Unternehmens dar und erläuterte die Vorteile. Es folgte eine gründliche Anstrengung, bei der sich Vertreter von Adobe mit über 50.000 Kunden zusammensetzten.

Innerhalb von drei Jahren entwickelte sich Adobe Creative Cloud von nahezu keinerlei Abo-Einnahmen zu praktisch 100 Prozent Subskription. Heute wird die Art und Weise, wie Adobe auf digitale Abonnements umstieg, in den Business-Schools als Musterbeispiel gelehrt. Adobe war der Paradefall, von dem sich Microsoft, Autodesk, Intuit und PTC inspirieren lassen konnten. Als Adobe seine Pläne präsentierte, lag der Aktienkurs bei 25 Dollar. Im darauffolgenden Jahr gingen die Einnahmen um nahezu 35 Prozent zurück. Heute wird die Adobe-Aktie für über 190 Dollar gehandelt, das Unternehmen wächst jährlich um 25 Prozent und die ARR belaufen sich auf rund fünf Milliarden Dollar (2011 betrugen die jährlich wiederkehrenden Umsätze praktisch null). Fast 70 Prozent des Gesamtumsatzes ist wiederkehrend. Erstaunlich!

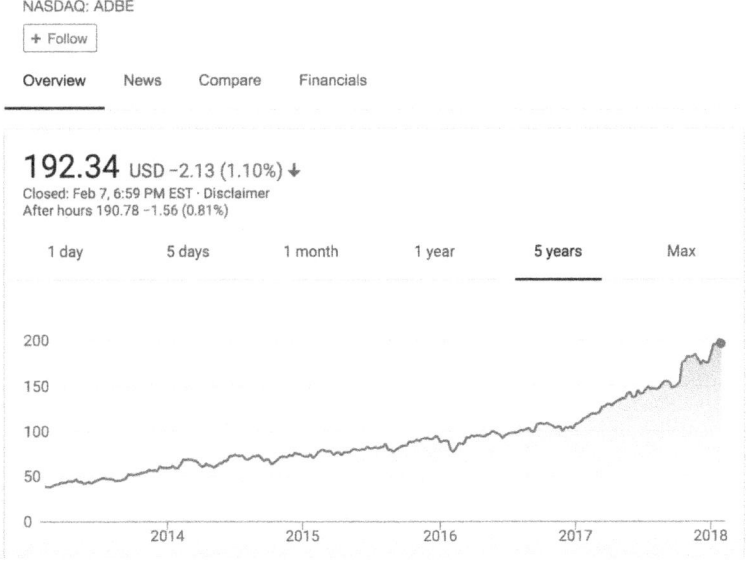

KEHRTWENDE
BEI PTC

Mittlerweile folgt die gesamte Softwareindustrie dem Vorbild von Adobe. Im Februar 2015 verkündete Autodesk den Umstieg vom Verkauf der Software zu „Pay as you go"-Subskriptionsmodellen. Bis August 2016 kletterte die Unternehmensaktie auf neue Rekordhöhe, nachdem die Zahl der Cloud-Abos explodiert war. „Kunden und Partner lassen sich auf ein Modell mit mehr Flexibilität und einer besseren Kundenerfahrung ein", sagte der damalige Autodesk-CEO Carl Bass. Und warum hat die Aktie des seit 1986 börsennotierten Microsoft im Juli 2017 ein neues Rekordhoch erreicht? Weil dem Konzern der Umstieg zu einem erfolgreichen SaaS-Unternehmen gelungen war. Der Geschäftsbereich „Commercial Cloud" stand kurz davor, seine Ziele für das Haushaltsjahr 2018 zu erreichen (20 Milliarden Dollar hochgerechneter Jahresumsatz), und das Feld „Office 365 Commercial" zog bei den Umsätzen am traditionellen Verkauf vorbei. Es gibt zahllose Software-Unternehmen, die erfolgreich auf Subskriptions-Modelle umgestiegen sind und auf diesem Weg ihre Bewertung und ihren Shareholder-Value in die Höhe getrieben haben: IBM, Symantec, Sage, HP Enterprise, Qlik …

Ein weiterer wichtiger Grund? IT-Käufer ziehen Betriebskosten (Opex) Kapitalausgaben (Capex) vor. In der Vergangenheit haben Software-Unternehmen Kapitalausgaben vorgezogen, wenn es um Technologie-Investitionen ging, denn auf diese Weise konnten sie langfristigen Nutzen aus der Amortisierung und der Abwertung der Kapitalinvestitionen ziehen. Aber während sich immer mehr Technologie in die Cloud verlagert, findet parallel dazu eine weitere Umwälzung statt – weg von Capex und hin zu Opex. Mit den Betriebskosten zu arbeiten, bietet den Vorteil, dass man finanziell gar nicht oder vergleichsweise wenig in Vorleistung treten muss. Das ist nicht nur mit Blick auf das Nutzenversprechen besser (ein Unternehmen erhält genau das, wofür es bezahlt hat), es setzt auch Barmittel frei, die zur Steigerung des Umsatzes eingesetzt werden können. Gleichzeitig sorgt es dafür, dass ein großer Konzern agil bleibt und nicht in einer kostspieligen IT-Infrastruktur feststeckt, der es an Flexibilität mangelt und die sich oftmals als Flaschenhals erweist, wenn Transformationsprozesse anstehen.

Manchen Unternehmen gelingt die Umstellung besser als anderen. Ganz weit vorne ist beispielsweise PTC, sehen wir uns also die Geschichte dieses Unternehmens einmal näher an. PTC (Parametric Technology Corporation) zählt zu den 50 größten Softwareherstellern der Welt. Seine Kunden entwickeln Flugzeuge, planen Gebäude, stellen Sneaker her oder Werkzeug, sind Pioniere in der Diagnostik und so weiter. Vor einigen Jahren brach der Gewinn von PTC ein (kommt Ihnen das bekannt vor?). Im zweiten Quartal 2015 hatte PTC 303 Millionen Dollar Umsatz gemeldet, etwas mehr als ein Jahr später waren es nur noch 288 Millionen Dollar. Aus 17,4 Millionen Dollar Gewinn waren im selben Zeitraum 28,5 Millionen Dollar Verlust geworden. Während ich dies schreibe, steht die PTC-Aktie allerdings um 135 Prozent besser da als im Februar 2016, als das Papier gerade einmal 28 Dollar wert war. In weniger als zwei Jahren ist der Börsenwert um über vier Milliarden Dollar gestiegen.

Es ist noch nicht allzu lange her, da befand sich PTC in einer ähnlichen Position wie Adobe 2011: Wie der Rest des traditionellen Softwarebereichs schleppte man sich mit Wachstumszahlen im niedrigen einstelligen Prozentbereich dahin. Jedes neue Geschäftsjahr begann PTC bei null, der Umsatz musste Deal um Deal zusammengetragen werden und war spätestens zwölf Monate später wieder verschwunden. Natürlich würde man gerne den Gesamtumsatz steigern, aber nicht, wenn es zu Lasten der Quartalsgewinne ging. PTC hatte sich, beabsichtigt oder nicht, an ein strenges Bewertungsmodell auf GAAP-Grundlage gekettet, was viele Beobachter zu der Frage verleitete, ob PTC nicht schlichtweg ein ausgereiftes Unternehmen sei, das seinen Wartungsumsatz als Dividende an seine Aktionäre ausschütten sollte. Das Kurs-Umsatz-Verhältnis jedenfalls steckte im Bereich zwischen 1 und 3 fest.

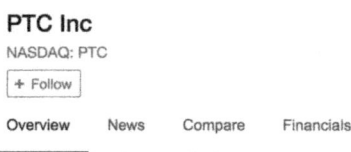

PTC Inc

NASDAQ: PTC

+ Follow

Overview   News   Compare   Financials

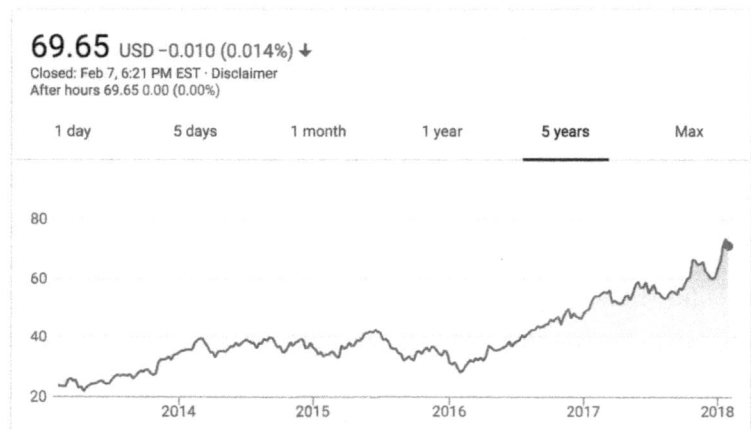

69.65 USD −0.010 (0.014%) ↓

Closed: Feb 7, 6:21 PM EST · Disclaimer
After hours 69.65 0.00 (0.00%)

| 1 day | 5 days | 1 month | 1 year | **5 years** | Max |

Unterdessen hatte PTC durch eigene Umfragen herausgefunden, dass sich über 90 Prozent der Kunden ein Abo-Modell wünschten. Vielleicht war hier der „Adobe-Effekt" am Werke. Bei den Kunden handelte es sich um kreative Fachkräfte, die sich lieber von der Finanzabteilung unkompliziert grünes Licht für eine einfache monatliche Ausgabe holen, anstatt sich mit dem Albtraum eines Capex-Projekts herumärgern zu müssen. Die Investitionsrendite konnten sie gegenüber ihren Bossen gut begründen („Das habe ich benutzt, deshalb habe ich die Summe X ausgegeben"), was normalerweise eine sehr viel komplexere Unterfangen ist bei Projekten, die viele Millionen Dollar schwer sind. Der bürokratische Aufwand war deutlich geringer, es musste keine schmerzhafte IT-Einbindung vorgenommen werden.

Also kündigte PTC eine weitreichende Kurskorrektur an: vom Software-Verkauf weg hin zu cloud-basierten Subskriptionen. Voller Zuversicht prognostizierte das Unternehmen, dieser Schritt werde das Wachstum neu befeuern, die Margen verbessern und den langfristigen Shareholder-Value steigern. Drei Versprechen und alle drei sollte PTC einhalten.

Beginn der Reise war im Oktober 2015. PTC verkündete damals gegenüber Investoren und Analysten, man wolle in fünf Jahren (Geschäftsjahr 2021) 1,6 Milliarden Dollar Umsatz, zehn Prozent Umsatzwachstum, eine Betriebsmarge zwischen 30 und 35 Prozent und einen Anteil von 70 Prozent der Buchungen aus dem Subskriptions-Bereich vorweisen können. Ganz anders als bei Adobe kam PTC nach der Telefonkonferenz mit den Analysten in den Genuss eines netten kleinen Kurssprungs: von 32 Dollar Ende September 2015 auf 37 Dollar Anfang November. Das entspricht einem Plus von 15 Prozent beim Börsenwert.

Nur ein Jahr später waren die Nachrichten bereits deutlich besser. Bei seinem Update zum Verlauf der Transformation zog PTC die 2021er-Ziele um ein ganzes Jahr vor. Gleichzeitig hob es das Ziel für den Anteil der reinen Subskriptions-Einnahmen von 70 auf 85 Prozent an. Parallel dazu stellte das Unternehmen mit seinen Zahlen für das Geschäftsjahr 2016 unter Beweis, dass die Umstellung schneller als geplant voranschritt.

Ich möchte diese beiden Telefonkonferenzen mit den Analysten noch einmal nebeneinanderstellen: 2015 kündigte PTC 1,6 Milliarden Dollar Umsatz für das Geschäftsjahr 2021 an, außerdem zehn Prozent nachhaltiges Wachstum, Subskriptionseinnahmen, die 70 Prozent der Gesamteinnahmen ausmachen, eine Non-GAAP-Marge in den niedrigen 30ern (von Mitte 20 Prozent) und 450 Millionen Dollar freien Cashflow. 2016 korrigierte das Unternehmen diese Prognose: Nun sollten 1,8 Milliarden Umsatz im Geschäftsjahr 2021 gemeldet werden, ein nachhaltiges Wachstum von über zehn Prozent, ein Subskriptionsanteil von 85 Prozent an den Gesamteinnahmen, sodass 95 Prozent der Softwareeinnahmen wiederkehrend sein würden, eine Non-GAAP-Marge in den niedrigen 30ern sowie ein freier Cashflow von 525 Millionen Dollar.

Wow! PTC hatte genauso wie Adobe den Fisch geschluckt, daran bestand keinerlei Zweifel. Das Unternehmen hatte den berühmten

Wendepunkt erreicht, ab dem wiederkehrende Einnahmen die wiederkehrenden Kosten übersteigen. Ab hier kommen bei den Unit Economics[11] bevorzugt Wachstumskurven zum Einsatz, die als „Hockeyschläger-Diagramme" bezeichnet werden. Zu Beginn des Geschäftsjahres 2016 stellte PTC 43 Millionen Dollar aus dem Subskriptions-ACV[12] in Aussicht, letztlich wurden es 114 Millionen Dollar, also nahezu das Dreifache des ursprünglichen Ziels.

PTC erkannte, dass der Umstieg auf Abo-Modelle bevorstand, und reagierte durchdacht und entschlossen. Die Geschäftsführung war sich sehr wohl bewusst, dass beim Subskriptionsgeschäft abgegrenzte Einnahmen entstehen und dass die Quartalszahlen kurzfristig darunter leiden können. Andere Managementteams wurden von dieser Entwicklung auf dem falschen Fuß erwischt, PTC hingegen ließ sich darauf ein und sorgte dafür, dass die Investorengemeinde über jeden Schritt informiert war. Das Resultat: PTC baut sein Wachstum aus, kann eine beträchtliche Verbesserung der Margen vorweisen und stößt in völlig neue Regionen des Shareholder-Values vor.

Ich möchte an dieser Stelle auf einen Artikel aus der *Harvard Business Review* verweisen. Es geht mir speziell um zwei Kernbotschaften des Artikels „How Investors React When Companies Announce They're Moving to a SaaS Business Model".[13] Erstens: „Man muss nicht – wie Adobe – alles gleich auf eine Karte setzen." In der Studie wurde festgestellt, dass die Investoren ihre Bewertung zur Aktie des Software-Unternehmens um durchschnittlich 2,2 Prozent erhöhen, wenn dieses deutlich macht, dass das SaaS-Angebot parallel zum Verkaufsmodell angeboten wird. Und zweitens: „Man muss nicht alles selbst machen." Ankündigungen, man werde das SaaS-Angebot in Zusammenarbeit mit Anbietern von Cloud-Infrastruktur und Cloud-Plattformen ausarbeiten, ließen die Firmenbewertung um durchschnittlich 2,9 Prozent ansteigen.

UMSTIEG AUCH IM
HARDWARE-SEKTOR: CISCO

Es sind nicht nur Softwarefirmen, die sich neu aufstellen, auch die Hardwarehersteller wechseln in Scharen zum Subskriptionsmodell. Cisco beispielsweise vertreibt die Router und Switches, die die Datenpakete zwischen den Netzwerken hin und her schieben. Weite Teile des Internets laufen auf Cisco-Hardware.

Früher war das Geschäft von Cisco eine ziemlich einfache Angelegenheit: Man verkaufte tonnenweise Datengeräte für reichlich Geld an Tausende Unternehmen. Vor vier, fünf Jahren allerdings geriet das Unternehmen in schwere See. Das Aufkommen von Cloud-Computing hatte dazu geführt, dass die Kunden nicht mehr so viel Hardware benötigten. Was früher ein internes Datenzentrum gewesen war, stieg nun in die Cloud auf.

Ben Thompson von *Stratechery* fasst den Reiz des Cloud-Computing sehr gut zusammen: „Es sind nicht so sehr die offenen Kostenersparnisse, die den wahren Wert einer öffentlichen Cloud ausmachen. Es geht vielmehr um den Wert der Optionalität, die es mit sich bringt, wenn man eine unendlich skalierbare und flexible Infrastruktur aufbaut, die auf dem Umlagemodell basiert, und es nicht mit einer massiven Kapitalinvestition zu tun hat, die rasch zu einem Mühlstein um den Hals werden kann, wenn sich die Dinge nicht so positiv entwickeln."

Cisco lief Gefahr, den Unternehmen Tausende neuer Mühlsteine anzudrehen. Und diese Mühlsteine wiederum liefen bereits Gefahr, durch günstigere Wettbewerber und softwarebasierte Alternativen kommodifiziert zu werden. Ciscos Geschäftsführung erkannte: Das Hardwaregeschäft stagnierte und Wachstum wurde größtenteils nur noch durch übernommene Firmen erzielt, die Dienstleistungen rund um die Bereiche Sicherheit und Zusammenarbeit anboten. Das Unternehmen kaufte sich Wachstum hinzu.

Angenommen, Sie wären in der Eisenbahnbranche tätig, was würde Sie da mehr interessieren: Die Schienen zu legen oder die Güter zu transportieren? Das eine ist in sich geschlossen und transaktional (wie viele neue Schienenverbindungen benötigt man letztlich?), das andere steht für fortlaufenden Wert. Ein neues Managementteam bei Cisco beschloss, alles auf die Karte Dienstleistungen zu setzen, was definitionsgemäß Abonnements bedeutet. Aber wie verkauft man Router und Switches im Abonnement? Indem man sich auf die Daten konzentriert, die in all dieser Hardware stecken – also auf die Fracht, nicht auf die Schienen. Ciscos Catalyst-Hardware beherrscht mittlerweile Maschinelles Lernen und enthält eine Analyse-Software, mit deren Hilfe Unternehmen Fälle großer Ineffizienz aus der Welt schaffen können. Beispielsweise wird die Netzwerk-Bereitstellungszeit reduziert, es werden Sicherheitslöcher gestopft und Betriebskosten minimiert.

„Mir eröffnen sich Möglichkeiten, mit meinen Kunden über Sachaufwendungen zu reden und den IT-Aktualisierungen die Sprunghaftigkeit zu nehmen", sagt Mike Girouard, Vice President of Sales beim Cisco-Partnerunternehmen TekLinks. „Aus Capex-Perspektive wird Hardware viel bezahlbarer und die Software wird operationalisiert. Unser Cashflow wird gleichmäßiger, ebenso wie die Ausgaben den Kunden. Man kann beobachten, wie Cisco auf einen Ansatz umsteigt, bei dem man nur bezahlt, was man benutzt. Das ist natürlicher. Es minimiert das Risiko für den Kunden und für uns. Außerdem zwingt es Cisco und uns, ein engeres Verhältnis mit den Kunden einzugehen."[14]

Aber bei Cisco ist es nicht damit getan, ein verlässliches, wenn auch vergleichsweise stagnierendes Hardwaregeschäft zu managen, während man gleichzeitig neuen Möglichkeiten für Wachstum im Softwarebereich und bei Dienstleistungen nachjagt. Das Unternehmen öffnet sich gleichzeitig breit und systematisch für Abonnements. Statt Einheiten will man künftig Ergebnisse verkaufen. Die neuen cloud-basierten Managementdienste tragen dazu bei, dass das Auf und Ab von Produktzyklen weniger heftig ausfallen. Das Unternehmen muss nicht wie ein Einzelhändler agieren, der alles auf die Karte Weihnachtsgeschäft setzt, um seine Jahreszahlen noch

zu erreichen. Ein Drittel seines Umsatzes erzielt Cisco heutzutage aus wiederkehrenden Quellen. Das schlägt sich, wie Finanzvorstand Kelly Kramer nur zu gerne betont, kurzfristig negativ auf die Umsatzzahlen laut GAAP nieder. Ich wiederhole mich an dieser Stelle gerne: Es ist gut, wenn der Standardumsatz nachlässt, spricht es doch dafür, dass man sein Geschäft zukunftssicher macht. Cisco schluckt den Fisch.

Adobe war in dieser Hinsicht Vorreiter, das muss man respektvoll anerkennen. Diese legendäre Telefonkonferenz mit den Analysten im November 2011 war ein Wendepunkt in der modernen Wirtschaftsgeschichte. Heute ist der Markt viel weiter, was die Rolle von Abo-Modellen als Wachstumsmotoren angeht. Was haben die Geschichten von Adobe und PTC gemeinsam? Lah und Wood schreiben, dass erfolgreiche Umwandlungen von Unternehmen Gemeinsamkeiten aufweisen: „Sie haben sehr deutlich kommuniziert, wie ihre Ziele für die Zeit nach der Umstellung aussehen, und sie haben sich auf einen sehr klaren Zeitrahmen festgelegt. Sie sind mit der geistigen Haltung herangegangen, aggressiv die Gewinne steigern zu wollen. Sie waren in ihrer Finanzkommunikation offen und transparent ... Je lauter und öffentlich aggressiver Firmen verkünden, sie würden künftig Technologie als Dienstleistung behandeln, desto besser stehen die Chance, dass der Aktienkurs die Übergangsphase abwettern kann."

Inzwischen boomt der Technologiesektor wieder. Die Notenbank von St. Louis meldet, seit Ende der Finanzkrise von 2008 sei die Zahl der Arbeitsplätze in der Technologiebranche um 20 Prozent gestiegen, während sie in der restlichen Privatwirtschaft um elf Prozent zugenommen habe.[15] 2015 arbeiteten in den USA 4,6 Millionen Menschen in der Technologiebranche, mehr als im Jahr 2000. Selbstverständlich war das keineswegs, würde ich behaupten. Wenn Sie mich fragen, hätte nicht viel gefehlt und Nicholas Carr hätte recht behalten – dank grassierender Kommodifizierung hätte die Technologiebranche leicht ein solider, wenn auch langweiliger Zweig der Weltwirtschaft werden können.

Bis 1996 fand man den Großteil der Jobs in der Technologiebranche. Man ging damals in eine Fabrik arbeiten, nicht in ein hippes Start-up-Büro. Heutzutage sind fast 80 Prozent der Technologiebelegschaft im Dienstleistungsbereich tätig. Wenn eine Branche sich für diesen Wandel entscheidet, werden sich ihr Wachstumswege eröffnen.

KAPITEL 7
DAS INTERNET DER DINGE UND DER AUFSTIEG UND UNTERGANG DER FERTIGUNG

I n der Frühphase von Zuora saßen wir oftmals mit einer Flasche Wein bewaffnet am Esstisch und rätselten, was man wohl *nicht* abonnieren könne. Medieninhalte und Software zu abonnieren, lag natürlich auf der Hand, aber das waren ja auch alles nur Nullen und Einsen. Aber was war mit den wirklich schweren Dingen – Gebäuden, Industriegüter, Baumaschinen? Wie könnte man beispielsweise einen Kühlschrank abonnieren? Einen Fußboden? Einen Bagger? Ein Dach?

Letztlich fanden wir für all diese Dinge Argumente, die für ein Subskriptionsmodell sprachen, aber anfangs waren das nur zum Spaß geführte Debatten auf theoretischer Ebene. Wissen Sie, was das Geheimnis war? Wie wir an den Punkt gelangten, an dem wir alle Fragen positiv beantworten konnten? Hinter jedem Produkt steht eine Dienstleistungsvereinbarung und die gilt es herauszufinden. Das funktioniert bei allem. Statt eines Kühlschranks sind es garantiert frische, gekühlte Lebensmittel. Statt eines Dachs ist es vielleicht eine garantierte Quelle von Solarenergie. Anstelle eines Baggers ist es die prompte Entfernung einer bestimmten Menge Erde.

Heutzutage werden all diese damals nach dem Abendessen geführten Gespräche zur Realität, vor allem, wenn es um Erde, schweres Gerät und Dienstleistungsvereinbarungen geht. Nehmen wir beispielsweise die Bauindustrie. Wenn man etwas bauen möchte, besteht einer der ersten Schritte darin, zu berechnen, wie viel Erde abgetragen werden muss, um das Fundament legen zu können. Begehungen von Baustellen sind ein ziemlich ineffizientes Unterfangen. Bei manuellen Vermessungen liegt die Fehlermarge meist bei 20 bis 30 Prozent, was sich auf das Anmieten von Geräten auswirkt, auf den Materialeinkauf, auf die geschätzte Personalmenge, auf die Fertigstellungspläne, kurzum: auf alles. McKinsey zufolge ist es bei großen Bauvorhaben üblich, dass die finalen Kosten bis zu 80 Prozent über Plan liegen und die Fertigstellung 20 Prozent später erfolgt als avisiert.[1] Messungen dauern zudem manchmal mehrere Wochen und immer wieder sind die gesammelten Informationen über diverse Skizzen und Datenbanken verstreut, wodurch das ganze Projekt deutlich fehlerintensiver wird. All das wird sich ändern. Komatsu kann schon heute eine Vermessung innerhalb einer halben Stunde abschließen. Das japanische Unternehmen wurde 1921 gegründet und zählt zu den weltweit ältesten Herstellern von Baumaschinen und Bergbaugerät. Vor einigen Jahren rief Komatsu den Dienst Smart Construction ins Leben, der mit derselben neuen Radartechnologie arbeitet, wie sie bei der Automatisierung von Fahrzeugen zum Einsatz kommt. Ziel ist es, die Spekulationen aus den Vermessungsprozessen zu eliminieren. Trifft das Komatsu-Team auf Ihrer Baustelle ein, setzt es im ersten Schritt einen Schwung beeindruckend aussehender Drohnen frei (es gibt dazu tolle Videos auf YouTube[2]). Die Drohnen erstellen ein dreidimensionales und zentimetergenaues topografisches Modell Ihrer Baustelle. Diese 3D-Darstellung bindet Komatsu dann in Ihre Baupläne ein, um exakt zu berechnen, an welcher Stelle wie viel Erde abgetragen werden muss. Im nächsten Schritt läuft es in etwa so wie bei Schachcomputern: Künstliche Intelligenz spielt auf dieser neuen virtuellen Baustelle tausende Simulationen durch, um herauszufinden, welches der bestmögliche Ansatz ist. Am Ende steht ein fertiger Projektplan mit allen Details, was Material, Ausrüstung, Arbeitsaufwand und Arbeitspläne bis hin zur letzten Stunde angeht.

Vor allem der Teil „Arbeitsaufwand" ist sehr interessant. Auf seinem japanischen Heimatmarkt hat es Komatsu mit einer immer älter werdenden Arbeiterschaft zu tun. In den Vereinigten Staaten wiederum herrscht in der Fertigung starke Nachfrage, aber auch ein Mangel an qualifizierten Gerätewarten. Also füttert Komatsu mit Ihrem Projektplan seine Flotte halbautonomer Bagger, Planierraupen und Tieflöffelbagger und dann kümmern sich diese riesigen Roboter praktisch ganz alleine um Ihr Projekt. So, wie der Pilot einer Boeing 747 die Maschine pro Flug nur sieben bis zehn Minuten selber „fliegt", sind auch bei Ihnen die Gerätewarte in erster Linie nur dafür da, die Aufsicht zu übernehmen. Es hat etwas von *Star Wars*: Die Bauleitung sitzt vor ihrer virtuellen 3D-Baustelle, kann den Fortschritt in Echtzeit verfolgen (rotieren, hineinzoomen, herauszoomen und so weiter) und für alle Änderungen, die möglicherweise nötig sind, Simulationen durchführen. Faszinierend.

Und was hat mein Unternehmen mit Komatsu zu tun? Dasselbe wie mit Caterpillar – wir helfen ihnen dabei, die Frage von „Wie viele Lkws kann ich Ihnen verkaufen?" umzuändern in „Wie viel Erde muss bei Ihnen abgetragen werden?". Indem wir uns um die Finanzen hinter diesen Dienstleistungen kümmern, tragen wir dazu bei, Erdarbeiten als Service zu etablieren. Die Leute von Caterpillar waren kürzlich auf unserer „Subscribed"-Konferenz in San Francisco und erzählten, wie sie es angehen, beim Kunden involviert zu sein, noch bevor überhaupt eine Baustelle existiert.[3] Sie stellen große Fragen, bei denen es darum geht, wie man Datenanalysen aus einem Projekt auf ein anderes übertragen kann und wie sie Kunden dabei unterstützen können, noch mehr Aufträge zu erhalten. Ein Beispiel: Vor einigen Jahren meldete sich ein Kunde bei Caterpillar, der mehr als 16.000 Maschinen unterhielt. Dieser Kunde wollte künftig all diese Maschinen von einem einzigen Bildschirm aus managen können – die Nutzung, den Treibstoffbedarf, den Leerlauf und so weiter und so fort. Caterpillar rüstete die gesamte Flotte nach und ein Jahr später meldete der Kunde eine Steigerung der Nutzung von nahezu 20 Prozent.

Caterpillar stellt ja auch diese gewaltigen Muldenkipper her. Haben Sie die schon mal gesehen? Die sind einfach unfassbar groß, die Mulde fasst mehr als 200 normale Pkws, der Fahrer sitzt 2,5 Stockwerke über dem Boden. Sie sehen aus wie gewaltige Tonka-Trucks,[4] aber im Grunde handelt es sich um halbautonome rollende Fabriken. Ein Caterpillar-Kunde hatte mit so einem Fahrzeug eine Panne und es kostete ihn 650.000 Dollar und 900 Stunden Ausfallzeit.

Heute bietet Caterpillar mit Cat Connect Solutions eine Analyse-Plattform, die der Bauleitung helfen soll, derartige Probleme zu vermeiden – oder sie zumindest rechtzeitig aufziehen zu sehen. Die Bauleitung kann Dinge wie Vibrationsmuster aufzeichnen, mit früheren Nutzungsdaten identischer Maschinen vergleichen und auf diese Weise erkennen, wann ein Gerät zur Wartung muss. Wer rechtzeitig reagiert, kann die Wartungskosten auf bis zu 12.000 Dollar senken und die Ausfallzeit auf 24 Stunden. Insofern ist das eine unglaublich wertvolle Dienstleistung. Woher sie kommt? Aus den Informationen, die Caterpillars Flotte generierte.

Überall auf der Welt wird Produzenten und Erstausrüstern deutlich, dass auf den firmeneigenen Servern Dutzende potenzieller neuer Mehrwertdienste ungenutzt schlummern. Lassen Sie mich erklären, was genau ich damit meine.

EIN PARADIGMEN-
WECHSEL

In diesem Buch geht es darum, dass im Einzelhandel, im Transportwesen, in den Medien und im Technologiesektor ein umfassender Umstieg von Produkten auf Dienstleistungen stattfindet und dass die Firmen umdenken müssen, um diesen Wandel erfolgreich zu vollziehen. Vor allem eine Branche wird von diesen Veränderungen enorm profitieren: die verarbeitende Industrie.

Auf den ersten Blick wirkt das möglicherweise überraschend, denn wir haben doch immer wieder zu lesen bekommen, dass sich die Weltwirtschaft weg von realen Produkten entwickelt. Ihren größten Anteil am amerikanischen BIP hatte die verarbeitende Industrie in den 1950er-Jahren und seit Ende der 1990er-Jahre fallen die Beschäftigtenzahlen für diese Branche beständig. Laut dem Bureau of Labor Statistics, einer Abteilung des amerikanischen Arbeitsministeriums, ist die Zahl aller Arbeitnehmer in der verarbeitenden Industrie heute auf demselben Niveau wie vor Eintritt der USA in den Zweiten Weltkrieg.[5] Anfang der 1950er-Jahre stand nahezu ein Drittel aller amerikanischen Arbeitnehmer in einer Fabrik und produzierte etwas – heute sind es knapp unter neun Prozent. Und weltweit sieht es kaum besser aus. Dem Internationalen Währungsfonds zufolge sei nach der globalen Finanzkrise der Rückgang in der globalen Produktivität „weitverbreitet und anhaltend gewesen, er traf Industrienationen, Schwellenländer und Nationen mit geringem Einkommen gleichermaßen".[6] Der Welt geht das Wachstum aus.

Aber das alles ändert nichts an einer Tatsache – die verarbeitende Industrie ist weiterhin ein Koloss. Der amerikanische Industrieverband National Association of Manufacturers hat errechnet, dass die verarbeitende Industrie 2016 zusammen 2.200 Milliarden Dollar zur US-Wirtschaft beitrug, was nahezu zwölf Prozent des amerikanischen BIPs entspricht.[7] In den Vereinigten Staaten arbeiten rund 12,5 Millionen Menschen in dieser Branche. Seit der globalen Finanzkrise haben die Hersteller in den USA über eine Million Menschen neu eingestellt. Für sich genommen wäre die verarbeitende Industrie in den Vereinigten Staaten die neuntgrößte Volkswirtschaft der Welt. Also: Der Fertigungsbereich ist gewaltig und viel, viel größer, als es vielen von uns bewusst ist.

Warum jedoch sollte diese Branche deutlich mehr und deutlich schneller als jeder andere Industriezweig wachsen, über den ich in diesem Buch gesprochen habe? Weil wir am Rande einer Revolution stehen, die schon bald Zuwachsraten im zweistelligen Prozentbereich hervorbringen wird, was die globale Produktivität, Produktion und Größe anbelangt. Die verarbeitende Industrie ist der alte Mann, der eines Morgens aufwacht und feststellt, dass er wieder jung ist

– eine Geschichte, so alt wie Gilgamesch. Oder wie LL Cool J rappte: „Nenn es nicht Comeback – ich bin schon seit Jahren hier."

DAS INTERNET
DER DINGE

Rund um die Welt haben in den vergangenen fünf Jahren Tausende Hersteller ohne großes Tamtam gewaltige Beträge in Sensoren und Konnektivität investiert. Fast alles, was sich produzieren lässt, kommt nun mit Sensoren daher – Türen, Stühle, Rohre, Fliesen, Fenster, Tische, Bürgersteige, Betonstahl, Lampen, Schuhe, Flaschen, Reifen, Ziegelsteine und so weiter. Diversen Schätzungen zufolge wird es 2020 über eine Milliarde kluger Zähler geben, dazu 100 Millionen vernetzter Leuchtkörper, über 150 Millionen mit Mobilfunk der vierten Generation ausgestattete Pkws, 200 Millionen Smart-Home-Einheiten, mehrere Milliarden smarte Kleidungsstücke und über 90 Millionen Wearables[8]. Und was können diese Produkte dank der Sensoren leisten? Sie sammeln und übertragen Daten – und zwar jede Menge. All diese Produkte werden zentralisierte Server mit Informationen füttern und Firmen suchen dann mithilfe von Analyse-Plattformen nach Mustern und nach Optimierungsmöglichkeiten. (Hat hier jemand „Big Data" gesagt? Wir sprechen hier von BIG DATA!) Dieses gesamte Ökosystem wird gemeinhin als „Internet der Dinge" (IoT nach dem englischen Begriff „Internet of Things") oder „Allesnetz" bezeichnet.

Das IoT ist die Digitalisierung der realen Welt durch Sensoren und Netzanbindung. Das mag etwas jargonhaft klingen, trifft es aber. Etwas zu digitalisieren bedeutet, etwas als numerische Ziffern in Daten umzuwandeln, sodass es andere digitalisierte Gegenstände erkennen, mit ihnen kommunizieren und auf sie reagieren kann. Eines Tages werden alle produzierten Gegenstände auf diesem Planeten imstande sein, Daten zu senden und zu empfangen. Milliarden vernetzte Gegenstände werden Daten produzieren, die von analytischen Diensten gesichtet werden. Die resultierenden Effizienzverbesserungen und Geschäftsideen werden Tausende Milliarden Dollar wert sein. Aktuell befinden wir uns in der „ersten Effizienzphase" des IoT, hierbei geht es darum, dass Diagnosesysteme die Effizienz und Produktivität verbessern.

Doch in Zukunft wird es deutlich interessanter werden: Das Internet der Dinge wird den Bereich der Effizienz verlassen und in das Feld neuer Möglichkeiten vorstoßen. Scott Pezza von Blue Hill Research schreibt dazu:[9]

Wenn Sie derzeit Produkte verkaufen, die in irgendeiner Form Daten sammeln (oder zu diesem Zweck nachgerüstet werden könnten) und es dort draußen in der Welt irgendjemanden gibt, für den diese Daten von Wert sein könnten, so eröffnet Ihnen das IoT eine neue Einnahmequelle. Wenn Sie physische Produkte verkaufen, die mit der Zeit schlechter werden oder die gewartet werden müssen, bedeutet IoT, dass Sie ferngesteuerte Überwachungsdienste oder vorbeugende Wartungsdienste anbieten können – neue Einnahmequellen. Alternativ können Sie die Attraktivität (und den Wert) dieser Produkte steigern, indem Sie den Kunden die Möglichkeit geben, diese Überwachung und Wartung selbst durchzuführen. Verkaufen Sie Dienstleistungen, die sich nur mit besserem Zugang zu mehr Daten ausweiten ließen, dann liegt hier neues Geld. Und wenn Sie Technologie verkaufen, die dazu beiträgt, Zustände zu messen, sichere Kommunikation zu erleichtern, Analysen durchzuführen, die Bereitstellung und die Abrechnung von Dienstleistungen zu managen oder Umsätze zu prognostizieren und zu planen, dann wird dieser Markt Sie brauchen.

Spätestens 2030 soll das Internet der Dinge die aktuelle Größenordnung von Chinas Volkswirtschaft erreicht haben: etwa 14.000 Milliarden Dollar. Das entspricht rund elf Prozent der Weltwirtschaft.

Atemberaubende Zahlen, aber ich halte sie für noch zu konservativ. Derzeit gibt es etwa 250.000 produzierende Betriebe in den Vereinigten Staaten, die mit Kraftfahrzeugen, Luft- und Raumfahrt, Robotik, Metallerzeugnissen, Elektronik oder Kunststoffen zu tun haben. Dazu kommen natürlich noch Millionen weitere Firmen aus aller Welt. Sie alle verwandeln sich in IoT-Unternehmen. Wenn alles über eine digitale Komponente verfügt, dann wird die alte Unterscheidung zwischen „schwerem" Industriegerät und „leichten" digitalen Dienstleistungen hinfällig.

Der gesamte weltweite Industrieausstoß wird dieses Jahr Prognosen zufolge um mehr als zehn Prozent zulegen, was Lieferungen und Supply Chain Performance anbelangt. Systeme, Fabriken und Arbeitseinsatz hinter den von uns hergestellten Produkten werden sich verbessern – und das liegt in erster Linie am Internet der Dinge. Die neue Welt der Konnektivität wird eine längst überfällige Revolution in der verarbeitenden Industrie auslösen. In einem großartigen TED-Talk wies Olivier Scalabre, Experte für Industriesysteme, 2016 darauf hin, dass jede Phase längeren Wachstums der Weltwirtschaft auf eine Innovation in der Fertigung zurückzuführen sei – im 19. Jahrhundert war es die Eisenbahn, zu Beginn des 20. Jahrhundert das Zeitalter der Massenproduktion, in den 1970er-Jahren die erste Automatisierungswelle in den Fabriken. Heute tauchen wir aus einer langen Phase der Stagnation auf. Wie Scalabre sagt:[10]

Es ist nicht so, als hätten wir seit der letzten Revolution in der Fertigung die Hände in den Schoss gelegt. Vielmehr haben wir einige sehr müde Anstrengungen unternommen, ihr neues Leben einzuhauchen. So haben wir versucht, unsere Fabriken ins Ausland zu verlegen, um Kosten zu senken und günstige Arbeitslöhne zu nutzen. Das war nicht nur uninspirierend, was die Produktivität anbelangte, es sparte zudem nur für einen kurzen Zeitraum Geld, denn billige Arbeit blieb nicht immer billig. Dann versuchten wir, unsere Fabriken zu vergrößern, und spezialisierten sie nach Produkt. Die Idee dahinter war, dass man sehr viel von einem Produkt herstellen kann und es dann an die Nachfrage angepasst verkauft. Heute [...] sehen unsere Fabriken größtenteils noch genauso aus wie vor 50 Jahren.

All das wird sich grundlegend ändern.

DIGITALE ZWILLINGE

Als Sie aufgewachsen sind, galt General Electric (GE) vermutlich noch als Hersteller von Küchengeräten. Heute baut das Unternehmen Windräder, Turbinen und Bohrplattformen. Außerdem unterhält es ein prosperierendes Geschäft mit Datendiensten – möglicherweise haben Sie im Fernsehen die GE-Werbung gesehen, in der das Unternehmen nach neuen Entwicklern sucht. Das Unternehmen managt auf regelmäßiger Basis Wirtschaftsgüter von über 3.000 Milliarden Dollar, und fast all diese Wirtschaftsgüter besitzen heutzutage Zwillinge. Digitale Zwillinge, um genau zu sein. Bei unserer „Subscribed"-Konferenz in San Francisco hatten wir vor einiger Zeit Gytis Barzdukas zu Gast, Vice President bei General Electric Digital.[11] Er erklärte, dass digitale Zwillinge nicht nur abbilden, wie die physischen Dinge konstruiert beziehungsweise hergestellt werden, sondern auch zeigen würden, wie sie in Echtzeit betrieben werden. Eine Flugzeugturbine beispielsweise, die im Südwesten der USA im Einsatz ist, weist einen anderen digitalen Zwilling auf als eine Turbine, die in erster Linie über der Nordsee fliegt. Mit der Zeit verhalten sich diese Turbinen anders, nutzen anders ab und übermitteln entsprechend unterschiedliche Gebrauchsdaten. Schon bald werden Ingenieure am Boden bei der Inspektion Augmented-Reality-Brillen aufsetzen und sehen, wie all diese Informationen die Turbinen überziehen. Die digitalen Zwillinge werden auf Stellen hinweisen, wo die Abnutzung besonders groß war oder andere Probleme auftreten. Sie werden auf die jeweilige Gerätehistorie zugreifen und darauf abgestimmte Vorschläge zur Problemlösung anbieten. Im Grunde betreibt GE so etwas wie ein eigenes Social Network für schweres Industriegerät. Bleibt man im Bild, haben all die Stromnetze, die Ölraffinerien und MRT-Geräte ihre eigenen Instagram-Accounts, nur posten sie keine Bilder von Stränden und Gerichten, sondern kommunizieren ihren Treibstoffverbrauch, ihren hydraulischen Druck, ihre Betriebszeiten, ihre Zerfallsraten. „Erst gab es das Verbraucher-Internet, dann das Unternehmens-Internet", erläuterte Barzdukas. „Jetzt treten wir ein in die dritte Generation – das industrielle Internet. Es geht nicht nur darum, dass unsere Telefone online sind oder unsere Unternehmenssoftware nach einem Subskriptions-Modell läuft. Jetzt geht es um die großen Maschinen."

Bislang hat GE über 600.000 dieser digitalen Zwillinge produziert. Und so, wie Social Networks unsere Welt verändert haben, wird dieses industrielle Internet der dritten Generation die Fertigung weitreichend verwandeln.

Es ist, wie Barzdukas sagte: Bestehende Maschinerie lässt sich relativ simpel mit Sensoren nachrüsten. Ein typisches Smartphone für den Verbrauchermarkt enthält zwölf bis 14 Sensoren, die sich um alles von der Beleuchtung bis hin zum berührungsempfindlichen Bildschirm kümmern. Jede Menge Industriegeräte enthalten natürlich bereits Sensoren, aber die Konnektivität, die diese Sensoren ermöglichen, ist in etwa so, als würde man mit einem Dosentelefon arbeiten. Eine typische Bohrplattform beispielsweise besitzt etwa 30.000 Sensoren, aber normalerweise wird nur rund ein Prozent der von diesen Sensoren erzeugten Informationen in irgendeiner Form unter die Lupe genommen, denn diese Sensoren haben bislang nur eines im Sinn – sie suchen nach einzelnen Anomalien und streben nicht danach, das System als Ganzes zu verbessern. Sie schauen auch nicht um die nächste Ecke und geben dann Prognosen ab. In den kommenden Jahren wird es also eine gewaltige Wachstumsbranche sein, das Internet der Dinge zu implementieren, indem man Geräte mit Sensoren nachrüstet und miteinander vernetzt. Und was geschieht, wenn Sie ein gewaltiges Netzwerk digitaler Zwillinge besitzen, die sämtliche Gerätschaften Ihrer vollständigen Produktpalette abdecken? Der erste Nutznießer dieser Entwicklung war GE selbst. Was, wenn unter Tausenden Maschinen eine spinnt oder sich ein Kompressor seltsam aufführt? Stellen Sie sich vor, Sie müssten Problemen nicht mit kostspieligen und arbeitsaufwendigen Abläufen zur Massenwartung nachjagen, sondern würden über ein Netzwerk digitaler Zwillinge verfügen, das Ihnen aufschlussreiche Signale einzelner Gerätschaften zukommen lässt. Die allergrößten Probleme ließen sich deutlich rascher beheben. General Electric sparte auf diese Weise über 200 Millionen Dollar jährlich ein, allein durch die mehr Effizienz. Dann verwandelte der Konzern seine neue Plattform in einen eigenständigen Dienst namens Predix. Dabei handelt es sich um ein Ökosystem an Anwendungen mit geteilten Daten, die gemeinsam darauf hinarbeiten, die Leistung zu verbessern und die Effizienz zu steigern.

Doch das Internet der Dinge ist viel mehr als bloß Effizienz und Diagnose. Dank IoT können Hersteller ihr Geschäft auf wirklich weitreichende Art und Weise überdenken.

VOM PRODUKT
ZUM RESULTAT

Jede Menge neue Konnektivität und neue Netzwerkintelligenz – mehr und mehr Hersteller beginnen mit dem Ende. Was ich damit meine? Führende Unternehmen aus der Fertigung tun sich heute mit Kunden zusammen, um gemeinsam das optimale Endergebnis zu definieren. Ein Beispiel: Ein IT-Unternehmen aus dem Gesundheitssektor schließt einen Vertrag mit einem Krankenhaus ab und verspricht dabei, die Wiederaufnahmerate um einen bestimmten Prozentsatz zu senken. Oder SpaceX geht mit der NASA eine Vereinbarung ein, in der für den Transport von Laborratten zur Internationalen Raumstation gewisse Kabinenbedingungen garantiert werden. Es wird das Endergebnis definiert, dann stellt man die Technologie und die Ressourcen zusammen, die benötigt werden, um dieses Ergebnis zu erreichen. „Unsere Kunden wollen niemals in ein dunkles Zuhause kommen", ist für den britischen Anbieter von Heimsicherheit Hive der Ausgangspunkt. Von hier ausgehend erarbeitet das Unternehmen, welche Technologie und welche Dienste dazu erforderlich sind. Dienstleistungsvereinbarungen lösen Kaufverträge ab.

Diese Unternehmen haben erkannt, dass sie dank des Internets der Dinge ihre Produkte als ganze Systeme betrachten können und nicht als individuelle Einheiten, die sie an Fremde verkaufen. Und diese Systeme stellen einen zentralen Wettbewerbsvorteil dar, denn sie erlauben es, den Kunden das zu geben, was diese eigentlich wollen – das Ergebnis, nicht das Produkt. Die Milch, nicht die ganze Kuh. Das ist die Geschichte von Komatsu und Caterpillar in der Bauindustrie und das ist der Grund, weshalb wir glauben, dass jedes Unternehmen über das Potenzial verfügt, sich in der Subskriptions-Wirtschaft neu zu erfinden und zu gedeihen.

Mit jedem Tag werden Dutzende neuer IoT-Geschichten aus dem Verbraucherbereich bekannt. Manche sind albern, manche wirklich faszinierend. Die amerikanische Aufsichtsbehörde FDA hat für die Apple Watch einen EKG-Sensor zugelassen. Das wird dazu führen, dass die Gesundheitsvorsorge künftig stärker über Fernkontrolle abläuft als über regelmäßige Tests. Auf diese Weise könnten die Gesundheitsausgaben um Milliarden Dollar gesenkt werden. Die neuen Backöfen von Whirlpool können Rezepte scannen und Mahlzeiten entsprechend zubereiten. Mit den „Magic Bands" von Disney kauft man in den Themenparks Lebensmittel ein, reserviert Fahrten, checkt ins Hotelzimmer ein und bekommt in den Parks selbst Zugang zu besonderen „Überraschungen". Die Flaschen der Whisky-Marke Johnny Walker Blue Label enthalten Sensoren, die anzeigen, ob die Flaschen manipuliert wurden und wo sie sich innerhalb der

Lieferkette befinden. Helme von Football-Spielern enthalten Sensoren, damit die Mannschaftsärzte bei möglichen Kopfverletzungen gewarnt werden. Trägheitssensoren in Baseballschlägern und -bällen selbst helfen den Mannschaften dabei, die Bewegungsabläufe der Spieler zu verbessern. Pflaster eines Unternehmens namens Chrono Therapeutics verabreichen automatisch Medikamente in der vorgegebenen Dosis zum vorgegebenen Zeitpunkt. Thync ist ein abonnierbares Wearable, das den Träger mit Niederstrom elektrisch stimuliert. Das trägt zur Entspannung bei, zum Aufhellen der Stimmung und lässt den Träger besser – und ohne Schlafmittel – schlafen. Sie sehen, die reale Welt wird langsam wach.

Auf Industrieseite gibt es ähnlich faszinierende Geschichten, denn dort packt man dieselben Themen wie bei unseren Geschäften rund um Smart-Home-Technologien (Sicherheit, Beleuchtung, Ton, Temperatur, Verbrauch von Strom und Wasser) an, nur halt auf einer viel größeren Ebene. Heute lebt etwa die Hälfte der Weltbevölkerung in Städten. Dieser Wert wird bis 2050 um die 70 Prozent betragen, würde man dann alle Städte zusammenlegen, wären sie in etwa so groß wie Australien. Es führt kein Weg daran vorbei: Diese Orte müssen ein nachhaltiges Umfeld für gesundes Leben werden. Alles wird optimiert – die Notfallwege, die Logistik hinter der Müllabfuhr, die Luftqualität, der Verkehrsfluss oder der öffentliche Stromverbrauch. Barcelona spart allein durch eine Modernisierung seiner Beleuchtungspolitik 37 Millionen Dollar im Jahr und die IoT-Alternativen der Stadt haben über 40.000 neue Arbeitsplätze geschaffen. Jedes produzierte Umfeld auf diesem Planeten wird zu einer datengesteuerten Testumgebung.

Auf einmal beginnen Gebäude miteinander zu kommunizieren. Das französische Unternehmen FloorInMotion stellt vernetzte Bodenbeläge her, die menschliche Bewegungsmuster überwachen, um so die Energienutzung eines Gebäudes besser managen zu können. Und wenn Patienten oder Pflegebedürftige offensichtlich Probleme damit haben, sich durch Zimmer oder Flure zu bewegen, können die Bodenbeläge in Echtzeit Alarm auslösen. Schneider Electric rüstet gemeinsam mit Partnerfirmen die Bewässerungssysteme neuseeländischer Bauernhöfe nach. Die Sensoren zeichnen litergenau den Verbrauch auf, dazu Wettermuster (zur Beantwortung der Frage „Muss ich überhaupt bewässern?") und die Entwicklung der Preise am Strommarkt (zur Beantwortung der Frage „Wie kann ich Strom aus dem Netz beziehen und speichern, wenn es günstig ist?"). Lieferketten werden intelligent und steuern sich selbst. Honeywell will gemeinsam mit Intel Logistikmanagern ganz neue Möglichkeiten eröffnen, den Zustand von Lieferungen mit anfälligen elektronischen Geräten zu überwachen. Dazu werden ganz simple Sensoren angebracht, die den Standort messen, Stöße und Verkippungen, Helligkeit, Feuchtigkeit, Temperatur und mögliche Manipulationen. Auf diese Weise kann beim Transport zu Land, zu Wasser und in der Luft eine detaillierte Bestandsüberwachung in Echtzeit durchgeführt werden. Es gibt unzählige weitere Beispiele, aber ihnen allen ist ein Punkt gemein: Konnektivität macht aus Produkten Dienstleistungen und das erlaubt es Unternehmen, um Resultate und nicht um Produkte herum etwas aufzubauen.

Arrow Electronics liefert ein weiteres großartiges Beispiel dafür, wohin eine ergebnisorientierte Denkweise im Zusammenhang mit dem Internet der Dinge führen kann. Das Unternehmen begann 1935 mit dem Verkauf von Rundfunkgeräten, was damals noch eine vergleichsweise neue Form der Unterhaltungselektronik war. Heute sprechen wir über einen 24 Milliarden Dollar schweren Konzern, der in 56 Ländern aktiv ist. Arrow beschäftigt rund 18.000 Mitarbeiter, darunter Tausende Field Application Engineers und Systemingenieure, die anderen Firmen dabei helfen, alle möglichen Formen faszinierender neuer Technologie massentauglich zu machen. Jahrzehntelang fühlte sich Arrow pudelwohl damit, als schnörkelloses und ausgesprochen rentables Teilelager zu fungieren. Man belieferte Tausende Technologiefirmen mit elektrischen Bauelementen.

„Früher kann man zu uns und sagte: ‚Ich hätte gerne einen Prozessor' oder ‚Ich benötige ein elektromechanisches Bauelement', vielleicht einen Quarzoszillator oder ein passives Gerät. Wir haben uns eine Weile unterhalten, dann gingen wir los, kauften das Benötigte bei jemand Drittem und verkauften es dem Kunden mit geringem Aufschlag", sagte Matt Anderson, Chief Digital Transformation Officer und President von Arrow Electronics.[12] Vor einem Jahrzehnt erkannte man dann, dass man sein Geschäftsmodell würde umstellen müssen – weg vom Waren-Anbieter und hin zu Mehrwertdiensten. Man würde weniger wie Home Depot für die Technologiebranche und mehr wie Bell Labs agieren müssen. Heutzutage führt man bei Arrow ganz andere Unterhaltungen mit der Kundschaft.

Mittlerweile arbeitet das Unternehmen mit einer großen Fastfood-Kette daran, jedes einzelne Küchengerät mit Sensoren auszurüsten. Ziel ist es, ein „Reaktionsmenü" zu erstellen, mit dessen Hilfe man besser auf plötzliche Nachfrage reagieren kann. Arrow hilft Landwirten dabei, Netzwerke von Sensoren aufzubauen, die Insektenpheromone registrieren und automatisch Dispergiermittel anstelle von Pestiziden versprühen. Das Resultat ist ein weniger schadstoffbelastetes Essen. Sogar an der Entwicklung einer besseren Mausefalle arbeitet das Unternehmen – eine automatisierte Falle, die Aktivität und Effektivität misst, dafür sorgt, dass Restaurantketten und Betreiber von Getreidesilos ihre Auflagen einhalten, und bei eventuellen Problemen Alarm schlägt. Für die Maus werden all die technischen Neuerungen vermutlich keinen Unterschied machen, aber ziemlich beeindruckend ist das Ganze dennoch.

„Wie verkaufe ich diesen Kram?", ist eine Frage, die wir häufig zu hören bekommen. Daten, die Sie aus einem vernetzten Gerät ziehen, können Sie mehrfach an unterschiedliche Kundenkreise verkaufen – Verbraucher, Werber, Vertriebspartner, Industriekonzerne und so weiter. Viele Nutznießer bedeutet, Sie haben deutlich mehr Flexibilität, was die Preise und die Verpackung angeht.

Gehen wir noch einmal nach Schweden, um uns dort Beispiele für kluge Gedanken zu kreativer Nutzung und Preisstrategien anzusehen. Ngenic aus Uppsala verkauft smarte Thermostate, laut Eigenaussage des Unternehmens ein „zusätzliches Gehirn, das dazu dient, Ihr Zuhause zu beheizen". Es gibt drei Basisangebote: A) Sie kaufen den Thermostat, b) Sie kaufen ihn für einen niedrigeren Preis und bezahlen eine geringe monatliche Gebühr oder c) Sie kaufen ihn als Teil eines rabattierten Pakets bei einem Stromversorger. Mehr als die Hälfte der Ngenic-Kunden verzeichnen nach einem Jahr einen Rückgang ihrer Heizkosten um mehr als zehn Prozent. Das Gerät misst den Energieverbrauch und berücksichtigt zusätzlich variable Faktoren wie Sonnenlicht, Belegung und – jetzt wird es wirklich interessant – günstige Strompreise.

In den USA steht einem zumeist nur ein einzelner Stromanbieter zur Verfügung. Ganz anders die Situation in Schweden, dort ist der Energiemarkt ausgesprochen stark dereguliert. Es gibt mehr als 120 Anbieter und die meisten Kunden haben Verträge, bei denen die Preise auf Stundenbasis abhängig von Angebot und Nachfrage schwanken können. Ngenics Gerät ist vergleichsweise günstig und leicht herzustellen und dank all der ungebremst wirkenden freien Marktwirtschaft im angeblich so sozialistischen Schweden ist der Strom dort wirklich günstig (die meisten Kilowattstunden werden, bevor sie den Endverbraucher erreichen, mindestens sechs Mal gekauft und wiederverkauft). Wo also schafft Ngenic Wert? Das Unternehmen hilft dem Verbraucher dabei, Energie zu sparen und auf diese Weise etwas für die Umwelt zu tun. Es tut sich mit Anbietern zusammen, damit diese ihr Nutzenversprechen um „grüne Intelligenz" und Alleinstellungsmerkmale erweitern können. Und Ngenics Geräte verhandeln mit Großhändlern (manchmal auf Minutenbasis) in der Absicht, mehr Strom zu kaufen, wenn er günstig ist, und weniger zu Stoßzeiten.

Die Lektion hier: Beim Internet der Dinge gibt es keine geradlinige B2B- oder B2C-Marketingstrategie. Man kann viele unterschiedliche Arten von Kunden haben, das physische Gerät ermöglicht dabei nur diverse Dinge. Ihr Wert liegt in Ihrer IP, in den Nutzerdaten Ihrer Kunden und in Ihrer Fähigkeit, über unterschiedliche Märkte hinweg mit Informationen zu handeln. Der Ngenic-Chef Björn Berg sagte uns: „Man muss sich das ein wenig wie Google und Suchen vorstellen. Niemand bezahlt für die Suche selbst, aber jeder weiß, dass Google Geld verdient, wenn Sie etwas suchen. Und der Nutzen, den Sie erhalten, ist wertvoller als die Information, die Sie dafür liefern. Das ist das Modell, das Sie anstreben müssen. Welchen Wert kann ich aus den Informationen gewinnen, die mein vernetztes Gerät generiert? Auf diesen Punkt sollten Sie sich fokussieren."[13] Ngenic verhilft sich (und anderen) zum Erfolg, indem es in einem dicht gedrängten Markt Nutzen bietet und unterschiedlichen Arten von Kunden unterschiedliche Formen von Preismodellen und Paketen anbietet. Daraus können wir alle etwas lernen.

DIE ZUKUNFT
DER FERTIGUNG

Nehmen Sie all die Rohdaten, die diese Millionen digitaler Zwillinge produzieren, und jagen Sie sie durch eine Analyse-Software. Anschließend können Sie neue Erkenntnisse als Dienstleistung verkaufen, die so wertvoll sein können wie eine Stromversorgung, ein WLAN oder fließend Wasser in Ihrem Zuhause. Ein anderer Begriff für diese Art analytischer Dienstleistung ist natürlich „künstliche Intelligenz" (KI). In seinem großartigen Buch *The Inevitable: Understanding the 12 Technological Forces That Will Shape Our Future* schildert Kevin Kelly eine Zukunft, in der KI ähnlich funktionieren wird, wie es heute bei Elektrizität der Fall ist, weitverbreitet und omnipräsent: „Von diesem Allgemeingut werden Sie so viel Intelligenz abrufen können, wie Sie möchten, aber nie mehr, als Sie benötigen. Wie alle Versorgerleistungen wird KI außerordentlich langweilig sein, obwohl es das Internet umwälzen wird, die Weltwirtschaft und die Zivilisation. Künstliche Intelligenz wird leblose Objekte lebendig machen, ganz so wie es die Elektrizität vor über 100 Jahren getan hat. Alles, was wir zuvor elektrifiziert haben, werden wir nun kognitieren."[14]

Vielleicht werden unsere Kinder gar nicht mehr Begriffe wie „smart" oder „vernetzt" verwenden, um die Objekte in ihrer Umgebung zu beschreiben. Das Internet der Dinge wird das Wasser sein, in dem sie schwimmen. Alles, was wir machen, wird über vorausschauende Instandhaltung verfügen, über ein höheres Maß an Effizienz, über mehr Sicherheit und eine gesteigerte Anwenderfreundlichkeit. Und alles wird maßgeschneidert sein. Wir werden von einem Ding nicht mehr Millionen identische Kopien herstellen und sie in irgendeinem ausländischen Werk palettenweise lagern, bis sie irgendwann rund um die Welt verschifft werden. Wir werden die Dinge viel näher an unserem Zuhause personalisieren. Die klassischen Handelsströme von Ost nach West werden Olivier Scalabre zufolge von regionalen Handelsströmen abgelöst – von Osten nach Osten, von Westen nach Westen. „Bei genauerer Betrachtung war das alte Modell ziemlich verrückt", sagt Scalabre. „Man häuft Inventar an. Man schickt die Produkte auf eine Reise um die Welt. Das neue Modell, bei dem direkt neben dem Verbrauchermarkt produziert wird, wird für die Umwelt viel besser sein. In gesättigten Volkswirtschaften wird die Produktivität wieder vor Ort stattfinden und für mehr Arbeit, mehr Produktivität und mehr Wachstum sorgen."

Eines finde ich an diesen IoT-Sachen so großartig: Es sind die großen, etablierten Firmen, die mit all diesen neuen Innovationen ankommen. Schneider Electric (1836 gegründet) zeichnet die Nutzungsmuster von Personenaufzügen auf, damit die Aufzüge als Grundeinstellung dort warten, wo mehr los ist. So wird den Menschen Wartezeit erspart. Das Unternehmen erfasst gleichzeitig die Abnutzung und kann Wartungszeiten auf Phasen legen, in denen die Aufzüge weniger stark genutzt werden. Heidelberg Druckmaschinen (1850 gegründet) nutzt die ThingWorx-IoT-Plattform von PTC dazu, über 25.000 Druckerpressen aus der Ferne zu kontrollieren. Symmons Industries (1939 gegründet) baut smarte Duschsysteme für Hotels. Das Management gewinnt auf diese Weise Einblick in Nutzungsdaten, was Aspekte wie Temperatur, Dauer und Wasserverbrauch angeht, und kann die Strom- und Wasserrechnungen optimieren. Gerber Technology (1968 gegründet) baut für die Textilindustrie einen Großteil der Maschinen, mit deren Hilfe weite Teile unserer Kleidung gefertigt werden. Die aus Maschinen gewonnenen Daten trugen zu einem neuen Dienst bei, YuniquePLM, der es kreativen Modeherstellern ermöglichen soll, die passende Kleidung zum passenden Zeitpunkt auf den passenden Markt zu bringen. Und Sie erinnern sich an FloorInMotion, den Hersteller „smarter" Fußböden? Dahinter steckt Tarkett, ein 130 Jahre alter französischer Bodenbelag-Hersteller.

Wir werden allerdings auch einige neue Regeln benötigen. Kommen wir noch einmal auf meine Analogie von vorhin zurück, zu dem alten Mann, der im Körper eines jungen Mannes aufwacht. Nur weil der 75-Jährige als 18-Jähriger aufwacht, heißt das nicht, dass er sich aufführen kann, als schrieben wir immer noch 1960! Um größtmöglichen Nutzen aus dem Internet der Dinge ziehen zu können, werden die Hersteller die Art und Weise, wie sie Geschäfte machen, grundlegend ändern müssen. McKinsey hatte in einem Bericht Folgendes dazu zu sagen:[15]

„Das Internet der Dinge wird neue Geschäftsmodelle ermöglichen – in einigen Fällen sogar erzwingen. Wenn beispielsweise Hersteller von Industriegeräten imstande sind, Maschinen zu überwachen, die bei ihren Kunden im Einsatz sind, können sie vom Verkauf von Kapitalgütern auf den Verkauf ihrer Produkte als Dienstleistung umsteigen. Sensordaten sagen dem Hersteller, wie stark die Maschinerie genutzt wird, sodass der Hersteller eine nutzungsabhängige Gebühr erheben kann. Dienstleistungen und Wartungsgebühren könnten als Paket in den Stundensatz einfließen, alternativ könnten sämtliche Dienstleistungen im Rahmen eines Jahresvertrags angeboten werden. Leistungsdaten des Geräts können in das Design neuer Modelle einfließen und dem Hersteller helfen, zusätzliche Produkte und Dienstleistungen abzusetzen. Dieser ‚As-a-service'-Ansatz kann dem Lieferanten zu einer engeren Beziehung zum Kunden verhelfen, gegen die Konkurrenten kaum eine Chance haben."

Eines habe ich gelernt, indem ich mit all diesen großen Konzernen aus der Fertigung gearbeitet habe: Ein derartiger Umstieg kann ein starker Wachstumsmotor sein. Ich bin überzeugt davon, das, was mit der Technologiebranche passiert ist, wird auch in der verarbeitenden Industrie passieren. Warum? Weil Sie dank IoT Ihre Kunden völlig neu entdecken können. Sie können herausfinden, was sie tatsächlich wollen. Ich würde so weit gehen zu behaupten, dass Sie nur einen einzigen echten Wettbewerbsvorteil besitzen – Ihre Beziehung zu Ihren Kunden und Ihr Wissen über sie. Was ist das Allererste, was Ihr Konkurrent tut, wenn Sie ein neues Produkt auf den Markt bringen? Er kauft es auf dem freien Markt und schickt es in die Forschungsabteilung. Dort wird es zerlegt, auf Herz und Nieren getestet und auf Tausend verschiedene Weisen nachgebaut. Ohne die gebündelte Intelligenz Ihrer Kunden ist das Ihren Konkurrenten nicht mehr möglich. Das ist etwas, worüber Sie – Sie allein! – verfügen. Ein enormer Vorteil.

Das Internet der Dinge wird der Welt ein anderes Gesicht verleihen. Um das hinzubekommen, müssen wir uns wieder den Menschen zuwenden, die all die von uns hergestellten Dinge kaufen.

KAPITEL 8
DAS ENDE
DES BESITZES

Besitz ist tot. Das neue Ding heißt Zugang. Behält die International Data Corporation (IDC) mit ihrer Prognose recht, wird im
Jahr 2020 bei rund 50 Prozent der weltgrößten Konzerne ihr ge-
schäftlicher Erfolg größtenteils davon abhängen, wie gut sie digital
erweiterte Produkte, Dienstleistungen und Erfahrungen produzieren.[1] Ganz abgesehen davon ist es eine kluge Unternehmensstrate-
gie, das Augenmerk stärker auf Dienste als auf Produkte zu legen.

Am Ende dieses Buches finden Sie den „Subscription Economy
Index" von Zuora. Diesem können Sie entnehmen, dass Unterneh-
men, die mit Abo-Modellen arbeiten, acht Mal schneller als die S&P
500 wachsen und fünf Mal schneller als der amerikanische Einzelhandel. Unser Chief Data Scientist Carl Gold hat diesen Bericht mithilfe anonymisierter, systemgenerierter Aktivitäten auf unserer
Plattform erstellt. Ich möchte Ihnen dringend ans Herz legen, den
Bericht zu lesen. Es ist ein faszinierendes Dokument, beruhend auf
Milliarden Dollar Umsatz und Millionen finanzieller Transaktionen.
Es steckt voller Branchen-Benchmarks und aufschlussreicher Erkenntnisse.

Bislang haben wir uns angesehen, wie das Subskriptions-Modell
den Einzelhandel, die Medien, das Transportwesen und die verarbeitende Industrie verändert, aber wenn ich eines gelernt habe,

dann dies: Das Subskriptions-Modell kennt keine Branchengrenzen! Es funktioniert grenzüberschreitend. Hier einige weitere Beispiele für Industriezweige, die mitten im Wandel begriffen sind.

Gesundheitswesen

Woran erkennt man, dass sich eine Branche im Umbruch befindet? Zum Beispiel daran, dass eine Apothekenkette (CVS) für 69 Milliarden Dollar eine riesige Krankenkasse (Aetna) übernimmt, weil sie Angst hat vor einem Online-Händler (Amazon). Bei CVS heißt es, dank der Fusion werde man in den Apotheken auch Teile der medizinischen Grundversorgung übernehmen können. Das ergibt sehr viel Sinn, vor allem dann, wenn man bedenkt, was für ein deprimierender Marsch die typische Erfahrung im amerikanischen Gesundheitsbereich ist: Sie gehen zum Arzt. Dieser schickt Sie vielleicht für weitere Tests zum Labor oder zu einem Spezialisten ins Krankenhaus oder zu einer Apotheke, wo Sie sich irgendwelche Mittel abholen sollen. Die Apotheke aber schickt Sie möglicherweise wieder zurück, weil es noch Fragen zum Rezept gibt. Das ganze Spiel geht wieder von vorne los. Bei jedem Schritt sind Unterlagen für die Versicherung auszufüllen und einige Monate später erhalten Sie in unverständlicher Fachsprache verfasste Arztrechnungen. Die Informationen wiederum sind quer durch alle Lande verteilt. Wen wundert es da, wenn das Unternehmen, das wie kein zweites weltweit auf den Kunden ausgerichtet ist, Möglichkeiten zur Optimierung ausmacht?

Die Mauern fallen. Wir sprechen hier über eine 3.000 Milliarden Dollar schwere Branche, die rasch entflochten wird. Schon heute existieren Hunderte neuer digitaler Dienste, die Medizinern dabei helfen, klüger zu arbeiten, und uns dabei unterstützen, gesundheitliche Probleme rechtzeitig zu erkennen oder zu vermeiden, damit wir einen Bogen um Krankenhäuser machen können und im Alter selbstbestimmt leben können. Es fängt damit an, dass wir alle die Arztpraxis am Handgelenk mitnehmen. Fitnesstracker entwickeln sich zu medizinischen Wearables, die uns helfen, gesundheitliche

Probleme zu entdecken oder gleich zu verhindern. Sie alarmieren Rettungsdienste oder können uns Medikamente verabreichen (inzwischen gibt es Tabletten, die einen Chip enthalten, welcher ein Signal aussendet, sobald er mit Magensäure in Kontakt kommt). Es gibt neue Anbieter wie One Medical, die im Abo-Modell medizinische Grundversorgung anbieten. Arzttermine werden für denselben Tag vergeben und der Kundendienst erinnert an einen Apple Store. Andere Anbieter wie Magellan Health arbeiten eher ganzheitlich orientiert und verknüpfen verhaltensbezogene Bedürfnisse mit körperlichen, pharmazeutischen und gesellschaftlichen Anforderungen. All diese neuen Kanäle übertragen Autonomie und Wirkung weg vom Krankenhaus hin zu den Patienten, was eine gute Sache ist.

Behörden

Bei uns in den Vereinigten Staaten meckert es sich leicht über die Ineffizienz des Staats, was grundlegende Dienste wie das Zahlen von Steuern, das Eröffnen eines Geschäfts, das Abholen eines Führerscheins oder das Bezahlen einer Gebühr angeht. Jeder ist sich der neuralgischen Punkte bewusst. Andernorts dagegen scheinen all diese Punkte mit deutlich weniger Schmerzen verbunden zu sein! Esten beispielsweise bezahlen nicht nur Ihre Steuern online, sie richten sogar eine Online-Steuererklärung ein, die im Verlauf des Jahres in Echtzeit mit Finanzdaten gefüttert wird. Steuern auf einem Klick. In Ruanda beantragen die Menschen ihren Führerschein per Handy und bezahlen ihn auch so. In Schweden gibt es einen digitalen Dienst, der sofort alle medizinisch ausgebildeten Freiwilligen im Umkreis von 500 Metern alarmiert, wenn jemand einen Herzinfarkt erleidet. Im australischen Bundesstaat New South Wales können die Einwohner mit einer einzigen Online-ID auf „Service NSW" zugreifen und dort über 800 unterschiedliche Transaktionen mit Behörden tätigen. Oder sie besuchen eines von über 100 speziellen Büros mit Empfang und Gratis-WLAN, sogenannte „One-Stop Shops". Die digitalen Dienste helfen den Behörden, über das

Füllen von Schlaglöchern und das Abkassieren von Bibliotheksge-
bühren hinauszuwachsen und sich in eine Plattform für die Lösung
von Problemen der Bürger und Bürgerinnen zu entwickeln.
Überall auf der Welt machen Ausgaben der öffentlichen Hand einen beträchtlichen Anteil am Bruttoinlandsprodukt des Landes aus.
In den USA entfällt etwa ein Drittel auf den Staat, wir sprechen also
über sehr viel Wert, der geborgen werden könnte. Überlegen Sie nur,
wie sehr die Ineffizienz zurückgedrängt werden könnte, besäße
man eine für sämtliche Behörden gültige und sichere Online-ID.
Wir Amerikaner reagieren besonders sensibel, wenn es um Privat-
sphäre geht. Aber es geht hier nicht darum, ob man sich mit Haut
und Haar Big Brother ausliefert oder ob die eigenen Daten über
Dutzende staatliche und streng voneinander abgeschottete Datenbanken verstreut sind. Ungelogen fast jede einzelne Interaktion, die
ich mit der Zentralregierung und der Regierung meines Bundes-
staates führe, ist derzeit eine zeitfressende und deprimierende Angelegenheit. Es sind nicht nur Verbraucher, die mehr Transparenz
und Automatisierung fordern – es sind auch die Bürger. Zum Glück
beginnen die Behörden, den Menschen zuzuhören.

Bildungswesen
Viele von uns arbeiten in Berufen, die vor wenigen Jahren noch
nicht existierten. Das berufliche Umfeld ist in stetem Fluss, insofern ist es unerlässlich, dass wir ständig lernen und uns weiterbil-
den. Trotzdem ist das Hochschulwesen die weltweit wohl einzige
Branche, die nach vier Jahren sämtliche Kunden feuert. Das ist doch
verrückt, oder? Nehmen wir die Business-Schools – die Erfahrungen, die MBA-Studierende heutzutage machen, könnte man als
„zwei Jahre lang freundliches Networking und dazu vorgeblich
nützliche Kursarbeiten" zusammenfassen. Aber was geschieht,
wenn ein MBA-Student nach zehn Jahren im Job befördert wird und
sich plötzlich rasch eine neue Fähigkeit aneignen muss oder sich in
ein Thema einarbeiten muss, das in den alten Kursen überhaupt
nicht behandelt wurde (wie es beim Großteil dieses Buches der Fall

ist)? Nun, normalerweise klickt man sich dann hektisch von einer Google-Seite zur nächsten.

Professoren der Uni Wharton haben eine Alternative für die Business-Schools vorgeschlagen: Zehn Monate Studium auf dem Campus, gefolgt von lebenslangen personalisierten, jederzeit abrufbaren Online-Kursen, die die aktuellsten Forschungsergebnisse berücksichtigen.[2] Was, wenn die Schule nie enden würde? Viele Colleges und Universitäten experimentieren aktuell mit MOOCs (*Massive Open Online Courses*), also Online-Vorlesungen, die großen Teilnehmerzahlen offenstehen.

Aus meiner Sicht muss das Konzept weit über den Tag des Abschlusses hinaus erweitert werden. Wir haben gesehen, wie explosionsartig berufliche Lernplattformen wie Lynda.com (inzwischen ein Teil von LinkedIn), Kaplan, Udemy und Dutzende weiterer Online-Software-Akademien gewachsen sind. Ich habe erst kürzlich in einem Apple-Store in New York beobachtet, wie eine Gruppe Achtjähriger sich einen Kurs ansah! Und in der Lehrbuch-Industrie sind Newcomer wie Chegg und alteingesessene Verlage wie Houghton Mifflin Harcourt aktiv und bieten Online-Ausleihen und interaktive Inhalte an, die Studierenden dabei helfen sollen, Geld zu sparen und effektiver zu lernen.

Versicherungen

Wie hoch Ihr Beitrag ausfällt, hängt heute von allen möglichen versicherungsmathematischen Faktoren ab, die außerhalb Ihrer Kontrolle liegen. Aber was, wenn Sie jemand sind, der sehr viel Sport treibt? Oder wenn Sie gar nicht so viel Auto fahren? Wenn Sie keinen Alkohol trinken? Sollte das nicht in Ihre Versicherungsbeiträge einfließen? Bei Health IQ beispielsweise müssen aktive Menschen ein durchdachtes Gesundheitsquiz absolvieren, um in den Genuss niedrigerer Beiträge zu gelangen. Und in einem Zeitalter, in dem mehr und mehr Menschen nur zeitlich begrenzt an einem Ort leben, nur zeitlich begrenzt an einem bestimmten Ort arbeiten und Dinge nicht mehr kaufen, sondern sie abonnieren, ergeben starre, langfristige Versicherungsverträge, die sich rund um statische Wertgegenstände gruppieren, doch gar keinen Sinn mehr. Warum kann ich keine Berufshaftpflichtversicherung für Teilzeitarbeit bekommen?

65 Prozent aller Autofahrer zahlen zu hohe Beiträge, um Vielfahrer zu subventionieren. Bei Metromile gibt es so etwas nicht, dort bezahlt man „pro Meile", dafür wird das Fahrzeug mit einem simplen vernetzten Gerät nachgerüstet. Lemonade ist ein neuer Anbieter für Haus- und Mietversicherungen und will die Interessenkonflikte der Branche (Versicherer lehnen Schadensmeldungen ab, um ihre Rentabilität nicht zu gefährden, was wiederum die Versicherungsnehmer dazu verleitet, ihre Meldungen auszuschmücken) umgehen, indem es eine feste monatliche Gebühr berechnet, mit dem Geld einige Kosten deckt und den Rest dazu nutzt, Versicherungsfälle zu begleichen. Versicherer nutzen endlich die „flexiblen Konsummodelle", wie Deloitte es nennt, um einzelnen Kunden und nicht nur Kohorten ihre Aufmerksamkeit zu schenken.

Heimtiermarkt

Wir reden hier von einer Industrie, die weltweit ein Volumen von 100 Milliarden Dollar erreicht und viel rascher wächst als viele andere Bereiche des Marktes für schnelldrehende Verbraucherprodukte. Allerdings steht diese Branche vor ähnlichen Schwierigkeiten, beispielsweise Vertriebspartner, die eine direkte Verbindung zum Kunden verhindern. All das wird sich durch digitale Dienste ändern. Tiernahrungs-Großhändler wandeln sich zu digitalen Dienstleistern in Sachen Tiergesundheit. Heute können Sie auf die Website My Royal Canin gehen, unkompliziert ein Profil erstellen und sich Nahrung zuschicken lassen, die auf das Alter und die Rasse Ihres Tieres zugeschnitten ist. Sie bekommen hilfreiche Vorschläge zu Ernährung, Gesundheit und Pflege. Und Sie erhalten Zugang zu einem ausgesuchten Stab an Tierpflegepersonal. Und was, wenn die Tiere krank werden? Den meisten von uns fällt es schon schwer genug, sich selbst finanziell halbwegs gegen Krankheit abzusichern.

Trupanion bietet für Ihr Haustier eine Krankenversicherung an, die auf Lebenszeit 90 Prozent der Tierarztrechnung abdeckt. Wenig überraschend finden sich hier viele Ähnlichkeiten zum Markt für Eltern mit kleinen Kindern. Dem Unternehmensberater Gale zufolge bezeichnen 44 Prozent der Millennials ihre Haustiere als „Einstiegs-Kinder". Jeder coole neue Dienst, der in Ihrem liebsten Podcast beworben wird, existiert auch für Haustiere. Es gibt Trackingdienste für Halsbänder, es gibt Boxen mit Futter und Spielzeug für Hunde (Barkbox), Dienste, die das Wohlergehen der Tiere überwachen, standortbezogene Apps, die Ihnen helfen, in der Nähe beispielsweise einen Park mit Hundewiese oder einen Tierarzt zu finden, vernetzte Futterspender oder Online-Kurse für Zuchtfragen oder das Tiertraining.

Versorgerbetriebe

Lange Jahre haben die Strom-, Gas- und Wasserfirmen nach ganz simplen Regeln gespielt: Man gibt einiges aus, um ein gewaltiges Werk zu bauen, gibt noch mehr aus, um sein Produkt über sehr lange Strecken zu transportieren, und berechnet dann viel, um seine Infrastrukturschulden bezahlen zu können. Das ändert sich gerade. Wie schreibt der *Economist*: „Nicht nur spielen erneuerbare Energien eine immer wichtigere Rolle, dank der neuen Technologien kann sich die Nachfrage auch so steuern lassen, dass sie zum Angebot passt, nicht andersherum."[3]

Dank neuer konsumbasierter digitaler Dienste wie SolarCity können Häuser mit Solaranlagen gegen Geld Strom ins Netz einspeisen, während Energiemanagementsysteme wie Nest den Stromversorgern dabei helfen, in Spitzenzeiten den Verbrauch zu senken und auf diese Weise Engpässe zu vermeiden. Es gibt mittlerweile reichlich Menschen, die keine Stromrechnung mehr bekommen, sondern einen Stromscheck.

Ja, Versorger zählen zu den ältesten Branchen überhaupt, die mit Subskriptionsmodellen arbeiten, aber auch hier ist heutzutage Bewegung drin. Die Konzerne bewegen sich weg von großen, monodirektionalen Kanälen hin zu kleineren, reaktionsfähigen Netzwerken (kommt Ihnen das bekannt vor)? Sensoren und eine verbesserte Konnektivität sorgen dafür, dass die gesamte Branche „aufwacht" und alle möglichen neuen Wertsschöpfungsketten nutzt: Beim französischen Stromkonzern ENGIE (dessen Wurzeln zurück zu dem Unternehmen reichen, das einst den Sueskanal baute) kann man mittlerweile per App Wartungstermine buchen. Schneider Electric (1836 gegründet) kooperiert mit Stadtbezirken, aber nicht in der Absicht, ihnen noch mehr Elektrizität zu verkaufen, sondern um den Stromverbrauch um 35 Prozent zu verringern. In Brooklyn gibt es mit LO3 Energy ein neues Start-up-Unternehmen im Bereich Solarenergie. Die Firma setzt Blockchain-Technologie ein, damit Sie Ihre Solarenergie an Ihre Nachbarn verkaufen können. Bei all diesen neuen Diensten geht es nicht nur darum, schlicht für mehr Bequemlichkeit zu sorgen, Ziel ist vielmehr, schneller zu Ergebnissen zu gelangen.

Immobilien

Seit Generationen bläut man uns ein, es sei ein völlig normaler und notwendiger Teil des Erwachsenwerdens, seine eigenen vier Wände zu kaufen und zu besitzen. Ganz offensichtlich gilt das heute nicht mehr. Viele junge Menschen sehen das nämlich anders, und zwar aus gutem Grund. Sie wünschen sich mehr Flexibilität, mehr Auswahl und die Möglichkeit, ihre Umgebungen nach Belieben wechseln zu können. In unseren Büroräumen bei Zuora erhält jeder einen Schreibtisch, aber viele können damit nichts anfangen. Sie schnappen sich lieber ihr Laptop und setzen sich in die Lounge-Ecke auf ein Sofa. Kopfhörer auf und los geht's. Firmen wie WeWork und Servcorp haben erkannt, dass sie mehr Geld pro Quadratmeter verdienen können, indem sie diese neuen Präferenzen bedienen. Die Firmen sind nicht mehr so stark an lästigen langfristigen Pachtverträgen interessiert – sie wollen flexibel sein und je nach Bedarf expandieren oder sich verkleinern können.

Immer größere Teile der realen Welt werden freigesetzt. Mobile Arbeitnehmer und Unternehmer ziehen aus Cafés in Coworking

Spaces. Jeden Tag gehen über 1,2 Millionen Menschen in ein „Büro" voller anderer Freiberufler oder kleiner Firmenteams. Über Ferienwohnungswebsites wie VRBO oder Plattformen wie Roam, die auf digitale Nomaden abzielen, finden die Leute immer neue, coole Möglichkeiten, „mal rauszukommen". Als Reaktion auf Airbnb stellen Hotelbetreiber fest, dass ihr Geschäft nicht darin besteht, einfach ihren Namen auf einen großen Betonklotz zu schreiben, sondern vielmehr darin, interessante Reiseerfahrungen zu vermitteln, also diversifizieren sie und stellen sich neu als Vermieter von Apartments auf. Subskriptions-basierte digitale Dienste machen bei diesen Websites einen großen Teil der Geschäftsmodelle aus, egal ob man nun direkt bei HomeAway bucht oder ob Ihr Immobilienmakler einen professionellen Dienstleister wie Zillow dafür nutzt, eine größere Käufergruppe anzusprechen.

Finanzen

Die Bankenindustrie hat das Internet viel zu lang lediglich als einen weiteren (in dem Fall virtuellen) Schalter behandelt. Als Kleinunternehmer oder Einzelperson dürfen Sie gerne Ihren Kontostand abrufen und online ein wenig Geld hin und her schieben, aber wenn es darum ging, Einzahlungen entgegenzunehmen, Kapital aufzunehmen, Kredite zu vergeben oder Wertpapiere zu kaufen, dann waren das Dinge, die allesamt brav in den Tresorräumen blieben. Die *Harvard Business Review* schreibt, einer Studie von Bain und SAP zufolge können gerade einmal sieben Prozent aller Bankkreditprodukte von Anfang bis Ende digital abgewickelt werden.[4] Auch das wird sich alles ändern. Neue Finanztechnologie-Dienstleister gehen mit zahllosen interessanten Ideen und Neuerungen an den Start.

Über die Gesundheitsindustrie hatte ich gesagt, dass sie sich an Ihrem Handgelenk ansiedelt. Die Finanzbranche wiederum hält in Ihrem Telefon Einzug. Wealthfront hilft Ihnen mit Algorithmen, vernünftige Investitionsentscheidungen zu treffen, Geld fürs Alter zurückzulegen oder fürs Studium der Kinder zu sparen. Robinhood arbeitet mit einem Abo-Modell, damit Anleger nicht länger einen Zehner pro Transaktion bezahlen müssen. Adyen wickelt nahezu jede Bezahlmethode ab, die es auf diesem Planeten gibt, und ermöglicht Firmen, überall auf der Welt Geschäfte zu machen. Venmo ist ein digitales Portemonnaie, das Ihnen hilft, mit Freunden eine Restaurantrechnung oder die Taxifahrt aufzuteilen (falls Sie davon noch nie gehört haben, fragen Sie mal Ihre jüngeren Kollegen). Alles steht auf dem Prüfstand, das gilt auch für das Konzept des Papiergelds.

EIN NEUER
WACHSTUMSPFAD

Wir könnten noch über so viele andere Dinge sprechen. Wir arbeiten mit Firmen in der Landwirtschaft zusammen, im Bereich Kommunikation, in der Reisebranche, dem Wellness-Sektor, der Telekommunikation, den Life Sciences, der Luftfahrt, der Nahrungsmittelindustrie, dem Fitness-Sektor, dem Spiele-Markt. Für sie alle gilt: Abonnements führen zu Wachstum. Wenn die Kundschaft das erhält, was sie will, ohne sich deswegen den Kopf zerbrechen zu müssen, ob sie es besitzen muss, wird in diesem Bereich die Nachfrage steigen. So entstehen neue Umsatzströme. Jede Branche unter der Sonne besitzt dasselbe Potenzial, dieselbe Art, Wachstum zu verzeichnen, welche die Technologiebranche zuletzt genießen durfte. Andy Main, Chef von Deloitte Digital, erklärte bei unserer „Subscribed"-Konferenz in San Francisco:

> *„Das Spielfeld steht heutzutage allen offen. Und dieses offene Spielfeld hat zu völlig neuen Erfahrungen und unterschiedlichen Modellen geführt. Das bedeutet, Sie müssen Ihr Unternehmen auf unterschiedliche Art und Weise an der digitalen Revolution teilhaben lassen. Es geht einzig darum, das beste Kundenerlebnis zu bieten, und dazu*

müssen Sie sich Gedanken machen über Ihren Mehrwert und wie Sie Ihr Geschäft so aufstellen können, dass Sie diesen Mehrwert zum Leben erwecken. Das Kundenerlebnis ist der neue Frontverlauf des Wettbewerbs.

In diese Richtung entwickelt sich alles. All diese Fallstudien, Artikel und Studien zeichnen das Bild einer Welt, in der Sie und ich problemlos Zugriffe auf Dienste für alles haben, was wir benötigen, eine Welt der Freiheit. Aber was wird nötig sein, um auf diesem neuen, offenen Spielfeld bestehen zu können? Wie können Sie Ihr Unternehmen so ausrichten, dass es sich erfolgreich in der Subskriptions-Wirtschaft behauptet? Nun, dazu werden Sie sich möglicherweise durch einen „WTF"-Moment kämpfen müssen. Lassen Sie es mich erklären.

TEIL 2
ERFOLGREICH IN DER NEUEN SUBSKRIPTIONS-WIRTSCHAFT BESTEHEN

KAPITEL 9
DER „WTF"-MÖMENT

Digitaler Wandel bedeutet, dass sich Rollen verändern. Definitionsgemäß bedeutet das unter anderem, die Art und Weise, wie Unternehmen als Ganzes funktioniert, wandelt sich. Aber wie viel Veränderung ist erforderlich, um sich in ein Unternehmen zu verwandeln, dessen Grundlage das Subskriptions-Modell ist? Um diese Frage zu beantworten, möchte ich mit Ihnen ein Gedankenexperiment anstellen. Dabei geht es um eine faszinierende Branche, über die wir bislang noch gar nicht gesprochen haben – Videospiele.

Die Spieleindustrie hat inzwischen Hollywood wohl den Rang abgelaufen. Zwischen diesen beiden Branchen gibt es einige Parallelen: Jede große Spielemarke ist ähnlich wie ein Hollywood-Blockbuster ein Franchise, die Produzenten gehen mit viel Geld in Vorleistung und auch hier entscheidet sich meist innerhalb eines Wochenendes, ob man einen Hit oder einen Flop gelandet hat. Ein großes Spiel zu entwickeln, kann bis zu 60 Millionen Dollar kosten, die Vermarktung verschlingt gerne noch einmal das Doppelte. So wie man lieber *Titanic* als *Gigli* produzieren möchte, möchte man auch lieber derjenige sein, der *Grand Theft Auto V* auf den Markt bringt (Einspielergebnis nach 24 Stunden: über 800 Millionen Dollar) als *Transformers: Rise of the Dark Spark* (Einspielergebnis: weniger). Ein Spielestudio arbeitet normalerweise zwei Jahre an einem Titel und schießt ihn dann am Tag der Veröffentlichung in so viele Vertriebskanäle, wie es nur geht (in erster Linie Läden und Spielekonsolen). Anschließend hofft das Studio, dass am anderen Ende dieser Kanäle bereits Kunden mit gezückten Portemonnaies stehen.

Bei Videospielen verlaufen die Konsumtrends grundsätzlich ähnlich wie bei Filmen – der Einzelhandelsumsatz mit physischen Datenträgern geht zurück, die Online-Einnahmen aus Streaming und Abos nehmen zu. Und ähnlich wie bei Hollywood ist die Videospielbranche stark daran interessiert, eine „Multiscreen"-Strategie zu verfolgen: Man will auf der Konsole vertreten sein, auf dem Handy, auf tragbaren Geräten wie dem Nintendo Switch, im Ladengeschäft, auf Streaming-Websites wie Twitch und im besten Fall im Madison Square Garden oder dem Staples Center bei den großen E-Sports-Wettbewerben. Der durchschnittliche Gamer greift auf alle möglichen Videospiele zurück, bereitgestellt von unzähligen Kanälen. Er zockt online mit seinen Freunden, bezahlt für herunterladbare Inhalte, führt Mikrotransaktionen durch, greift auf die Handy-Mobilversion zurück, sieht sich auf Twitch Profispiele an (vielleicht sponsert er diese Spieler auch) und besucht Conventions.

Nehmen wir nun an, Sie seien ein Spieleentwickler und hätten ein erfolgreiches Franchise an der Hand, ein Spiel namens *Starship Blasters*. Alle zwei Jahre bringen Sie ein umfangreicheres, besseres *Starship Blasters*-Spiel auf den Markt. Es gibt neue Charaktere, verrückte neue Abenteuer und (natürlich) bessere Waffen. Diese Sequels werden jedoch in der Herstellung immer teurer und jede Neuauflage spielt immer weniger ein. Sie wissen, dass von den Leuten, die jetzt *Starship Blasters III: Still Blastin'* gekauft haben, in zwei Jahren möglicherweise gerade einmal die Hälfte zu *Starship Blasters IV: Blastageddon* greifen wird. Ihnen ist auch klar, dass Spieler die Games auskosten wollen und sich nicht mit einem auf zwei Jahre ausgelegten Veröffentlichungsturnus zufriedengeben.

Also überlegen Sie sich: „Wenn ich die 60 Dollar Spielekosten auf ein Jahr lang fünf Dollar pro Monat strecken kann und die Gamer mit jeder Menge cooler neuer herunterladbarer Inhalte halte, fahre ich auf lange Sicht besser damit. Die Spieler werden nicht sauer, wenn gelegentlich mal ein langweiliges Spiel dabei ist, und das Unternehmen kommt in den Genuss eines stabilen Umsatzmodells, das weniger stark vom Auf und Ab à la Hollywood abhängig ist.

Außerdem beginnen wir jedes Quartal mit einem Sockel wiederkehrenden Umsatzes, den wir nach Gutdünken investieren können." Naoki Yoshida, Produzent von *Final Fantasy,* sagte gegenüber *GameSpot:*[1]

> *„Mit dem Subskriptionsmodell erhält man einen steten Umsatzfluss. Als Spiele-Entwickler, als Spieleschaffende, wollen wir auch weiterhin die beste Gameplay-Experience liefern und gewährleisten. Natürlich werden die Abonnentenzahlen anfangs möglicherweise nicht so groß sein wie beim Gratisangebot, aber wir haben diesen steten Zustrom. Wir denken nicht nur über das momentane Geschäft nach. Wir planen auf lange Sicht und wollen in der Lage sein, weiterhin Updates zu produzieren. Einige mögen sich darauf konzentrieren, rasch Umsätze zu generieren, aber man muss auch langfristig denken."*

Damit wäre das geklärt: Keine aufwendigen Veröffentlichungen mehr alle zwei Jahre. Für gerade einmal fünf Dollar im Monat bekommt Ihre Fangemeinde fortan *Starship Blasters* als Dienstleistung – ständige Innovationen, fortlaufende Updates, andauerndes Engagement. Davon profitieren alle.

Sie entwickeln eine beeindruckende PowerPoint-Präsentation, das große Board-Meeting kommt, dann geht eine E-Mail an die komplette Belegschaft raus und jede Abteilung erhält klare Anweisungen und Ziele im Zusammenhang mit dem Umstieg auf das neue Geschäftsmodell. Auch das endgültige Startdatum steht.

Und wie reagiert Ihr Unternehmen? Geschlossen mit einem einzigen großen „What the fuck?", „Was zur Hölle".

Das Marketing ist sauer, weil es nicht mehr *den einen* großen Starttermin hat, an dem man mit großem Tamtam die Markteinführung zelebrieren kann. Die Entwickler springen im Karree, weil sich ihr gesamter Terminkalender gerade in Luft aufgelöst hat. Die IT ist hochgradig beleidigt, weil sie vor Kurzem Millionen Dollar in

neue Technik investiert hat, die soeben veraltet geworden ist. Und in der Finanzabteilung knallen auch nicht gerade die Sektkorken angesichts der Aussicht, dass die Quartalsumsätze in den Keller sausen werden.

Was machen Sie nun? Wie werfen Sie das Ruder herum? Darum geht es in der zweiten Hälfte dieses Buches – wie man sich eine Subskriptions-Kultur aufbaut. Betrachten wir dazu folgendes unten stehende Diagramm:

Rechts sind Ihre Gamer. Sie verstecken sich nicht länger hinter Ihren Kanälen, aber wie wirkt sich dieser Umstieg auf die Art und Weise aus, wie Sie Ihr Unternehmen führen? Leicht ist das alles nicht. Die Gründe für diesen Umstieg sind klar und überzeugend, aber wie können Sie jedem einzelnen Mitglied Ihrer Belegschaft dabei helfen, diesen Sprung zu wagen? Wie werden Sie auf den „WTF"-Augenblick Ihres Unternehmens reagieren?

Beginnen wir mit Ihren Produktmanagern, den Ingenieuren, den Herstellern, den Designern. Sie besetzen alle möglichen Positionen, aber letztlich ist in Ihrem Unternehmen jeder von ihnen für die Produktinnovation zuständig. Beim alten Modell bestand ihr Job darin, Marktforschung durchzuführen, Fokusgruppen zu leiten,

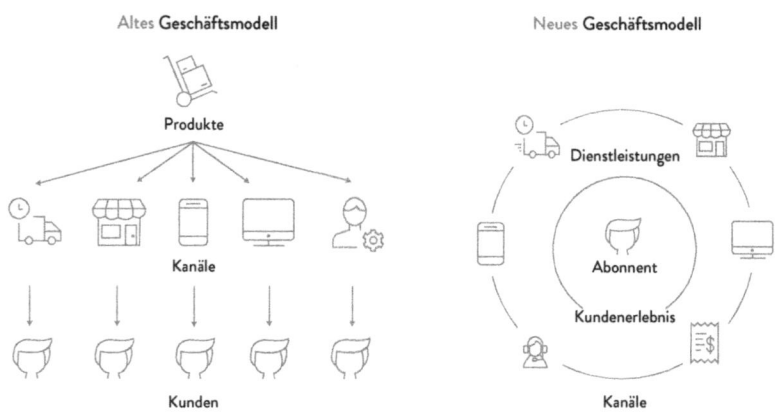

Dinge auf Millimeterpapier zu zeichnen, herauszufinden, wie man etwas am kostengünstigsten herstellt, es produzieren lässt und es dann auf den Markt bringt. Wenn Sie viele Einheiten verkauft haben und die Prognosen übertrafen, hatten Sie einen Erfolg und haben viel Geld verdient. Wenn nicht, dann nicht. Aber was, wenn aus einem statischen Produkt ein lebendes, atmendes Kundenerlebnis wird? Was geschieht, wenn der Kunde mal eben hereinschneit und es sich mitten in Ihrem Entwicklungsprozess gemütlich macht? Wie beschert man diesem Kunden wiederholt und regelmäßig positive Überraschungen? Sie erhalten jetzt weitaus mehr Informationen zum Nutzerverhalten – wie bauen Sie dort, wo Ihren Erkenntnissen nach die Leute vor allem verkehren, bessere Wege?

Und was ist mit der Finanzabteilung? Den Controllern, den CFOs, den Leuten aus dem operativen Bereich? Bislang ging es darum, die Kosten im Blick zu haben und sie der allmächtigen Einheit zuzuordnen: Wie können wir unsere Grenzkosten senken? Wie viel Geld müssen wir in unsere Vertriebskanäle stecken? Wie hoch sind unsere laufenden Kosten? Bei *Starship Blasters* hat Ihr Finanzteam in allererster Linie die Abverkäufe im Blick. Digitale Dienstleistungen sind dabei eine wichtige, wachsende, aber letztlich nur nachrangige Einkommensquelle (ganz so wie bei einem gewissen Konzern mit Sitz in Cupertino, Kalifornien). Tja, ganz so einfach liegen die Dinge jetzt nicht mehr.

Finanzabteilungen experimentieren heutzutage mit einem völlig neuen Regelwerk und völlig neuen Kennzahlen herum: Kundenak-quisitionskosten, Customer Lifetime Value, jährlich wiederkehrende Umsätze, Umsatz pro Kunde. Der „Fünf Dollar im Monat"-Plan klingt gut ... sofern Ihre Spieler mindestens ein Jahr bei der Stange bleiben. Was ist mit denen, die nach einigen Monaten abspringen? Wie wollen Sie die in Ihrem Businessplan berücksichtigen? Finanzabteilungen befassen sich heute immer stärker damit, betriebliche Kennzahlen zu definieren, die im gesamten Unternehmen greifen, etwa Preise, Ver-packung und Analysen. Wie rechtfertigt beispielsweise Netflix seine acht Milliarden Dollar, die der Konzern pro Jahr für Serien ausgibt, die dann letztlich gar nicht „verkauft" werden? Ganz offensichtlich weiß deren Finanzteam etwas, das wir nicht wissen.

Was ist mit dem CIO und der IT-Abteilung? Wie verändern sich ihre Jobbeschreibungen? In den vergangenen 20 Jahren lag der Schwerpunkt darauf, die Effizienz durch Standardisierung zu steigern: Wie verringere ich mein Inventar? Wie verkürze ich meine Lieferkette? Wie bekomme ich mein Produkt schneller und günstiger von A nach B, senke auf diese Weise meine Stückkosten und verschaffe meinem Unternehmen einen Wettbewerbsvorteil? Wie gelingt ein beständiges System of Record? Jeder hat sich schicke ERP-Systeme besorgt, um die Lieferkette besser managen zu können. Die Absicht dahinter: Es sollte übergreifend über Systems of Record standardisiert werden. Fiel im Budget noch eine kleinere Summe zum Herumspielen mit neuer Technologie ab – super. Größtenteils schufteten die IT-Leute aber unten im Maschinenraum, wo sie Kohle schaufelten und dafür sorgten, dass die Lichter nicht ausgingen. Was ändert sich nun, wenn bei der IT-Infrastruktur auf einmal Kunden (in diesem Fall Gamer) im Mittelpunkt stehen und nicht zu verkaufende Einheiten (CDs mit *Starship Blasters*)?

„Die IT verlagert ihren Schwerpunkt weg von Systems of Record und hin zu Systems of Innovation", schreibt das Marktforschungsunternehmen Gartner.[2] Was bedeutet das? Die Produktleute gehen zur IT und fragen: „Wie bringen wir neue Dienste raus und wiederholen das Ganze?" Die Leute von Vertrieb und Marketing gehen zur IT und fragen: „Wir haben da ein paar Ideen bezüglich Preisen und Verpackung, wie können wir das testen? Ach, und es sollte möglichst rasch vonstattengehen." Die Finanzleute hämmern gegen die Tür zum Maschinenraum: „Wir brauchen einen völlig anderen Blickwinkel auf das Geschäft, der über das hinausgeht, was unsere traditionellen Finanzsysteme uns zu zeigen imstande sind. Könnt ihr uns helfen?" Wie stellt sich Ihre IT-Abteilung auf diese neuen Herausforderungen ein?

Und last but not least: Wie wirkt sich dieses Modell auf Ihre Vertriebs- und Marketingaktivitäten aus? Formulieren wir die Frage um: Wo ist der Unterschied zwischen dem Verkauf einer Transaktion und dem Verkauf einer Beziehung? In ihrem großartigen Buch *Subscription Marketing: Strategies for Nurturing Customers in a World of Churn* schreibt Anne Janzer: „Beim Marketing geht es nicht länger nur darum, den Verkauf unter Dach und Fach zu bringen. Um Abonnement-Kunden dazu zu bringen, ihr Abo zu verlängern und sich erneut einzubringen, müssen Sie echten Wert bieten und Probleme lösen."[3]

Im Fall von *Starship Blasters* muss das Hauptaugenmerk demzufolge darauf liegen, über ein großartiges Spiel zu verfügen, das sich ständig weiterentwickelt. Vielleicht lenken Sie also Teile des Budgets für Plakatwerbung um und nutzen die Mittel, um zusätzliche Entwickler einzustellen und mehr Spielemessen zu veranstalten. Das ist eine Möglichkeit. Traditionellere Vertriebsmannschaften stehen vor einer ähnlichen Herausforderung: Potenzielle Kunden wissen heute schon sehr viel über ein Unternehmen, weil dermaßen viele Informationen verfügbar sind. Gleichzeitig bedeutet das oft aber auch, dass sie stärker denn je verwirrt sind. Vielleicht wissen sie noch nicht einmal, welche Fragen sie stellen sollen. Wie also startet man diese Konversation? Wie verkauft man jemandem etwas in dem Wissen, dass man auf absehbare Zeit in dessen Kontaktliste auftauchen wird?

DIE SILOS MÜSSEN
EINGERISSEN WERDEN

Während des 20. Jahrhunderts ähnelte das Unternehmen einer Reihe Ofenrohre – diverse Abteilungen, die größtenteils unter sich blieben. In der Vergangenheit war diese strenge Unterteilung in separate Silos sinnvoll. Das Marketing übernahm die Marktforschung und reichte seine Ergebnisse weiter an die Produktsparte, die das Gewünschte in die Realität umsetzte. Das fertige Produkt ging dann in den Vertrieb, der sich mächtig ins Zeug legte, es zu bewerben. Die

Finanzabteilung zählte Erbsen und die IT rief man an, wenn man sein Passwort vergessen hatte.

Dass man sein Unternehmen rund um eine bestimmte Produktlinie herum aufstellte, war sinnvoll, als es einzig um Skalierung, Beständigkeit und „Jede Farbe ist möglich, solange es schwarz ist" ging. Die Geschäftsführung hatte auf diese Weise einen direkten Blick auf Entwicklungszyklen und Absatzzahlen und sorgte für klare Befehlsketten und Hierarchiestrukturen. Dieser produktzentrierte Ansatz bot einige Vorteile, was die zentrale Transaktion anging, doch der Preis dafür war enorm. Es entstand ein Unternehmen voller Silos, dem jedwede koordinierte Vision abging. Ein interner Wettkampf um den Kunden entbrannte. Und es entwickelte sich eine kurzsichtige Denkweise, die das Management blind werden ließ, was plötzliche Veränderungen am Markt anging. Diese Firmen waren rückwärtsorientiert – im Mittelpunkt stand das Produkt, nicht der Kunde.

Leider funktionierte diese Struktur leidlich. Nicht besonders gut, wenn es um den Kunden ging, aber mithilfe dieser Organisation wurden Einheiten verschifft und man hielt das Board bei Laune. Als Art, Geschäfte zu machen, funktionierte es, wenn auch nur so la-la. Es gibt nicht Schlimmeres als rentable Mittelmäßigkeit. Das Goldene Nachkriegszeitalter, in dem die Firmen das Sagen hatten, war auch die Zeit, in dem dieser Managementansatz entstand, bei dem das Produkt in den Mittelpunkt rückte. Ermöglicht wurde diese Entwicklung durch vergleichsweise passive Verbraucher.

Das ist heutzutage ganz sicher nicht mehr der Fall. In der neuen Welt steht der Verbraucher im Mittelpunkt und die Silos müssen fallen. Wenn jeder den Kopf einzieht, wie will man da eine neue Abonnenten-Erfahrung erschaffen, die zu messbaren Resultaten führt? Wenn die Teams durch Trennwände voneinander isoliert vor sich hin arbeiten, wie können daraus Innovationen für das Geschäftsmodell entstehen, ausgereifte Entscheidungen im Hinblick auf die Art und Weise der Innovationen, zum Marktauftritt und zum Umgang mit dem eigenen grundlegenden Geschäftsmodell?

Wir wollen uns nun die neuen Regeln für Subskriptions-Unternehmen näher ansehen. Dazu beginnen wir im Herzen Ihres Unternehmens – bei den Designern und Erfindern, denen nun die Aufgabe zukommt, ein großartiges Produkt in einen großartigen Service zu verwandeln.

KAPITEL 10
INNOVATION –
FÜR IMMER
IM BETA BLEIBEN

Bringen Softwarefirmen ihr erstes SaaS-Angebot auf den Markt, machen sie oftmals unmittelbar eine merkwürdige Erfahrung. Es ergeht ihnen nämlich ähnlich wie Medienunternehmen, wenn die ihre Nutzer das erste Mal bitten, sich zu registrieren, oder Einzelhändlern, die anfangen, Einkäufe zu bestimmten Kunden zurückzuverfolgen, oder Industriefirmen, die ihre Geräte mit Sensoren ausrüsten: Auf einmal können die Softwarefirmen mitverfolgen, was ihre Kunden tun!

Es ist eine wirklich unglaubliche Erfahrung, wenn die Instrumententafel das erste Mal anspringt. Ich weiß noch, wie es das allererste Mal bei Salesforce für uns war. Schlagartig wuchs unser Hunger nach mehr Informationen und das hatte weitreichende Auswirkungen darauf, wie wir Entscheidungen trafen, Mittel zuwiesen und neue Dienste implementierten. Es veränderte alles.

GMAIL UND DAS PRODUKT,
DAS NIEMALS FERTIG IST

Ich habe eine Theorie: Als Gmail eingeführt wurde, kamen viele Menschen zum allerersten Mal in Kontakt mit einer neuen Philosophie in Sachen Produktentwicklung. Als Gmail am 1. April 2014 startete, trug das Logo des Maildienstes das Wort „BETA". Millionen Menschen meldeten sich an, aber das änderte nichts daran, dass es sich dennoch um ein Beta-Produkt handelte. Tatsächlich war es fünf Jahre lang ein Beta-Produkt. Die „Testphase" wurde erst am 7. Juli 2009 beendet. Was dauerte denn da so lang? Und warum hat Google dann irgendwann doch beschlossen, das „Beta" loszuwerden? Das hatte nichts damit zu tun, dass die Entwickler verkündet hätten, sie seien „fertig", glauben Sie mir. Der tatsächliche Grund war: Große „Fortune 500"-Firmen wollten Gmail für ihr Unternehmen kaufen. Die waren Lotus Notes oder Microsoft Exchange gewohnt – und nun sollte ein Beta-Produkt ins Haus kommen? Da winkte die Einkaufsabteilung ab. Was also tat Google? Dort aktualisierte man schlichtweg das Logo.

Im Folgenden Googles-Blogeintrag vom 7. Juli 2009, in dem das Unternehmen das Ende des „Beta-Status" für Google Apps verkündete (mein Lieblingssatz ist der letzte):[1]

„Wir werden oft gefragt, warum so viele Google-Anwendungen ewig im Beta-Zustand festzuhängen scheinen. Gmail beispielsweise trägt das Beta-Etikett seit über fünf Jahren. Uns ist bewusst, dass diese Situation einige Leute verwirrt, vor allem jene, die sich an die alte Definition halten, wonach „Beta"-Software sich dadurch auszeichnet, dass sie noch nicht reif ist für die große Bühne.
Seit wir vor zwei Jahren die Unternehmens-Softwaresuite Google Apps auf den Markt gebracht haben, gab es ein Service-Level-Agreement, einen 24/7-Support, und es wurden sämtliche anderen an Nicht-Beta-Software gestellten Standards erfüllt oder übertroffen. Mehr als 1,75 Millionen Firmen aus aller Welt betreiben ihr Geschäft mithilfe von Google Apps, darunter auch Google selbst. Wir haben eingesehen, dass das Beta-Etikett schlicht ungeeignet ist für große Unternehmen, die nichts davon halten, ihr Geschäft mithilfe von Software zu betreiben, die klingt, als sei sie noch in der Erprobungsphase. Also haben wir unsere Bemühungen darauf konzentriert, unsere hohen Maßstäbe,

die Produkte zum Verlassen des Beta-Stadiums erfüllen müssen, zu erreichen, und sämtliche Anwendungen in der Apps-Suite erfüllen mittlerweile dieses Kriterium ... Eines noch: Wem der „Beta-Look" nach wie vor gefällt, der kann unter „Einstellungen" im Reiter „Gmail from the Labs" das Beta-Label einfach wieder einblenden.

Witzig: Wer das alte „Beta"-Logo vermisst, kann es sich über die Einstellungen zurückholen. Die eigentliche Botschaft dahinter: „Dieser Begriff bedeutet uns absolut gar nichts."

Aus meiner Sicht ist das ein sehr wichtiges Dokument, denn es machte die Welt mit einem fundamentalen Grundsatz des modernen Softwaredesigns vertraut. Gmail bedeutete das Ende der saisonalen „Top oder Flop"-Produktzyklen und war die Geburtsstunde des niemals fertigen Produkts.

Was meine ich damit? Ursprünglich bedeutete „Beta", dass man ein Produkt auf den Markt brachte, bevor es absolut ausgereift war. Dann holte man sich reichlich Feedback von den Kunden und ließ deren Rückmeldungen einfließen, bevor man die Produktentwicklung beendete und alles bereit zum Verkauf machte. Ein wichtiger Aspekt der „agilen" Softwareentwicklung besteht darin, die Kunden und zentrale Interessengruppen einzubinden, bevor das endgültige Produkt auf den Markt kommt. Ziel ist es, möglichst viele Eventualitäten abschätzen zu können und Input für die Qualitätssicherung zu gewinnen. Das Gmail-Team ging mit dieser Idee einen Schritt weiter und beschloss, den letzten Teil zu ignorieren. Seine Überlegung: Befreit man sich von dieser Denkweise und betrachtet das, was man da entwickelt, nicht als statisches Produkt, sondern als lebende, atmende Kundenerfahrung, dann sollte man seine Kunden doch auch als ständige Partner in den Innovationsprozess miteinbeziehen, oder? Was spricht gegen eine immerwährende Beta-Phase?

Eine Gruppe Entwickler verfasste 2001 in einem Skiresort in Utah das „Manifest für agile Softwareentwicklung".[2] Es enthält vier einfache, aber bedeutsame Wertbestimmungen: Individualismus und

Interaktion sind wichtiger als Abläufe und Werkzeuge. Funktionierende Software ist wichtiger als eine vollständige Dokumentation. Kooperation mit dem Kunden ist wichtiger als Vertragsverhandlungen. Es ist wichtiger, auf Veränderungen zu reagieren, als einem Plan zu folgen.

Diese Grundsätze lassen sich auf jede Form von Subskriptionsdienstleistung anwenden. Innovation geschieht nicht im luftleeren Raum, sondern ist das Resultat davon, dass man über einen gewissen Zeitraum hinweg ein Konzept iteriert. Große „Top oder Flop"-Produkteinführungen sind nicht selten der direkte Weg zum Burnout – es kommt zu einem ungesunden Auf und Ab bei Produktivität und Inspiration. Die eigentliche Idee ist es doch, ein Klima zu schaffen, das gut für nachhaltige Entwicklung ist. Das Innovationstempo sollte so hoch sein, dass das Team es über einen unbegrenzten Zeitraum hinweg halten kann. Nur auf diese Weise bleibt man reaktionsfähig und agil.

Und dieses Konzept – „Immer zuhören, immer iterieren" – breitet sich mittlerweile in jeder Branche der Welt aus.

KANYE WEST UND
DAS ERSTE SAAS-ALBUM

Ich hatte vorhin bereits über *The Life of Pablo* gesprochen, das Album von Kanye West. Veröffentlicht hat er es am 14. Februar 2016 bei Tidal und – welch Überraschung! – sofort flippten alle aus und streamten es wie wild. Aber dann passierte etwas Verrücktes ... er arbeitete weiter an dem Album! Er fügte neue Vocals hinzu, stellte Texte um und Wochen nach der offiziellen Veröffentlichung änderte er sogar noch die Reihenfolge der einzelnen Tracks. Früher hatte es etwas Endgültiges, wenn Musiker ihr Album auslieferten: Die Stücke wurden besprochen, die Fans liebten oder hassten das Album – und das war es dann. Streaming hat alldem ein Ende bereitet.

Zugegeben: Man kann mit diesem Konzept in Teufels Küche kommen (ich erinnere nur an George Lucas, der die ursprüngliche *Star-Wars*-Trilogie nachträglich mit jeder Menge alberner Spezialeffekte versaute), aber was spricht dagegen, sich in einem Jahr oder in zweien das Album noch mal anzuhören in einer leicht abgewandelten Version? In einem Interview mit dem Radiosender *V-103* aus Atlanta erklärte Kanye, das Cover seines vorherigen Albums *Yeezus* sei einfach nur eine eingeschweißte CD gewesen, denn es war „fast wie das Ableben der CD, wie ein offener Sarg. So als würde man sagen: ‚Guckt euch diese CD an, das ganze Leben lang war das ein vertrauter Anblick. Schaut sie euch ein letztes Mal an, denn ihr werdet sie nicht mehr allzu lange sehen'". Kanye veröffentlichte das erste SaaS-Album.

Kanye stellte die Hörer und nicht das Album in den Mittelpunkt des kreativen Prozesses. Durch Experimentieren, die Validierung von Lernergebnissen und Iteration verkürzte er den Produktentwicklungszyklus. Und wirkte mit am Entstehen einer positiven Feedbackschleife, bei der Rückmeldungen der Fans in die Produktentwicklung einflossen. Kanye präsentierte sein Werk dem Publikum und bat die Tidal-Abonnenten um Unterstützung. Auf diese Weise fütterte er erfolgreich seine Verkaufstrichter, ohne auf ein „finales" Produkt warten zu müssen. Stattdessen räumte er sich selbst den Raum und die Ressourcen ein, um weiter an seiner Musik zu feilen und sie im Rahmen eines laufenden Entwicklungszyklus zu optimieren. Ich kann mir allerdings vorstellen, dass Kanye es vielleicht nicht so formulieren würde.

GRAZE:
DIE AGILE FABRIK

Ich möchte Ihnen zeigen, welche enorme Durchschlagskraft das Konzept der beständigen Innovation haben kann und dass dies keineswegs nur für Software oder digitale Medien gilt. Als Beispiel dient der britische Snackbox-Anbieter Graze. Alle paar Woche schicken die mir eine Kiste mit vier unterschiedlichen Leckereien und ich gebe ihnen in einem simplen Online-Formular Feedback: „A schmeckte mir. B mochte ich überhaupt nicht, bitte so etwas nicht noch einmal schicken." Vielleicht kann ich zu B noch ein paar weitere Optionen ankreuzen: „Popcorn gerne immer wieder schicken" oder so etwas in der Art. Sie haben diesen Vorschlags-Algorithmus, der einem heutzutage überall unterkommt. Eine ziemlich coole Sache.

Noch cooler allerdings wird es, wenn man sich etwas über das Unternehmen schlaumacht. Ich hatte vorhin über agile Softwareentwicklung gesprochen – Graze ist eine agile Fabrik. Bei unserer „Subscribed"-Konferenz in London zog der Graze-CEO Anthony Fletcher sein Smartphone aus der Tasche und sagte: „Ob es um Bestände, Lieferanten oder Verpackung geht – ich kann mein Unternehmen mit dem Handy leiten. Jede Box, die ich verschiffe, ist für eine einzige Person und nur für diese bestimmt." Das ist schon ziemlich unglaublich, aber noch lange nicht das Ende dieser Geschichte. Mein Lieblingsteil ist der hier:

Graze ist seit Kurzem auch in den Vereinigten Staaten am Markt, wo einem traditionelle englische Snacks wie Marmite oder mit Salz und Essig gewürzte Kartoffelchips nicht gerade aus den Händen gerissen werden. Der CEO sagte: „Ich habe früher für einen Produzenten von Energydrinks gearbeitet, einen Hersteller abgepackter Gebrauchsgüter. Als wir ins Ausland gingen, gaben wir Millionen Dollar für Marktforschung aus, um uns ein Bild von den Geschmäckern dieses neuen Marktes zu machen. Trotzdem lagen wir mehr als die Hälfte der Zeit daneben. Wir boten etwas auf dem Markt an und wenn es ein Flop war, mussten wir in uns gehen und uns überlegen, wie wir nächstes Jahr einen neuen Vorstoß wagen könnten. Bei Graze haben wir zur Markteinführung in den USA nicht einen Cent ausgegeben. Wir haben einfach unsere bestehende Produktlinie auf den US-Markt geworfen, denn das System korrigiert sich selbst." Das Graze-Team setzte sich einfach vor seine Instrumententafel und wartete – nach einigen Tagen zogen die Produkte mit pikanten Barbecue-Aromen an die Spitze, während die Chutneys in den Keller rauschten.

Keine Fokusgruppen mehr, keine Telefonumfragen, keine Nutzerinterviews. Auch kein Hoffen und Bangen mehr, dass man einen Verkaufsschlager am Start hat. Und warum nicht? Weil die Marktforschung direkt in den Dienst integriert ist. Nach drei, vier Monaten hatten die Leute bei Graze ihren amerikanischen Vertrieb komplett im Griff, weil sie genau sehen konnten, was ihre Kunden taten. Sie könnten ihre Fabrik irgendwo auf dieser Welt hinstellen und sie würde sofort anfangen, zuzuhören, zu lernen und sich selbst zu optimieren. Entwickeln Sie Ihren Service im Zusammenspiel mit Ihren Abonnenten und lassen Sie Nutzer- und Verhaltensdaten einfließen, dann können Sie etwas herstellen, was Ihre Kunden wirklich haben wollen und das sich an ihre Bedürfnisse anpasst. Den Leuten bei Gmail wurde das klar und denen bei Graze ganz genauso.

NETFLIX –
KEINE PILOTFILME MEHR

Pilotfilme spielen im Entwicklungsprozess der traditionellen Fernsehsender eine zentrale Rolle. Die großen TV-Studios geben nur ungern viel Geld für eine ganze Serienstaffel aus, wenn sie nicht abschätzen können, ob das neue Programm überhaupt in ausreichendem Maß ein Publikum findet. Also drehen die Studios Versuchs-Episoden, die dann an Orten wie Las Vegas vorgeführt werden (die Leute aus der Entwicklung lieben Las Vegas, weil das Publikum dort den amerikanischen Mainstreamgeschmack widerspiegelt). TV-Shows sind teuer in der Herstellung, Pilotfolgen dienen insofern den Studios als eine Methode, sich gegen Flops abzusichern. Eine typische Pilotfilm-Saison ist eine brutale Angelegenheit und hat etwas von den *Hunger Games:* Mehrere hundert Vorschläge werden eingedampft auf einige Dutzend Drehbücher, aus denen dann letztlich 15 bis 20 tatsächliche Pilotfolgen destilliert werden. Die Lebenserwartung von Pilotfilmen ist gering, sie haben einen schweren Stand – *Variety* schätzt, dass aus weniger als einem Viertel aller Pilotfilme tatsächlich eine Serie wird. Pilotfilme sind so etwas wie Marktforschung.

Die Leute bei Netflix arbeiten nicht mit Pilotfilmen. Haben sie nie, werden sie nie. Nicht, dass wir uns falsch verstehen: Auch Netflix landet Flops, aber ebenso wie HBO war das Unternehmen außerordentlich erfolgreich darin, mit seinen Shows den Zeitgeist zu treffen und für Aufsehen und viel Mundpropaganda zu sorgen: *The Crown, House of Cards, Orange Is the New Black, Stranger Things.*

Bei *House of Cards,* dem ersten Vorstoß in Sachen eigene Inhalte, wusste Netflix, dass das wenig bekannte britische Original auf der eigenen Plattform ausgesprochen gut angekommen war, außerdem konnte das Unternehmen darauf bauen, dass David Fincher, Kevin Spacey und Robin Wright allesamt sehr beliebt bei ihrem Publikum waren. Das Netflix-Publikum begeisterte sich, so hatte man festgestellt, für politische Dramen, insofern begann sich ein sehr interessantes Mengendiagramm herauszuschälen. Gleichzeitig realisierten die Verantwortlichen, dass einer derart komplexen, vielschichtigen Geschichte ein Pilotfilm kaum gerecht werden könnte. Also stellte das Unternehmen gleich einen Scheck für eine ganze Staffel aus. Der *New York Times* sagte Jonathan Friedland, Chief Communications Officer von Netflix: „Wir haben direkten Kontakt zu unseren Kunden, deshalb wissen wir, was die Leute sehen wollen. Das hilft uns bei der Einschätzung, wie groß das Interesse für eine beliebige Sendung sein wird. Insofern waren wir zuversichtlich, dass eine Serie wie *House of Cards* sein Publikum findet."[3]

Wir alle wissen, wie ernst Netflix seine Nutzerdaten nimmt. Tagein, tagaus sieht sich das Unternehmen Millionen Nutzerdaten an – beispielsweise, was sie abspielen, wann sie pausieren, zurückspulen, vorspulen, welche Bewertungen eingehen, wonach gesucht wird, Standortdaten, zu welcher Uhrzeit etwas geguckt wird, auf welchen Geräten, das Feedback in den Social Media. Wenn Sie einen

Titel abspielen, was haben Sie davor geguckt, was danach? Welches Programm haben Sie nach fünf Minuten abgebrochen? Darüber hinaus wird jede einzelne Sendung auf der Plattform in über 100 unterschiedliche Kategorien einsortiert, beispielsweise „Wie brutal ist die Sendung?", „Wo spielt sie?", „Zu welcher Jahreszeit spielt sie?" bis hin zu „Welche Berufe haben die Hauptdarsteller?".

„Ein Abo-Dienst zu sein, ist eine fantastische Sache", sagte Todd Yellin, bei Netflix Vice President of Product, dem *Guardian*. „Wir brauchen uns nicht um Anzeigen kümmern und Einschaltquoten können uns relativ egal sein. Die Zeiten, in denen die blanke Popularität als Maßstab für die Beliebtheit galt, sind vorbei. Die Schrullen des Einzelnen und die Schrullen im Geschmack der Leute fallen weg. Wir gleichen alle Daten mit dem Programmteam in Los Angeles ab und prüfen, inwiefern das zu den Sendungen passt, über die man dort nachdenkt. Die Nutzerdaten helfen uns bei der Entscheidung, ob wir die Show kaufen und ob wir sie für eine weitere Saison verlängern. Traditionelle Sender und Kabelsender haben keine derartigen Informationen."[4] Es besteht also keine Notwendigkeit für ein Testpublikum oder Bewertungskarten. Netflix muss sich in einer Kreativindustrie behaupten, in der es Erfolge und Fehlschläge gibt, der Dienst verfügt jedoch über ein „gewaltiges Gehirn" und das ist etwas, was den Fernsehsendern ganz offensichtlich fehlt. Bei den Subskriptionsdiensten werden alle benötigten Erkenntnisse direkt vor unseren Augen in unser System eingespeist.

STARBUCKS UND
TEILNEHMER-IDS

Anfang 2017 wurde viel über Starbucks berichtet, weil das Unternehmen ein eher ungewöhnliches Problem hatte – seine Mobilfunk-App war zu beliebt. Zu viele Menschen bestellten ihren Kaffee vor, die Folge waren lange Warteschlangen in den Geschäften. „Wir arbeiten mit Hochdruck an der Lösung dieses Problems. Das zugrunde liegende Problem – eine zu hohe Nachfrage – ist eine operative Herausforderung, die wir schon einmal erfolgreich bewältigt haben. Ich kann Ihnen versichern, wir kriegen das auch diesmal hin", sagte der damalige CEO Howard Schultz bei einer Telefonkonferenz mit Analysten.[5] Das Unternehmen löste das Problem, indem es während Stoßzeiten Baristas abstellte und spezielle Bereiche einrichtete, in denen die Kunden ihren vorbestellten Kaffee abholen konnten.

Es geht mir bei diesem Beispiel weniger darum, wie rasant die Mobilfunktechnologie unser alltägliches Kaufverhalten im Einzelhandel verändert (na ja, möglicherweise spielt das doch auch eine Rolle). Die eigentliche Story – die übrigens von den Wirtschafts- und Technologiemedien größtenteils übersehen wurde – handelt von der Macht der Starbucks-ID. Hat man erst einmal mit einem Kunden eine sichere Identität festgelegt, die Informationen wie Einkaufsaktivitäten, Bezahlmethoden und vielleicht noch einige demografische Einzelheiten oder standortbezogene Daten enthält, kann man fantastische Dinge tun. Über 13 Millionen Menschen nehmen alleine in den USA am Bonusprogramm von Starbucks teil und aus dieser Quelle generiert das Unternehmen mehr als ein Drittel seines Umsatzes in Amerika. Jede zehnte Transaktion in einem amerikanischen Starbucks-Café läuft über eine Mobilfunk-App. Sie sagt Ihnen, wann Ihre Bestellung fertig sein wird und wie weit Sie vom nächstgelegenen Starbucks entfernt sind. Eines Tages soll es bei Starbucks überhaupt keine Schlangen mehr geben. Aber seinen Anfang nimmt all das mit dieser ID.

Folgendes Szenario kann ich mir für Starbucks-Stammkunden schon sehr bald vorstellen: Nehmen wir an, Sie sind beruflich in einer anderen Stadt, möchten aber nicht auf ihren Latte verzichten. Was also passiert, wenn Sie in den Starbucks vor Ihrem Hotel spazieren? „Wir haben Sie als treuen Kunden identifiziert und wissen, dass Sie jeden Tag ungefähr zur selben Zeit dasselbe bestellen", erklärte Starbucks-CTO Gerri Martin-Flickinger kürzlich *CIO*. „Sie kommen also zum Bestellbildschirm, wir zeigen Ihnen Ihre Bestellung und der Barista begrüßt Sie mit Namen. Dazu präsentieren wir Ihnen ein Foto von dem, was Sie am liebsten bestellen. Klingt verrückt? Nicht wirklich. In den kommenden Monaten und Jahren werden Sie erleben, dass wir einen grundlegenden Wunsch erfüllen – wir liefern Technologie, die Menschen stärker miteinander verbindet."[6]

Starbucks hat sich hier ganz offensichtlich etwas von den „GAFA"-Konzernen abgeschaut, den vier großen Technologiekonzernen Google, Amazon, Facebook und Apple. Das chinesische Gegenstück heißt „BAT": Baidu, Alibaba und Tencent. Aber was ist ihnen allen gemein? Teilnehmer-IDs. Sie alle besitzen Instrumententafeln, mit deren Hilfe sie mitverfolgen können, was ihre Kundschaft tut. Das erlaubt es ihnen, klügere Entscheidungen zu treffen, wenn es um Ressourcenverteilung geht und um die Frage, welche neuen Services man ins Leben ruft. Im Falle von Starbucks wirkt sich das vielleicht darauf aus, wie viele Belohnungssterne man für die Getränke vergibt oder wo man ein neues Geschäft eröffnet. Das Gmail-Team besitzt so eine Instrumententafel. Netflix hat sie auch. Nun drängt sich eine interessante Frage auf: Wer hat keine? Was ist mit den restlichen Transaktionen, die Sie im Verlauf des Tages tätigen? Heute laufen Sie vermutlich noch nicht mit einer Coca-Cola-ID, einer Nike-ID oder einer L'Oréal-ID herum. Aber bei den Fans dieser Unternehmen dürfte es schon bald so weit sein.

KAPITEL 11
MARKETING –
DIE VIER P WERDEN
NEU GEDACHT

Wenn ich „Marketing" sage, was schießt Ihnen da ganz spontan durch den Kopf? Die TV-Spots während des Super-Bowls? Don Draper von *Mad Men*? Vielleicht die Apple-Werbung von 1984 oder der Geico-Gecko? Die verrückten Spots aus der New-Economy-Zeit um 2000, die Sockenpuppe von Pets.com oder die Webvan-Flotte? Die Marketing-Abteilungen all dieser Firmen waren von den Wagniskapitalgebern gut ausgestattet worden, also gaben sie alles Geld für das aus, was sie am besten können – für Werbung. So lief das nämlich ab, wenn man im Marketing war. Man machte Werbung.

In den alten Zeiten gab es einen guten Grund, weshalb die Marketing-Abteilungen so dachten. Sehen wir uns noch einmal die linke Seite der Grafik auf der folgenden Seite an:

Bitte rufen Sie sich noch einmal in Erinnerung, worin in dieser Welt das Ziel bestand, nämlich möglichst viele Produkte zu verkaufen. Es war ein „Wertübertragungsmodell" durch diverse Vertriebskanäle. Aufgabe der Marketing-Abteilung war es, sich auf Push-and-Pull-Techniken zu konzentrieren. Mit Push war gemeint, das Produkt durch die Kanäle zu schleusen, also wendete man Geld und Ressourcen auf diese Kanäle auf, um dafür zu sorgen, dass das eigene Produkt und nicht das der Konkurrenz gekauft wurde. Es gab Rückvergütungsprogramme, es wurde um die Platzierung in den Geschäften gerungen, Vertriebsleute erhielten Provisionen.

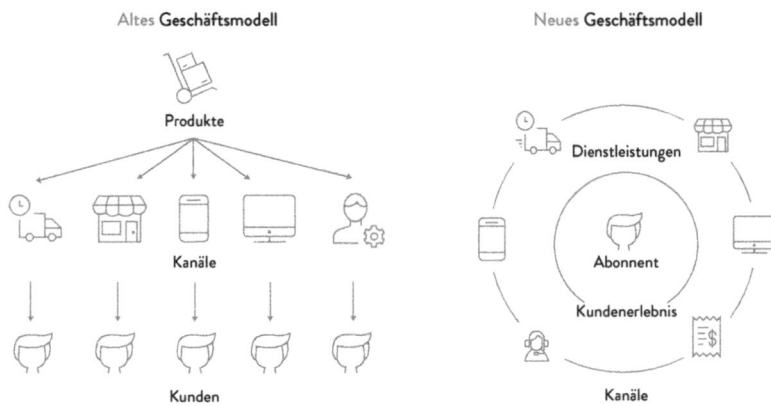

Gleichzeitig konzentrierte man sich auf den „Pull"-Faktor, also auf Maßnahmen, die Verbraucher zu den Kanälen zu locken, wo sie nach Ihrem Produkt fragten. Und wie gelang das?

Indem Sie ein hochgradig angenehmes Bild der Welt zeichneten, wie sie sich den Menschen darstellen würde, sobald sie Ihr Produkt gekauft hätten! Und so erlebten wir nach dem Zweiten Weltkrieg den Aufstieg der Werbung: den Marlboro-Mann und die Welt, die Coke-Lieder singt. Die Vermarkter und Werbetreibenden rühmten sich all ihrer Clio-Awards, der Super-Bowl-Spots, der Billboard-Einzeiler. Das Produkt war bei alledem nur eine Ware – der Teil, der Spaß brachte, der kreative Part bestand im Verkaufen dieser Waren. Und wenn der Kunde nicht hundertprozentig zufrieden war – egal, dann bewarb man halt das nächste Produkt.

Heute stellen sich Dinge zweifelsohne anders dar. Plötzlich sind wir von all diesen großen, erfolgreichen Firmen umgeben, die offenbar nicht einen Cent für Werbung ausgeben, zumindest nicht für die althergebrachte Form der Werbung. Wann haben Sie zuletzt einen roten Netflix-Umschlag in einer Zeitung gesehen? Dass Marken weiterhin enorm wichtig sind, würde wohl niemand bestreiten, aber heute kommuniziert man seine Marke über Kundenkontakte und nicht durch Anzeigen. Das beste Verkaufsargument für Netflix besteht darin, die Nacht aufzubleiben, weil man unbedingt noch diese eine Staffel zu Ende gucken möchte. Dasselbe Prinzip gilt für den Brillenkauf bei Warby Parker. Oder für eine Google-Abfrage. Oder für die Suche bei Salesforce.

Gleichzeitig hören und lesen wir viel darüber, dass all diese Firmen ein internes Team von „Growth Hackern" beschäftigen. Nun, das klingt dem ersten Eindruck nach zunächst einmal nach Marketing, oder? Das sind doch Leute, die sich schlaue Strategien ausdenken, um den Umsatz voranzutreiben. Growth Hacker können mit solchen Kategorisierungen allerdings meist nichts anfangen. Stitch Fix beschäftigt über 90 Data-Scientists und die überlegen sich keine einprägsameren Werbeclaims für die nächste Billboard-Kampagne, sondern suchen nach Methoden, um das Wachstum innerhalb des Dienstes zu optimieren. Es ist fast so, als hätten die Techniker das Marketing übernommen und würden nun Freemium-Modelle oder Anreize für ein Upgrade entwickeln und Angebote für In-App-Käufe erstellen.

Also, was ist hier los? Betrachten wir noch einmal die rechte Seite unserer Grafik. In der neuen Welt müssen alle Überlegungen beim Kunden ansetzen. Das ist genau genommen schon seit 20 Jahren ein großer Trend, ich verweise nur auf das gesamte Konzept des 1:1-Marketing, bei dem das Individuum und Personalisierung in den Vordergrund rücken. Aber hier ist der Knackpunkt: Für 1:1-Marketing gibt es kein besseres Beispiel als einen Subskriptions-Service, denn genau das stellt ein Subskriptions-Service dar – eine Eins-zu-Eins-Beziehung.

Sie arbeiten im Marketing? Dann wissen Sie ja, wie der Hase läuft. Informationen über Kunden zu sammeln, versuchen Sie bereits seit ... ach, seit Anbeginn der Zeit. Möglicherweise haben Sie Firmen wie Acxiom, BlueKai oder Experian viel Geld für demografische Informationen bezahlt. Allein in den USA haben die Unternehmen vergangenes Jahr mehr als zehn Milliarden Dollar für so etwas hingeblättert. In der Subskriptions-Wirtschaft dagegen haben sich Ihre

Software- und Produktentwickler bereits darum gekümmert – jeder Ihrer Kunden hat eine Subskriptions-ID erhalten, jede Transaktion wurde verzeichnet, jeder Prozess lässt sich auf die einzelne ID zurückführen. Was für eine Goldmine! Das ist doch ein Nirwana für Marketing-Leute, oder? Sie müssen nicht mehr anderswo nach Antworten suchen, Sie haben alles direkt vor der Nase.

Und wissen Sie was? Auch die vier P verändern sich komplett. Die vier P lernt jeder MBA-Student im ersten Semester. Die Grundidee dahinter besagt, dass Sie Ihre Marketingstrategie auf vier zentrale Bereiche konzentrieren sollten. Ich vereinfache hier, aber grundsätzlich sieht das Modell folgendermaßen aus:

Produkt: Sie sollten etwas herstellen und verpacken, das die Menschen haben wollen.

Preis: Ihr Produkt sollte preislich wettbewerbsfähig und der Preis für Sie und Ihre Kunden vertretbar sein.

Promotion: Die Marke Ihres Produkts sollte über attraktive Kanäle (vorzugsweise von attraktiven Personen) beworben werden.

Ort (englisch „Place"): Ihr Produkt sollte an bequem zu erreichenden und angenehmen Standorten vertrieben und verkauft werden.

Aber was geschieht, wenn das erste P (Produkt) zu einem S wird? Dann muss man auch die verbleibenden drei P in einem anderen Licht betrachten. Auf diese Weise verändert sich im Marketing alles. Arbeiten wir uns von hinten nach vorne durch und fangen mit Ihrem Vertriebskanal an.

VERTRIEB

Eine der häufigsten Fragen, die uns Unternehmen stellen, wenn sie auf Subskriptions-Modelle umsteigen, lautet: „Was mache ich mit meinem Vertriebskanal?" Vertriebskanäle spielen in unserer heutigen Welt eine wichtige Rolle. General Motors hängt von den Autohändlern ab, Cisco von Software-Resellern und Procter & Gamble vom Einzelhandel. Magazine sind nach wie auf Kioske und Taylor Swift ist auf Spotify angewiesen (außer, wenn das gerade mal nicht der Fall ist).

Das Problem dabei: Die meisten Hersteller haben heutzutage gar keinen Kundenkontakt mehr, denn der läuft über den Vertriebskanal. Das kann ein Einzelhändler sein oder ein Zwischenhändler. Wenn also Hersteller plötzlich laut darüber nachdenken, den direkten Kundenkontakt zu suchen, treiben sie damit leicht ihre Vertriebspartner auf die Palme. Wie also sollten Sie in dieser Hinsicht vorgehen?

Das Tolle am Subskriptions-Modell ist, dass Sie endlich eine echte 1:1-Beziehung zu Ihren Kunden eingehen und nachverfolgen können, was diese tun, und dass Sie sie mitnehmen auf einen Abonnententrip. Wie also funktioniert das mit Ihren Vertriebskanälen?

Nun, schauen Sie sich Unternehmen an, denen der Umstieg gelungen ist. Nehmen Sie Autodesk, einen Hersteller von Software für Architekten, Ingenieure und Designer. Die haben mehrere Jahre für den Umbau gebraucht. Als Erstes konfigurierten sie ihre Abonnements-Software neu: Sie führten Abonnenten-IDs ein und verschickten regelmäßig Updates. Sie gestalteten ihre Software um, gingen weg von einem statischen Produkt, das auf dem traditionellen Wasserfallmodell beruht, hin zu einem agilen, kontinuierlichen Service. Sie schalteten auf Beta-Modus um.

Nachdem sie ihrem Kernprodukt ein neues Verhalten antrainiert hatten, machten sie sich an die Aufgabe, ihre Vertriebspartner umzuschulen.[1] Sie investierten viel Zeit und Geld, um allen die Funktionsweise von Abonnements zu vermitteln. Dazu hielten sie Workshops ab, verteilten Weißbücher, boten Seminare an und so weiter. Behalten Sie im Hinterkopf: Diese Vertriebspartner waren es gewohnt, große Kontrakte für On-Premise-Produkte zu verkaufen. Autodesk war klug genug, diese großen Deals nicht sofort auslaufen zu lassen. Stattdessen boten sie diesen Kunden etwas zusätzlich –

einen jährlichen Wartungsplan, den sie als Mehrwertdienst verkaufen konnten. Damit erreichten sie zweierlei: Die Vertriebspartner freundeten sich mit dem Service-Gedanken an, gleichzeitig etablierte man auf diese Weise einen jährlichen Kontaktzyklus, einen Rhythmus.

Dann brachte Autodesk den Vertriebspartnern bei, wie man eine Beziehung über einen längeren Zeitraum hinweg pflegt und nicht nur einmal im Jahr einen Kontrakt erneuert. Das Unternehmen gab den Partnern einen praxisbezogenen Fahrplan an die Hand: „Die ersten drei Monate konzentrierst du dich auf die Anpassung, die nächsten sechs Monate auf die Nutzung, während der letzten drei Monate bereitest du ein Paket für Neuerungen und relevante mögliche Upsells vor."

Weil Autodesk seine Software umgestellt hatte, konnte das Unternehmen plötzlich auf alle möglichen Nutzerdaten zurückgreifen. Und was stellte die Firma damit an? Sie teilte diese Erkenntnisse mit ihren Vertriebspartnern. Jeder Vertriebspartner erhielt relevante Informationen über seine Kunden – das waren Verhaltensdaten, die die Vertriebspartner so noch nie gesehen hatten.

Autodesk schloss die Vertriebspartner nicht aus, ganz im Gegenteil: Das Unternehmen verdoppelte sein Commitment ihnen gegenüber. Das neu gewonnene Abonnentenwissen wurde dazu genutzt, den Vertrieb auszubauen, und zwar auf eine Art und Weise, die einzelne Vertriebspartner auf sich gestellt nicht hätten leisten können. Diese Dynamik greift bei allen Vertikalen. Nehmen wir als Beispiel die Automobilindustrie: Dank Diensten wie beispielsweise OnStar von GM erhalten Werkstätten automatisierte Anfragen für Wartungstermine und können diese Termine deutlich effizienter einplanen und wahrnehmen. Oder den Einzelhandel: Wenn jemand Gefallen an seiner Gitarre gefunden hat, weil er bei Fender Play das Spielen gelernt hat, hat jetzt noch mehr Gründe, Guitar Center aufzusuchen. Bei der Subskriptions-Wirtschaft geht es nicht nur um Win-win-Modelle – es geht auch um Win-win-win-Modelle!

PROMOTION

Beim Marketing-Mix der alten Schule bestand der Promotion-Anteil zumeist aus einer Kombination von „Pull" (große, aufwendige Werbung) und „Push" (Provisionen, Mittel für die Marktentwicklung, Rückvergütungsprogramme). Und heute? Nimmt man einfach sein Promotion-Budget und gibt es den Entwicklern? Nun, nicht ganz. Marken sind weiterhin wichtig, aber heutzutage werden sie immer stärker über Kundenfeedbacks kommuniziert. Etwa über das „Ich melde mich jetzt an"-Feedback, das „Ich probiere es jetzt das erste Mal"-Feedback und das „Das ist cool, ich benutze es noch immer"-Kundenfeedback beziehungsweise dessen Fehlen. Viele Menschen haben sich Amazon Echos in der Erwartung gekauft, künftig Gespräche mit einer netteren und weniger mörderisch veranlagten Version von HAL 9000 führen zu können. Stattdessen mussten sie feststellen, dass sie sich für viel Geld einen Radiowecker ins Haus geholt hatten.

Wie also führt man die Menschen an das gewünschte Kundenerlebnis heran? Nun, vor 30 Jahren wäre das nur über Anzeigen gegangen, über den „Pull". Dann stiegen die Leute auf Google um, um Dinge zu finden, also wurde die Suche zum wichtigsten Motor. Inzwischen hat sich alles auf Social Networks verlagert, auf Facebook, Twitter, WeChat, LinkedIn und eine Million privater Netzwerke. Also nimmt man jetzt einfach sein gesamtes Werbebudget und schiebt es den Facebook-Leuten rüber? Auch hier lautet die Antwort: Nun, nicht ganz. Heutzutage sind unsere kommerziellen Transaktionen größtenteils von unseren Sozialkontakten beeinflusst. Mundpropaganda war seit jeher wichtig, inzwischen jedoch hat sie sich zur wichtigsten Art und Weise entwickelt, wie wir etwas über die Welt erfahren. Und das Internet hat unser Geplapper um den Faktor 100 (oder doch eher 1.000?) verstärkt. Als Gesellschaft haben wir uns noch nicht an diese Veränderung gewöhnt (ich sage nur „Fake News"), aber für das Marketing ist es die neue Realität.

Das Resultat? Das Storytelling steht im Vordergrund. Bei Zuora arbeiten wir mit dem mentalen Modell der drei Räume: Erzählen Sie die Geschichte Ihres Produkts – das Wie. Erzählen Sie die Geschichte Ihres Marktes – das Wer. Und erzählen Sie die ausführliche Geschichte, die Ihren Service und deren Nutzer in ein übergeordnetes gesellschaftliches Narrativ einbettet – das Warum. Die meisten Unternehmen (insbesondere die hier im Silicon Valley) haben die ersten beiden Storys ziemlich gut im Griff. Sie wissen, was sie verkaufen und wer kauft. Sie haben hübsche, gut scrollende Websites, auf denen jede Menge über ihre Produkte steht und Fallstudien zu den Kunden aufgeführt sind. Aber den meisten mangelt es an einer Gründungsthese. Warum existiert das Unternehmen überhaupt? Die Frage nach dem Warum können sie nicht beantworten, erst recht nicht die nach dem „Warum jetzt?". Dabei ist das die Geschichte, mit der Sie tatsächlich anfangen sollten.

In einer perfekten Welt hört man diese Geschichten in einer bestimmten Reihenfolge – den Anfang macht die bombastische Story über die Transformation des Unternehmens, dann folgt eine Marktgeschichte und dann erst die Produktgeschichte. Ihr Ziel sollte eine Art Kunstgalerie sein, in der Sie die Besucher durch drei aufeinanderfolgende Räume führen. In Raum 1 geht es eigentlich überhaupt nicht um Ihr Unternehmen, sondern vielmehr um den Unternehmenskontext. Es geht darum, was Sie allgemein in der Welt des Handels an Entwicklungen beobachten, die Sie relevant machen.

Ist der Kontext etabliert, geht es weiter in Raum 2. Dort wird der Wert artikuliert, der objektive Nutzen je nach Rolle und Branche. Hier beginnt man, ein wenig tiefer zu bohren und über spezifische, rollenabhängige Empfehlungen, Branchentrends und relevante Fallstudien zu sprechen. Und schließlich Raum 3 – hier finden wir das Produkt selbst, wie die goldene Götzenfigur, zu der Indiana Jones in *Jäger des verlorenen Schatzes* am Ende des Tunnels gelangt. Hier geht es darum, was Ihr Service wirklich zu bieten hat – sämtliche Features und Funktionen.

Was Sie in Händen halten, ist die Arbeit, die wir von Zuora in unserem Raum 1 leisten – die Geschichte der Subskriptions-Wirtschaft. Wir sprechen darüber, dass eine gewaltige Umschichtung im

Gange ist, weg von Produkten und hin zu Dienstleistungen. Selbst Firmen wie Nest oder GoPro, die sensationelle physische Produkte herstellen, binden ihre Geräte in cloud-basierte Services ein. Wir sagen, die Verbraucher haben von Besitz auf Zugang umgestellt, aber das wussten Sie bereits, denn auch Sie haben sich verändert.

Wir zeichnen dieses Bild einer Welt in raschem Wandel und leiten daraus einige Schlussfolgerungen ab. Natürlich kann Werbung in Raum 1 eine Rolle spielen, sie kann auch weiterhin der beste Weg sein, rasch eine große Reichweite zu erlangen. Aber diese Anzeigen müssen auf einer guten Story basieren. Also noch einmal die Frage: Was machen Sie mit diesem Werbebudget? Nutzen Sie es zum Storytelling.

Wie also sieht Ihr Raum 1 aus?

PREIS
(UND VERPACKUNG)

„Preis und Verpackung" – diese Begriffe klingen altmodisch und wecken bei Ihnen vielleicht Assoziationen von Menschen, die im Lebensmittelgeschäft die Regale bestücken. Für Unternehmen aber, die in der Abo-Wirtschaft unterwegs sind, sind Preis und Verpackung mit die wichtigsten Wachstumshebel überhaupt. Ich kann das nicht genug betonen.

Mit dem Bepreisen ist genau das gemeint – welchen Wert bemessen Sie Ihrer Dienstleistung in Dollar und Cent? Verpackung bezieht sich auf die Entscheidungen, die Sie treffen müssen, wenn Sie bestimmte Eigenschaften auf Ihr jeweiliges Preismodell übertragen: Was bekommt der Kunde fürs Gold-Abo, was fürs Silber-Abo und so weiter? Preis und Verpackung zählt regelmäßig zu den beliebtesten Themen in all unseren Podcasts, Magazinartikeln, Dinner-Talks, Präsentationen et cetera. Tatsächlich ist Preis das wichtigste der vier P.

Wie kommt das? Die Bepreisung einer Produkt-Artikelnummer ist eine ziemlich geradlinige Angelegenheit. Ihr Preis hängt davon ab, wie viel Sie für die Produktion ausgeben und welche Gewinnmarge Sie anstreben. In der Produktwelt spricht man von der Kostenaufschlagsmethode. Nehmen wir an, Sie bauen einen Fidget-Spinner. Sie wissen, wie hoch Ihre Herstellungs- und Vertriebskosten sind, also legen Sie nun eine Gewinnmarge für diesen Fidget-Spinner fest. Verkaufen Sie ihn millionenfach, machen Sie ihn günstiger, um Ihren größten Konkurrenten auf dem Fidget-Spinner-Markt ausstechen zu können. Die Differenz machen Sie über Masse wett. Läuft alles gut, ist das Resultat ein Fidget-Spinner-Monopol.

Bei Abonnements ist die Bepreisung kniffliger. Natürlich haben Sie Kosten, die Sie berücksichtigen müssen, aber letztlich bepreisen Sie keinen Gegenstand, sondern ein Ergebnis. Aber wie drückt man den Wert für einen Zugang, eine Minute, eine Box, ein Event oder was auch immer aus? Und wie reagieren Sie darauf, dass Verbraucher demselben Ergebnis wahrscheinlich unterschiedlichen Wert beimessen? Diese Unklarheit ist fester Bestandteil des Subskriptions-Modells und das kann Sie entweder entlasten oder lähmen. Der Druck ist hoch, diesen Punkt nicht zu vermasseln.

Sie wollen wissen, wie Sie es vermasseln könnten? Oje, wo fange ich an ...? Indem Sie zum Beispiel Ihren Abo-Service gratis anbieten und dann jahrelang auf mickrige Konversionsraten hoffen. Oder indem Sie alles unnötig verkomplizieren und den Kunden Preislisten mit Hunderten Einzelfeatures vorlegen, die sie selbst ausprobieren und bewerten sollen. Oder indem Sie es zu leicht machen mit einer einheitlichen Monatspauschale, was zum „Homer Simpson am Büfett"-Problem führt: Einige Ihrer Kunden schätzen Ihren Service so sehr, dass sie den anderen alles wegfuttern. Oder die Grundlage für Ihr „nutzungsabhängiges Preismodell" könnte eine komplizierte Kennzahl sein, mit der potenzielle Kunden nichts anfangen können und die sie über die tatsächlich zu erwartenden Kosten im Unklaren lässt (Beispiel: Minutenpreise für Telefonate in einem Haushalt mit Teenagern). Die Liste ließe sich beliebig fortsetzen.

Was passiert, wenn Sie es nicht vermasseln? Oh Mann, dann geht es ab! Die Kundengewinnung wird deutlich einfacher und es wandern weniger Kunden ab. Und vor allem: Je enger Ihr Kontakt zu jedem Abonnenten wird, desto wichtiger wird Ihre Rolle im Leben dieser Menschen. Dieser Wert schlägt sich als Umsatz nieder, den Sie in das investieren können, was Sie mit Ihren Abonnenten machen. Es entsteht eine Aufwärtsspirale. Sie sind nicht länger ein Spielball des Schicksals, sind nicht mehr auf Schätzungen angewiesen und müssen sich nicht mehr an den Preismodellen Ihrer größten Konkurrenten orientieren. Sie können intuitive Abonnenten-Trips kreieren, die den Kunden von „gut" über „besser" bis hin zu „perfekt" führen, und dabei relevante Kaufanreize und Tipping Points passieren. Passt Ihr Preismodell zu diesem Abonnenten-Trip, dann macht es klick – Ihr Geschäftsmodell klinkt sich in die Beziehungen zu Ihren Abonnenten ein und es entsteht ein wertvolles Unternehmen.

Ich könnte ein ganzes Buch über Abo-Bepreisung schreiben (vielleicht mache ich das eines Tages sogar), aber hier will ich es einfach halten: Es gibt zwei grundlegende Ansätze, diese Wachstumspfade in Ihren Service einzubauen. Nummer 1 ist nutzungsabhängiges Wachstum, was nichts anderes bedeutet, als dass Ihr Abonnent dieselben Ressourcen immer häufiger in Anspruch nimmt. Das schlägt sich auf die Bepreisung nieder. Beispiele für nutzungsabhängiges Wachstum wären, wenn ein Kundengeschäft mehr Nutzer aufweist oder mehr Daten speichert. Ich habe mit der Basisversion der Dropbox begonnen, aber jetzt ist sie voll mit Bildern meiner Tochter. Ich müsste welche löschen, um weiterhin das Freemium-Angebot nutzen zu können, aber das kommt natürlich nicht infrage, also zahle ich künftig für zusätzlichen Speicherplatz. Ein Beispiel. Wenn der Kunde meinen Service stärker in Anspruch nimmt, gewinnt dieser Kunde an Wert für mich.

Voraussetzung dafür ist natürlich, dass Sie die richtige Einheit gewählt haben, die Verbrauch und Wert miteinander verbindet. Dabei gilt es, eine Reihe von Faktoren zu berücksichtigen. Das kann die

Notwendigkeit sein, es für den Nutzer möglichst einfach zu halten, oder auch die Fähigkeit, stärkere Nutzung in Umsatz umzumünzen, vielleicht geht es auch darum, eine Nutzungsuntergrenze festzulegen und die Nutzungskurve dem steigenden Konsum anzupassen. Als Nächstes müssen Sie über den Stückpreis nachdenken. Das kann etwas so Simples wie „Preis pro Einheit" sein, vielleicht wird er aber auch in unterschiedlichen Nutzungsschichten ausgedrückt. Und schließlich müssen Sie nach Löchern in Ihrem Modell suchen. Normalerweise findet man die in den Extremen – jemand nutzt Ihren Service im Verhältnis zum Preispunkt zu viel oder zu wenig. Hier können Sie mithilfe einer Mindestgebühr eine Untergrenze einziehen, ein darauf aufbauendes Modell kann Ihnen helfen, die Gebühren pro Einheit an das Volumen angepasst zu reduzieren.

Sie sehen: Es gibt reichlich Hebel, an denen Sie drehen können! Es ist eine große Formel, an der Sie ständig nachjustieren werden. Die Preispolitik ist niemals abgeschlossen.

Zweitens gibt es das funktionsabhängige Wachstum. Hierbei wachsen die Abonnenten in Ihren Service hinein, indem sie mit wachsenden Bedürfnissen immer mehr Features nutzen. Das erfolgt über die Verpackung. Normalerweise wird dem Kunden eine Basisversion verkauft, die alles umfasst, was er zum Loslegen benötigt. Anschließend kann der Kunde im Laufe der Zeit weitere Features dazubuchen. Ein Beispiel: Ihr Unternehmen nutzt eine Kundendienst-App. Jetzt expandieren Sie ins Ausland und wollen mit Ihren Kunden in unterschiedlichen Sprachen kommunizieren, was mehr kosten könnte. Wir alle kennen Dienste, bei denen nach Abo-Modellen wie Silber, Gold und Platin unterschieden wird. Heutzutage gibt es zahlreiche „abgespeckte" Video-on-Demand-Pakete oder denken Sie an die kostenlosen, mit Werbung versetzten Varianten von Spotify, Pandora oder Hulu, denen werbefreie Versionen gegenüberstehen. Hierbei ist es allerdings wichtig, die Menschen nicht zu überfordern oder zu verwirren. Viele Unternehmen stecken noch immer in der Produkt-Denkweise und bieten zahllose À-la-Carte-Extras. Dadurch behindern sie das Wachstum, verwirren ihre Abonnenten und ihnen entgeht eine Gelegenheit zum Geldverdienen.

Mein Kollege Madhavan Ramanujam von Simon-Kucher & Partners hat zu diesem Thema ein interessantes Benchmark: Wenn mehr als 70 Prozent Ihrer Abonnenten das Basisangebot nutzen, dann verfügen Sie über einen absolut respektablen Einstiegsservice, der Sie auf lange Sicht umbringen wird.[2] Sie haben keinen Wachstumspfad angelegt – der Großteil dieser Abonnenten ist vermutlich mit dem zufrieden, was er hat. Optimalerweise entfallen diese 70 Prozent, wenn Sie Bronze-, Silber- und Gold-Abos anbieten, auf die beiden Top-Kategorien. Das bedeutet, Ihre Abonnenten nutzen den funktionsabhängigen Wachstumspfad, und zwar dauerhaft. Im Idealfall setzen Sie beide Hebel ein (Preis *und* Verpackung), denn sie stehen letztlich für mehr Nutzung (nutzungsabhängig) und für Service-Innovation (funktionsabhängig).

So, Sie haben nun also einen stetig wachsenden Stamm von Abonnenten, die glücklich und zufrieden dem Wachstumspfad folgen. Und nun? Was passiert jetzt?

DAS GOLDENE ZEITALTER
DES MARKETING

Es war noch nie so spannend wie heute, im Marketing zu arbeiten. Wie ich auf diese Idee komme? Weil wir endlich Dinge über unsere Kunden wissen, von denen wir seit 20 Jahren geträumt haben. Wir schwimmen in einer Flut neuer Informationen. All Ihre Fähigkeiten als Vermarkter – das Storytelling, die Datenanalyse, das Kundenwissen – sind heute zentral für den Erfolg Ihres Unternehmens. Wollen Sie es wirklich den Software-Leuten überlassen, durch „Growth-Hacking" eine großartige Story zu entwickeln? *Die* brauchen *Sie!*

Und wissen Sie was? Haben Sie erst einmal eine kritische Masse an Abonnenten erreicht – sobald Sie Ihre Kundschaft kennen und wissen, wie sie sich verhält –, wird die Arbeit zu gleichen Teilen Wissenschaft wie Kunst. Und das ist die gute Nachricht! Wenn sich die Datenheinis mit den Autoren zusammentun, kann etwas richtig Cooles dabei herauskommen. Alle schauen auf dieselbe Instrumententafel und die Marketingabteilung wird zum Großlabor – Kampagnen werden entwickelt, die richtigen Narrative werden erarbeitet, Schwächen werden ausgemerzt, Stärken ausgebaut.

In der Subskriptions-Wirtschaft sucht man nämlich nicht mehr anderswo nach Antworten. Keine Kundenumfragen mehr, keine Ausgaben fürs Listenerstellen, keine sechs Monate Wartezeit bis zum Ende einer Kampagne. Alles, was Sie an Informationen benötigen, haben Sie direkt vor Augen. Jetzt ist es an Ihnen, die Story zu schreiben.

KAPITEL 12
VERTRIEB – DIE ACHT NEUEN WACHSTUMSSTRATEGIEN

Jeder von uns hat schon mal einen Fehlkauf getätigt – ein Teil, das ein paar Jahre im Schrank herumliegt, bevor man es dann spendet oder einfach wegwirft. Vermutlich sah das Ding in der Werbung ganz nett aus, vielleicht hat man es auch ein- oder zweimal benutzt, doch dann war der Reiz weg. Möglicherweise gibt es da auch eine geplante Obsoleszenz, mit der Sie sich nicht herumärgern wollen. Oder es ist etwas, das Sie schlicht automatisch gekauft haben. Man hat nicht groß darüber nachgedacht – erst sieht man es ständig auf Billboards, in der Fernsehwerbung oder auf Aufstellern, und wenn man dann im Laden steht, schlägt der geballte Werbeeffekt zu und zack, das Ding liegt im Einkaufswagen.

Für die Unternehmen, die Ihnen den Krempel verkauft haben, heißt das: „Auftrag erledigt"! Dass Sie nicht zufrieden mit der Ware sind, ist denen völlig egal (es ist ihnen ja auch egal, wer Sie überhaupt sind), sie haben was verkauft, mehr wollten sie nicht. Bei Abonnements ist das etwas ganz anderes – vor allen wenn man einen Direktvertrieb unterhält oder mit einer Truppe Vertriebspartner zusammenarbeitet. Wir reden hier davon, von einer Wertübertragung auf eine langfristige Beziehung umzusteigen. Das Wort „Beziehung" mag dem einen oder anderen in kommerziellen Zusammenhängen etwas merkwürdig vorkommen. Geht man wirklich eine „Beziehung" mit Netflix ein? Durchaus, bei genauerer Betrachtung ist das tatsächlich so. Manchmal verbringt man großartige

Abende zusammen, an anderen Tagen fragt man sich, ob es das alles wert ist. Sehen Sie sich nur all die hässlichen Trennungen an, die manche Leute mit Uber erlebt haben.

Heutzutage lässt sich niemand mehr auf ein Blind Date ein, jeder checkt den anderen erst einmal auf Tinder oder Facebook. Aber wissen Sie, was das Paradoxe daran ist, in der Subskriptions-Wirtschaft etwas zu verkaufen? Einerseits wissen die Leute schon unheimlich viel über Ihr Unternehmen, denn da draußen sind jede Menge Informationen verfügbar. Andererseits sind die Menschen verwirrter denn je, weil viel zu viele Auswahlmöglichkeiten und viel zu viele Informationen existieren. Wie gibt man potenziellen Kunden Material an die Hand, das neu und relevant für sie ist, selbst wenn sie gar nicht wissen, welche Fragen sie überhaupt stellen sollen?

Wir alle haben Verkaufsgespräche erlebt, bei dem wir eine Reihe bohrender Fragen über uns ergehen lassen mussten, denn der Vertreter möchte erst einmal „unsere geschäftlichen Bedürfnisse in Erfahrung bringen". „Was treibt Sie nachts um?" und dergleichen. Die Absicht dahinter ist klar: Sie gestehen eine grundlegende Schwäche oder einen offensichtlichen Mangel und „rein zufällig" hat der Vertreter ein Produkt dabei, mit dem sich genau dieses Defizit beheben lässt. Das Produkt weist alle möglichen Extras und Zusatzfunktionen auf und verfügt über zahllosen Schnickschnack, mit dessen ausführlicher Erklärung der Vertreter Sie jetzt ins Koma quatscht.

Diese Art von Verkaufsgespräch mag sinnvoll gewesen sein, als die Unternehmen noch mit Produktmargen arbeiteten und mit Checklisten zur Konkurrenz, aber heutzutage hat sie ihren Sinn vollends eingebüßt. Setzt sich ein potenzieller Kunde mit unserem Unternehmen hin, dann giert er nach Informationen, aber zumindest während der ersten Treffen wird er nur selten über bestimmte Eigenschaften oder spezielle Anwendungsfälle reden wollen. Er sieht sich unser Demo an oder liest sich ein paar Kundenreferenzen dazu durch. In den meisten Fällen interessieren ihn zunächst einmal zwei Dinge: „Erstens: Wenn ich mit Ihnen arbeite, was folgt daraus für mich und mein Unternehmen? Zweitens (und das ist möglicherweise die wichtigere Frage): Was machen die anderen?" Also erklären und vermitteln wir viel. Uns ist es wichtig, sagen zu können: „Wir haben viele Kunden wie Sie. Bevor wir uns den Einzelheiten zuwenden, lassen Sie uns über Benchmarks und Erkenntnisse reden, die wir aus der Zusammenarbeit mit anderen Kunden aus Ihrer Branche gewonnen haben." Auf diese Weise geraten wir von der Dynamik her gleich auf Augenhöhe und können ein fundiertes Gespräch führen: Unser Vertriebsteam hat Ihre Jahresberichte gelesen, es hat Ihre Pressemitteilungen durchgearbeitet, es hat Ihren CEO auf YouTube Reden halten sehen. Gelegentlich werden wir ein paar Annahmen hinterfragen und Fragen stellen, von denen Sie möglicherweise gar nicht wussten, dass sie gestellt werden sollten. Ziel ist es, einen Abgleich herzustellen. Unsere künftige Innovation und das Unternehmen, zu dem wir werden, wird für Sie noch wertvoller werden, nicht an Wert verlieren. „Bei Abos ist man nie aus dem Schneider", sagt Richard Terry-Lloyd, mein Senior Vice President of Sales, immer.

Bevor man sich auf eine Beziehung einlässt, möchte man sein Gegenüber natürlich gerne etwas besser kennenlernen. Wie sieht die Philosophie dieser Person aus? Passt sie zu meiner? Sieht das Ganze danach aus, als könne es eine solide Partnerschaft werden? Falls ich mich für diesen Anbieter entscheide, profitiere ich dann von der gebündelten Intelligenz des restlichen Kundenstamms? Oder zumindest der Kunden, deren geschäftliche Bedürfnisse sich mit meinen decken? Ich weiß, dieser Service wird sich verändern und weiterentwickeln – passt er dann noch zu den Zielen, die ich in zwei oder fünf Jahren erreichen möchte?

Unter dem Strich geht es beim Vertrieb um Wachstum. Sie verkaufen einen Service, um Ihrem Unternehmen zu Wachstum zu verhelfen, und Ihr Kunde kauft eine Dienstleistung, um sein eigenes Wachstum voranzutreiben. Heutzutage bedeutet Vertrieb, Kundenbeziehungen aufzubauen und auszuweiten, insofern hat sich auch die Wachstumsmechanik verändert. In der althergebrachten

Welt wuchs man auf dreierlei Weise: Man verkaufte mehr Einheiten, man erhöhte den Preis dieser Einheiten oder man senkte die Kosten für die Herstellung dieser Einheiten. In der heutigen Welt gibt es drei neue Vorgaben: mehr Kunden gewinnen, den Wert dieser Kunden erhöhen und diese Kunden länger halten.

Es gibt ja den alten Spruch: „Es ist viel leichter, einem Altkunden etwas zu verkaufen als einem potenziellen Neukunden." Ich mag ihn nicht, denn bei dieser Denkweise steht das Produkt im Mittelpunkt: „Ich habe ihm ein Produkt verkauft, jetzt verkaufe ich ihm noch eines." Wenn Sie es richtig angehen, sollte Expansion – also Zuwächse beim Umsatz, der mit treuen Abonnenten erzielt wird – ganz von alleine eintreten. Steigern Sie Ihren Nutzen für den Kunden, dann ziehen Sie auch wirtschaftlichen Nutzen daraus. Herausragende Abo-Unternehmen heben sich vom Rest ab durch die Fähigkeit, ihre Kundenbeziehungen im Laufe der Zeit weiterzuentwickeln. Wächst Ihr Geschäftsmodell zusammen mit Ihrem Kundenstamm, sind keine Vertragsverlängerungen und Upsells mehr nötig. Zusatzleistungen zu verscherbeln und die Kundschaft mit Knebelverträgen zu halten, ist Mist und dient nur dazu, die Leute gegen sich aufzubringen.

Wir arbeiten mit Hunderten Unternehmen zusammen und haben dabei gelernt, wie es gelingt, eine dauerhaft hohe Wachstumsrate zu erzielen: Seien Sie in Sachen Wachstum möglichst breit aufgestellt, verfolgen Sie mehrere Wachstumsstrategien. Wir haben acht zentrale Strategien herausgearbeitet und bei jedem unserer Meetings reden wir über mindestens eine davon. Nun wollen wir uns jede einzelne davon ansehen und der Frage nachgehen, was sie für Ihre Vertriebsmannschaft bedeuten.

AKQUIRIEREN SIE
IHRE ERSTEN KUNDEN

Herzlichen Glückwunsch! Sie haben ein tolles neues Subskriptions-Angebot entwickelt und sind bereit, es der Welt zu präsentieren.

Vielleicht wollen Sie es von den neuen Vertriebsmitarbeitern verkaufen lassen, die Sie kürzlich unter Vertrag genommen haben, von der bestehenden Vertriebsabteilung Ihres Unternehmens oder durch einen bestehenden Kanal aus Vertriebspartnern, Vertriebsgesellschaften und Händlern. Alles ganz schön aufregend. Was müssen Sie nun als Allererstes tun? Finden Sie die richtigen Kunden. Warum das so wichtig ist? Weil sich eines Tages Ihre künftigen Kunden ganz genau ansehen werden, wer die allerersten Kunden waren, um ermessen zu können, ob Sie tatsächlich geeignet für langfristige Beziehungen sind. „Du wirst dein Kunde", heißt es, insofern ist die erste Kohorte wirklich wichtig und Sie müssen sich unbedingt Mühe geben, Ihre Vertriebsmannschaft auf Qualitätskunden mit passenden Preismodellen anzusetzen. Ansonsten kann es Ihnen passieren, dass sich Ihre Truppe wie Katzen verhält und Ihnen alles Mögliche anschleppt.

Als wir mit Zuora begonnen haben, bestand die naheliegende Initialstrategie darin, an andere Software-as-a-Service-Firmen wie uns zu verkaufen. Aber wir haben immer davor zurückgescheut, uns zu stark in eine Nische zu manövrieren. Noch wichtiger war, dass wir ausgesprochen flexibel waren. Diese Flexibilität war ein zentraler Pluspunkt unseres Dienstes, wir konnten sie uns jedoch nur aneignen, indem wir über eine große Bandbreite an Kunden verfügten. Also gingen wir los und suchten uns ein Hardware-Unternehmen, eine Medienfirma, einen Subskriptionsdienst aus dem Verbraucherbereich und so weiter. Das erschwerte uns die Arbeit, aber die Vielfalt dieser ersten Kundenkontakte gab den Ton vor für künftige Geschäfte. Nichtsdestotrotz mussten sie dazu passen! Wenn man allem nachjagt, was nicht bei drei auf dem Baum ist, stehen die Chancen gut, dass Ihre ersten Kunden allesamt der reine Horror sein werden. Sie werden Ihren Dienst in alle möglichen unerwünschten Richtungen drängen oder schlimmer noch: Sie können nicht viel bezahlen und Ihr Unternehmen gerät ins Schlingern.

Zweitens dürfen Sie nicht der Versuchung erliegen, sich eine richtig große Vertriebstruppe zuzulegen. Vielleicht sind Sie Teil eines mehrere Milliarden schweren Unternehmens mit riesigem Vertrieb und glauben, am besten sei es, wenn die alle Ihren Dienst verkaufen. Keine gute Idee! Zunächst einmal werden die vermutlich nicht wissen, was sie tun. Als es mit SaaS gerade losging, ließen viele Software-Unternehmen, die traditionell On-Premise verkauften, ihre Leute gleichzeitig die alten Großaufträge verkaufen und sich um die niedrigpreisigen Abo-Angebote kümmern. Drei Mal dürften Sie raten, welche Option bei den Vertriebsleuten populärer war. In großen Unternehmen gibt es unserer Erfahrung nach keine bessere Methode als diese, um einem jungen Abo-Dienst gleich wieder den Garaus zu machen. Und selbst wenn Sie eine eigene Truppe haben, die ausschließlich Ihr neues Angebot vertreibt (herzlichen Glückwunsch dazu!), sollten Sie diese Gruppe anfänglich klein halten. Wie gesagt: Es ist eine neue Welt. Sie werden im immerwährenden Beta-Modus bleiben und Sie werden früh und viel von Ihren ersten Kunden lernen müssen. Deshalb sollte das Vertriebsteam diese erste Kohorte möglichst intensiv betreuen und nicht einfach nur die schnelle Provision einstreichen und dann auf die nächste Jagd gehen.

VERRINGERN SIE
DEN KUNDENSCHWUND

Im Leben eines jeden Subskriptions-Dienstes kommt relativ bald der Punkt, an dem er sich mit einer möglicherweise tödlichen Kundenabwanderung auseinandersetzen muss. Bei Salesforce erlebten wir recht früh ein Quartal, in dem wir mehr Abonnenten verloren als dazugewannen. Das war hart. Dieselbe Erfahrung machten wir bei Zuora. Damals zu Qwikster-Zeiten gab es bei Netflix ein Quartal, in dem die Gesamtzahl der Abonnenten zurückging. So etwas erlebt jeder. Wir sprachen vorhin über den „WTF"-Moment, für diese Situation ist der korrekte Fachbegriff der „Ach du Scheiße"-Moment.

Woran erkennt man, dass man einen erfolgreichen Abo-Dienst betreibt? Das ist ziemlich einfach zu beantworten – man hat seine Kundenabwanderungsquote im Griff. Das kennzeichnet den Wechsel zum Erwachsenwerden, vom coolen neuen Service, der den Leuten gefallen könnte, hin zu einem ausgereiften, erfolgreichen Unternehmen. Gegen Kundenschwund helfen unter anderem vertragliche Verpflichtungen, aber viele Abo-Dienste lassen einen heutzutage aussteigen, wann immer man möchte – das macht einen Teil ihres Reizes aus. Ganz abgesehen davon: Keine schriftlich fixierte Vertragsdauer kann manische Besessenheit ersetzen, die darauf abzielt, die Kundschaft regelmäßig positiv zu überraschen. Kundenschwund messen die Firmen auf unterschiedliche Art und Weise und es ist ja auch so, dass sich alle Unternehmen unterscheiden und jedes seine individuellen Besonderheiten hat.

Nachdem die Dinge in Schwung geraten sind, werden Sie irgendwann an einen Punkt gelangen, an dem die Abonnements im Gleichgewicht sind. Dieser Zustand tritt ein, wenn Ihr Dienst seit einiger Zeit am Markt ist und Sie über ausreichend Kunden verfügen, um Trends zu bemerken. Nun kommt es auf die Abwanderungsquote an, ob Sie wachsen, stagnieren oder schrumpfen. Wenn Sie mehr Kunden verlieren als dazugewinnen, ist es egal, wie gut Ihr Vertriebsteam ist.

Stagnieren oder schrumpfen Sie, heißt es „Alle Mann an Deck". Verfallen Sie jetzt nicht in Panik. Jeder muss seinen eigenen „Ach du Scheiße"-Moment selbst bewältigen, aber in jedem Fall ist nun der Zeitpunkt gekommen für unbequeme Fragen: Gibt es Kunden, die Sie nicht (oder zumindest noch nicht) anvisieren sollten? Von welchen Kunden sollten Sie sich besser trennen? Welche Eigenschaften und Nutzungsmuster sorgen dafür, dass die Kunden anhaltenden Wert daraus ziehen? Kommen Ihre Kunden über die Probephase nicht hinaus und werden deswegen keine Dauer-Abonnenten? Fehlt es ihnen an Ermutigung? Sollten Sie Ihren Service anders designen oder anders verpacken?

Bei Salesforce stellte sich heraus, dass die Akzeptanz der Knackpunkt war. Unseren Dienst zu verkaufen, war einfach – als sehr viel schwieriger erwies es sich, die Menschen dazu zu bringen, ihn wirklich zu nutzen (das war in den Zeiten, als das Internet neu war. Damals ging man im Hotel noch über Einwahlverbindung online und kaum einer hatte zu Hause eine Hochgeschwindigkeitsverbindung). Uns wurde klar: Wir würden unseren Kunden beibringen müssen, wie sie ihre Leute dazu brachten, das Produkt tatsächlich zu nutzen. Nachdem dieses Problem aus der Welt war, waren wir wieder auf Wachstumskurs.

ERWEITERN SIE
IHRE VERTRIEBSMANNSCHAFT

Angenommen, Sie sind erfolgreich gestartet. Sie können inzwischen deutlich mehr Kunden vorweisen, haben die Abwanderungsquote im Griff und sind nun bereit, aufs Gaspedal zu treten. Nachdem Sie sich vergewissert haben, dass Ihre Unit Economics gut aussehen (soll heißen: Ihr durchschnittlicher Customer Lifetime Value ist deutlich höher als die Kosten für Akquise und Betreuung) und dass der Markt noch reichlich Potenzial aufweist, ist es an der Zeit, zu wachsen. Das bedeutet, Sie erweitern Ihr Vertriebsteam, stellen mehr Vertreter ein, kitzeln aus dem aktuellen Team mehr Produktivität heraus und holen weitere Vertriebsfirmen und Händler an Bord.

Sie müssen zwei Dinge tun, um Ihr Team intelligent zu vergrößern: Sie müssen ein hybrides Vertriebsmodell einführen und Sie müssen in Automatisierung investieren. Was ist mit dem hybriden Vertriebsmodell gemeint? Nun, für die meisten Unternehmen sind Self-Service und der Einsatz von Vertretern (gemeinhin als „Assisted Sales" bezeichnet) zwei völlig unterschiedliche Welten. Eigenvertrieb ist was für kleinere Firmen, die wirklich großen Deals erledigen echte Handelsvertreter, so die Denkweise. Und bloß nicht beides vermischen! Nun, das ist alles Quatsch.

Bestimmt haben Sie schon von DocuSign gehört, einem großartigen Unternehmen, das es möglich macht, alles elektronisch zu unterschreiben, seien es geschäftliche Unterlagen, Kontoauszüge oder Immobilienverträge. DocuSign nutzt den eigenen Vertrieb, um neue Kunden zu gewinnen und die Basis des Marktes abzugreifen. Für die meisten Pläne („Persönlich", „Standard" und „Business Pro") können sich Kunden direkt auf der Website anmelden. Nur für das Modell „Business Flex" wird die Unterstützung des Vertriebs benötigt. Ähnlich wie bei Dropbox fungiert die „Persönlich"-Version als Mittel zur Lead-Generierung. Bis zu fünf Dokumente pro Monat kann ein Nutzer in der „Persönlich"-Variante verschicken und auf diesen Dokumenten prangt der Schriftzug „Powered by DocuSign", was natürlich ein guter Ausgangspunkt für virales Wachstum ist. DocuSign besitzt über 85 Millionen Nutzer in 188 Ländern, insofern ist das gleichzeitig Guerilla-Marketing und eine eigene Vertriebsmannschaft.

Firmen, die wie DocuSign Unternehmen und Verbraucher gleichzeitig bedienen, gehen häufig so vor: Sie haben ein Auge darauf, wessen E-Mail identische Domainnamen aufweisen (also Joe@abc.com und Jill@abc.com). Insofern eröffnet der Self-Service-Kanal einen Upsell-Weg. Self-Service erstreckt sich auch auf die Kontoverwaltung. DocuSign-Kunden können durch selbst vorgenommene Änderungen ihre Tarife ändern. Das eigene Konto ohne Umstände selbst verwalten zu können, bietet tolle Möglichkeiten für Umwandlungen und Upgrades. Richtig umgesetzt können Sie Ihre Vertriebskosten gering halten und gleichzeitig die Größe des „Außendienstes" um ein Vielfaches erweitern.

Eine weitere große Herausforderung während der Wachstumsphase ist das Anwachsen des Papierkrams und niederer Tätigkeiten. Damit steigt auch die Fehlerzahl. Wir alle kennen das: Wir rufen beim Sales Support eines Unternehmens an und wären sogar bereit, für ein umfassenderes Dienstleistungsangebot tiefer in die Tasche zu greifen, aber man lässt uns durch brennende Reifen springen. „Wie war noch gleich die Adresse? Und die Kreditkartennummer lautet?" und so weiter und so fort. Ihre Vertriebstruppe benötigt Echtzeitinformationen zum Abonnentenstatus des Kunden, seinen Rechnungs- und Zahlungsinformationen sowie zu Rückvergütungen. Außerdem muss sie, wenn ein Kunde auf einen anderen Tarif umsteigt, sofort die neuen Preise berechnen können, sie muss Abonnements aussetzen und andere Veränderungen vornehmen können. Hier kann sich ein Verkaufsführungs-Modell, das den Verkaufsprozess teilautomatisiert, als sehr hilfreich erweisen. Der Trick besteht darin, eine einzige Software-Architektur zu finden, die Self-Service, Verkaufsführung und den kompletten Prozess vom Angebot bis zum Zahlungseingang unterstützt. Darauf werde ich im Kapitel über IT ausführlicher eingehen.

STEIGERN SIE DURCH UPSELLS UND CROSS-SELLING DEN WERT

Sie haben einen Lauf, vielleicht bereits die nächste Finanzierungsrunde erfolgreich absolviert und alle Ampeln stehen auf Grün. Wie geht es weiter? Irgendwann wird jedem Unternehmen bewusst, wie man dafür sorgen kann, dass das Wachstum auf Kurs bleibt – indem man nämlich den Wert steigert, den man von seinen Kunden erhält. Bewegen Sie einen Kunden durch Upsells oder Cross-Selling dazu, Ihre Dienste stärker in Anspruch zu nehmen, dann spricht das für die Stärke Ihrer Beziehung. Es bedeutet, dass Sie auf einer Linie liegen.

Upsells und Cross-Selling werden regelmäßig in einem Atemzug genannt, doch in Wahrheit handelt es sich um zwei unterschiedliche Wachstumsstrategien. Upsells dienen dazu, einen Dienst mit mehr Features (zu höheren Kosten) zu verkaufen, während Cross-Selling dafür gedacht ist, ergänzende Dienstleistungen zu vertreiben und auf diese Weise eine umfassendere Lösung zu bieten. Laut einem McKinsey-Bericht verzeichneten von den Subskriptions-Unternehmen (mit Umsätzen von 25 Millionen bis 75 Millionen) diejenigen die geringste Kundenabwanderung, die etwa einem Drittel ihrer

Kundschaft per Cross-Selling zusätzliche Dienste verkaufen konnten.[1] Was lernen wir daraus? Wenn man mit einer breiten Palette an Lösungsansätzen eine Vielzahl an Kundenproblemen aus der Welt schaffen kann, ist das gut für die Kundenbindung.

Bitte beachten Sie, dass dies möglicherweise eine andere Struktur Ihrer Vertriebsmannschaft voraussetzt. Bestimmte Leute müssten sich dann ausschließlich auf die Gewinnung von Neukunden konzentrieren, während andere sich damit befassen, bestehende Kundenkontakte zu pflegen und auszuweiten. Natürlich spielen hier Provisionsfragen eine Rolle: Legt man als Maßstab die nackten Vertragszahlen an oder das fortlaufende Wachstum des Kundenwerts? Was bedeutet es, wenn ein Vertreter einen Kunden übernimmt, der zehn Millionen Dollar im Jahr wert ist, und sein Kollege einen, der eine Million Dollar wert ist? In der Frühphase von Salesforce gab es ein Team, das sich ausschließlich darum kümmerte, Altkunden zu betreuen. Aber wie sollten wir diese Truppe nennen? Kundendienst trifft es nicht, Account-Manager auch nicht. Sie sollten unseren Kunden dabei helfen, mit unserem Service erfolgreich zu sein. Also schlug Marc Benioff vor, sie „Kundenerfolgsmanager" zu nennen. Alle hassten den Begriff. Schade aber auch, denn Benioff bestand darauf. Heute ist Customer Success Manager ein eigener Beruf.

Cross-Selling liefert zudem Innovationsanreize. Abo-Unternehmen, die Cross-Selling betreiben wollen, müssen ständig neue Services, Features, Funktionen und Angebote entwickeln, um die Kunden dazu zu bringen, mehr Nutzen aus dem Dienst zu ziehen. Abo-Service bedeutet andauernder Kundenkontakt und stark voneinander abweichende finanzielle Margen. Je mehr man in diesen Dienst steckt, desto größer sind die Gewinne. Die wirkliche Arbeit beginnt nach dem Verkauf. Genau das ist der Grund, warum all die Amazons und Netflixe dieser Welt uns immer wieder mit coolen neuen Sachen überraschen. Wer einfach nur die Kundenerwartungen bedient, anstatt neue Möglichkeiten zu eröffnen, der macht was falsch.

Wie gesagt: Das Subskriptions-Modell basiert auf wiederkehrenden Umsätzen. Insofern überrascht es nicht, dass die Unternehmen am schnellsten wachsen, welche es am besten verstehen, mit ihren Altkunden mehr Umsatz zu machen. Upselling ist nicht nur zur Umsatzsteigerung wichtig, sondern auch für die Kundenbindung, denn je mehr Nutzen Ihre Kunden aus Ihren Diensten ziehen, desto zufriedener sind sie. Der Trick dabei ist natürlich, dass Sie Ihre Kunden und deren Konsumverhalten sehr gut kennen und wissen, wo ein Upsell Sinn macht. Entsprechend müssen Sie dann strategische Pfade zum Upsell anlegen.

Ist die Upsell- und Cross-Selling-Strategie effektiv, steigert sie kurzfristig den Customer Lifetime Value und treibt indirekt das langfristige Wachstum voran. Was ich damit meine? In reifen Subskriptions-Diensten machen Upsells und Cross-Selling durchschnittlich 20 Prozent der Einnahmen aus. Außerdem profitieren Sie unter anderem von einer geringeren Abwanderungsrate, was Ihre Kosten für Kundenakquise reduziert. Damit das alles funktioniert, benötigen Sie mehrere Teams. Ihr Marketing muss Pakete schnüren, die sinnvoll sind. Ihr Vertrieb muss diese neuen Angebote zum richtigen Zeitpunkt bewerben – indem er beispielsweise einen Abonnenten anspricht, kurz bevor dieser sein Datenlimit ausgereizt hat. Und die Finanzabteilung muss mit den Folgen umgehen können. Gleichzeitig müssen Sie messen können, ob die Teams erfolgreich arbeiten.

Ein hervorragendes Beispiel für ein Abo-Unternehmen, das sehr rasch gewachsen ist, ist New Relic, ein Anbieter digitaler Analysen. Das rasante Wachstum hängt vor allem mit der Cross-Selling-Strategie der Firma zusammen. New Relic ist für seine atemberaubenden Dienstleistungen bekannt und verfügt über eine gewaltige Basis sehr engagierter Entwickler. Auf dieser Fanbasis setzt das Unternehmen auf und treibt die Kundenbindung voran, indem es Dienste von unten nach oben einführt. Anders formuliert: Die Marketingbemühungen konzentrieren sich nicht auf die Unternehmensführung, stattdessen wendet sich New Relic direkt an die Entwickler und liefert ihnen eine große Auswahl leicht nutzbarer Services und zusätzlicher Features, die helfen, knifflige Probleme aus der Welt zu schaffen. Jeder Dienst wird auf Monatsbasis angeboten, was bedeutet, ein Entwickler kann für kleines Geld eine Zusatzleistung ausprobieren, ohne sich gleich in großem Stil festlegen zu müssen. Das wirkt Wunder, was das Cross-Selling angeht. New Relic weitet seine Services aus und konzentriert sich darauf, bei seinen eingeschworenen Fans Cross-Selling zu betreiben. Dadurch steigert das Unternehmen nicht nur den Gewinn pro Kunden und damit den Gesamtumsatz, es wird sich auch einen größeren Anteil am globalen Markt für IT-Management-Tools sichern können.

STOSSEN SIE IN
NEUE MARKTSEGMENTE VOR

Ist Ihr Abo-Dienst gut durchdacht, kann er sich in alle Richtungen entwickeln. Er kann universell werden. Clear beispielsweise ist ein Service, der Flugreisenden helfen soll, schneller durch die Sicherheitskontrollen an den Flughäfen zu gelangen. Das Angebot richtete sich zunächst an Geschäftsreisende, dann an Familien und mittlerweile spricht das Unternehmen mit größeren Firmen über Pakete. Viele SaaS-Unternehmen verkaufen zunächst an KMU (kleine und mittelständische Unternehmen), bevor sie sich den Großkonzernen zuwenden. Übrigens: KMU-Umsätze versus Konzern-Umsätze könnte ebenfalls eine Möglichkeit sein, wie Sie Ihre Vertriebsmannschaft aufteilen.

Ein tolles Beispiel für ein Unternehmen, das erfolgreich in obere Marktsegmente expandierte, ist Box. Als das Unternehmen als Speicher- und Filesharing-Dienst in der Cloud begann, machten die Einnahmen, die das Vertriebsteam hereinholte, kaum ein Prozent des Gesamtumsatzes aus. Anders formuliert: Es war im Grunde ein reiner Freemium-Service mit Registrierungsmöglichkeiten, die nahezu ausschließlich Self-Service sind. Heute sind viele Box-Nutzer Privatkunden, dennoch erzielt Box seine Umsätze nahezu komplett mit Firmen – und den überwiegenden Teil der Umsätze holt das Vertriebsteam herein.

„Der Service sollte möglichst unkompliziert zu nutzen sein, gleichzeitig sollte er so gestaltet sein, dass ein großes Unternehmen ihn überall firmenweit einführen kann", sagt Box-CEO Aaron Levie. „Es gibt vermutlich kein einziges Unternehmen, an das wir verkauft haben, in dem nicht zunächst einzelne Nutzer mit Box gearbeitet hatten."[2]

Verwenden genügend Nutzer innerhalb eines Unternehmens einen Dienst, besteht der logische nächste Schritt darin, ihn im gesamten Betrieb einzuführen. Anders als bei der Self-Service-Schiene startet die firmenweite Einführung üblicherweise mit einem längeren Verkaufsprozess, bei dem Vertreter, Einkäufer, Angebotsanfragen sowie zahlreiche Due-Diligence-Prüfungen und Verhandlungen (man kann auch von „Feilschen" sprechen) eine Rolle spielen. In jedem Fall ist es ein enormer Vorteil, wenn in einem Unternehmen bereits Leute sind, die Ihren Service in Anspruch nehmen (Slack ist da ein weiteres Beispiel).

Natürlich kann auch vertikal in eine völlig andere Richtung expandiert werden. Ich habe es bereits erwähnt: Zunächst verkauften wir an andere SaaS-Unternehmen. Inzwischen haben wir Vertreter, die auf Automobile, Streaming, Medien, Internet der Dinge und vieles mehr spezialisiert sind. Und hier ist der Punkt: Sie müssen Ihre Vertriebsmannschaft unterteilen können. Das kann nach Größe des Geschäftsbereichs erfolgen, vertikal oder nach Regionen. Wie auch immer, unterteilen müssen Sie. Warum? Auch wenn ich Gefahr laufe, wie Doktor Phil[3] zu klingen: Vergessen wir nicht, dass es heutzutage beim Verkaufen darum geht, langfristige Kundenkontakte aufzubauen, sie aufrechtzuerhalten und zu vertiefen. Dafür müssen Sie Ihre Kunden kennen und wissen, was sie wollen. Ein Start-up, das monatliche Abo-Boxen anbietet, möchte angesprochen werden wie ein Start-up, das monatliche Abo-Boxen anbietet. Große Telekommunikationsfirmen wiederum brauchen eine andere Art der Kundenansprache. Sie müssen deren Sprache sprechen – wirklich effektiv kann das nur ein unterteilter Vertrieb leisten.

WERDEN SIE
INTERNATIONAL

Normalerweise warten Firmen zu lange, bevor sie ins Ausland gehen. Das ist ein Überbleibsel der alten Denkweise, als geografische und politische Grenzen noch eine Rolle spielten. Doch die Welt hat sich geändert, inzwischen geht es viel mehr um die Sprache. Die Gründe dafür sind ziemlich simpel – welche Art von Resultat Sie erhalten, hängt von der Sprache ab, in der Sie im Internet und in Ihrem Social Graph interagieren. Wenn Sie eine IP-Adresse in Europa aufrufen, gibt es keine Einreisekontrollen. Sind Sie eine auf Promi-Berichterstattung spezialisierte britische Tageszeitung wie die *Daily Mail*, sollte es Sie nicht überraschen, dass 40 Prozent Ihres Publikums in den USA sitzen. Und wenn Sie in den USA NBA-Merchandise vertreiben, haben Sie bestimmt auch im Commonwealth Kunden. Sie sind ein französischer Streaming-Videodienst? Dann haben Sie vermutlich Zuschauer aus den französischsprachigen Ländern Nordwestafrikas. Es war noch nie so einfach wie heute, sich international aufzustellen. Die zentralen Punkte, die es zu bedenken gilt, sind die Fähigkeit, Auslandsgeschäfte abzuwickeln, unterschiedliche Währungen zu akzeptieren, gute alternative Zahlmethoden anzubieten und die Kaufkraft unterschiedlicher Märkte auszugleichen. Keines dieser Probleme ist unlösbar und ich empfehle, lieber früher als später ins Ausland zu drängen.

Ein globaler Auftritt ist natürlich eine Wachstumsstrategie für Abo-Anbieter, dafür sind jedoch einige operative Hürden zu überwinden. All das ist zu schaffen. Für den Gang ins Ausland sind drei Punkte zu bedenken: erstens regulatorische Dinge wie Betriebslizenzen, Steuern oder Anforderungen in Sachen Datenschutz. Zweitens die Zahlungsmodalitäten (alternative Zahlportale, örtliche Währungen, Kreditkarten). Chinesen arbeiten lieber mit Cyberwallets, Inder mit Debitkarten, während Südkoreaner auf dem Handy getätigte Einkäufe am liebsten über die Telefonrechnung begleichen. Und so weiter. Und drittens – der Shop selber. Personalabteilung, Besetzung und so weiter.

Sie können natürlich auch jemandem aus beispielsweise Großbritannien etwas verkaufen, ohne in Großbritannien vertreten zu sein. Schicken Sie einfach ein paar Leute dort hin und bitten Sie Ihre britischen Kunden, Ihrem Gerichtsstand zuzustimmen und Sie in Ihrer Währung und nicht in Pfund zu bezahlen. Der eine oder andere wird Sie hochkant rauswerfen, andere Unternehmen haben damit möglicherweise gar kein Problem und es ist zumindest ein Anfang. In jedem Fall gewinnen Sie einen ersten Eindruck davon, wie es um die Nachfrage in dieser Region bestellt sein könnte. Es ist also kein „hopp oder topp", sondern ein sanfter Einstieg. Die wichtigste Erkenntnis: Verkaufen Sie in *einem* englischsprachigen Land, verkaufen Sie an *alle* englischsprachigen Länder.

MAXIMIEREN SIE DIE WACHSTUMS-CHANCEN IHRER ÜBERNAHMEN

Viele etablierte Unternehmen gelangen irgendwann an den Punkt, an dem sie einen beträchtlichen Marktanteil vorweisen können (sagen wir mal, über 70 Prozent) und es eigentlich keine neuen Kunden mehr zu gewinnen gibt. Wachstum muss also immer stärker dadurch erzeugt werden, dass man den Wert pro Kunden erhöht. An diesem Punkt kommen Übernahmestrategien ins Spiel. Verfügt das Übernehmen über ausreichend Barmittel für einen Zukauf, könnte es ein kluger Schachzug sein, dieses Geld in künftiges Wachstum zu investieren. Aber Zugang zu Kapital ist nur eine von vielen Voraussetzungen, die Abo-Unternehmen berücksichtigen müssen, wenn sie über strategische Zukäufe nachdenken.

Barmittel sind das eine, daneben braucht der Käufer aber auch eine Strategie, die zum Geschäftsmodell und zum täglichen operativen Geschäft passt. Zudem muss die Infrastruktur zur Einbindung sämtlicher Services in einem System vorhanden sein, damit Upsells und Cross-Selling in allen Servicebereichen für den Kunden reibungslos funktionieren. Eine erfolgreiche Übernahme kann einem wachsenden Abo-Unternehmen helfen, seine Sichtbarkeit am Markt und den Marktanteil zu erhöhen, während sie gleichzeitig dazu beiträgt, eine umfassendere Lösung anbieten zu können. Sie brauchen also einen Plan für die Integration.

Bestimmt haben Sie schon von SurveyMonkey gehört. Deren Managementteam hat es mit gut realisierten strategischen Zukäufen geschafft, zur weltweit führenden Plattform für Online-Umfragen aufzusteigen. Zwischen 2010 und 2015 schluckte SurveyMonkey sechs Firmen, die alle dazu beitrugen, den Bekanntheitsgrad am Markt zu verbessern und den Marktanteil zu erhöhen, während gleichzeitig das Angebot erweitert und optimiert wurde (und die Konkurrenz einpacken konnte). Heute bietet SurveyMonkey per Cross-Selling einige Dienstleistungen an, die aus diesen Übernahmen resultieren. Erster Zukauf war 2010 Precision Polling, laut *TechCrunch* „so etwas wie SurveyMonkey für Handys". Nur wenige Monate, nachdem dieser Vergleich veröffentlicht wurde, griff SurveyMonkey den Hinweis auf und schluckte Precision Polling, um das Umfrage-Angebot vom Onlinebereich auf Smartphones ausweiten zu können. 2011 folgte dann für 35 Millionen Dollar Wufoo und SurveyMonkey ergänzte sein Angebot um einfach zu erstellende Online-Formulare. Für die Übernahme des Wettbewerbers MarketTools tat sich SurveyMonkey mit einer Private-Equity-Gesellschaft zusammen. Dieses Geschäft brachte dem Unternehmen drei neue Dienste ein, 1,7 Millionen Umfragenutzer, 2,5 Millionen Teilnehmer von Marktbefragungen und einige große Namen als Kunden.

Den Vorstoß auf den Firmenmarkt setzte SurveyMonkey 2014 fort mit der Übernahme von Fluidware, einem gerade bei Unternehmen wegen seiner Angebote beliebten kanadischen Wettbewerber. 2015 baute SurveyMonkey schließlich seine App-Fähigkeiten durch die Übernahme von Renzu aus. Ebenfalls hinzu kam TechValidate, eine Plattform, die automatisiert Inhalte generiert, die „jedem Kunden dabei helfen, mehr aus seinen Umfrageergebnissen rauszuholen", sagte der damalige Konzernchef Bill Veghte.

Ich bin gespannt, welchen cleveren Zukauf SurveyMonkey im Zuge des weiteren Wachstums tätigen wird. Das Unternehmen ist offenbar ein Meister darin, Kunden aufgekaufter Unternehmen auf eine einzige Plattform für höhere Genauigkeit und mehr Back-office-System-Effizienz zu migrieren.

OPTIMIEREN SIE IHRE PREISE
UND VERPACKUNG

Wissen Sie, wie viel Zeit das durchschnittliche Management eines Subskriptions-Unternehmens jährlich auf seine Preispolitik verwendet? Nicht einmal zehn Stunden, sagt ProfitWell, ein Anbieter von Geschäftsinformationen. Zehn Stunden! Das ist verrückt, besonders, wenn man bedenkt, wie sehr die Preise den Umsatz beeinflussen. Preisänderungen können sich sehr viel stärker auswirken als ähnliche Anstrengungen in Sachen Akquise oder Kundenbindung.

Abo-Unternehmen müssen den Umsatz durch Preise ständig optimieren. Wir beobachten diese Philosophie vor allem bei Firmen, die ihre Preise mindestens einmal im Jahr aktualisieren (was bedeutet, dass sie das ganze Jahr über das Thema nachdenken). Warum das so wichtig ist? Weil Preise der zentrale Wachstumshebel hinter den sieben anderen Strategien sind, die ich in diesem Kapitel besprochen habe. Ich kann es gar nicht oft genug wiederholen: Ihr Abo-Dienst könnte auf einem gewaltigen Wert sitzen, der nur deshalb noch nicht gehoben wurde, weil Sie sich nicht die Zeit genommen haben, neue Preisstrategien am Markt auszuprobieren. Raten müssen Sie nicht mehr, aber testen müssen Sie noch immer.

Wie dieser moderne Ansatz in Sachen Preise funktionieren kann, zeigt das Beispiel von Invoca, einem Analyseunternehmen im Bereich Telefonmarketing. Passend zum Wesen seines Geschäfts verwaltet Invoca unterschiedliche Preisdimensionen, etwa pro Minute, pro Anruf, pro Telefonnummer, pro Sprachansage und so weiter. Im

Zusammenspiel mit wiederkehrenden monatlichen Kosten sorgt das natürlich für sehr viel Komplexität. Dass Invoca so erfolgreich ist, liegt daran, dass all die Preise zu den Bedürfnissen der Kunden passen und Nutzen bringen. Invoca ändert den Preis an zentraler Stelle, sodass er über sämtliche Systeme und Vertriebskanäle (online, Vertriebspartner, in der Angebots-Software und so weiter) aktualisiert wird. Mit einem Mausklick können sie den Preis ändern (ohne dass dazu die Programmierer den Code umschreiben müssen) und sorgfältig die Auswirkungen von Preisänderungen managen – für das gesamte Unternehmen und so, dass die Finanzabteilung, der Vertrieb und die operative Abteilung auf dem Laufenden sind.

Das war's. Das sind die zentralen Strategien für das Wachstum. Wir haben mit Tausenden Subskriptions-Unternehmen aus Dutzenden Branchen gesprochen und ihre jeweiligen Wachstumstaktiken auf diese acht zentralen Punkte eingedampft. Wenn Ihr Unternehmen wächst, wird es sich vermutlich ständig mit mindestens zwei oder drei dieser Punkte beschäftigen. Heutzutage ist es unerlässlich, kontinuierlich weiter zu wachsen, und das gilt insbesondere für Software-Firmen oder digitale Dienstleister. Wächst ein Software-Unternehmen weniger als 20 Prozent jährlich, dann liegt McKinsey zufolge die Wahrscheinlichkeit, dass es scheitert, bei 92 Prozent, denn unter dem Strich lautet die Devise: Wachs oder stirb![4]

KAPITEL 13
DIE FINANZABTEILUNG –
DER NEUE ARCHITEKT
DER GESCHÄFTSMODELLE

Vor einigen Jahren wurde ich zum alljährlichen Betriebsausflug eines milliardenschweren Informationsdienstleisters eingeladen. Wie fast jeder, der heutzutage als „Informationsdienstleister" firmiert, hatte auch dieses Unternehmen einst als Verlag begonnen. Gegründet wurde es vor über 100 Jahren, seine wichtigsten Produkte waren Branchenverzeichnisse, von denen nahezu alle als „Bibeln" galten, was dazu führte, dass das Unternehmen sein Feld über Jahrzehnte hinweg dominierte. Dieser Konzern war praktisch die reinste Gelddruckmaschine – wir alle ahnen, wie die Geschichte weiterging.

Das Internet kam, veränderte alles und sorgte dafür, dass die Branchenverzeichnisse schon bei der Drucklegung veraltet waren. Das Unternehmen schwenkte um auf digital und tätigte einige relevante Übernahmen. Bei diesem Betriebsausflug umriss der CEO eine kühne Vision: „Wir müssen aufhören, uns als Buchverkäufer zu begreifen beziehungsweise als Anbieter von Inhalten. Stattdessen müssen beim Kunden ansetzen. Wofür bezahlt der uns? Welchen Mehrwert liefern wir ihm? Welche Bedeutung haben wir für die Menschen? Wir werden uns neu ausrichten – statt uns auf Inhalte zu konzentrieren, richten wir unser Augenmerk auf die Nutzererfahrung. Wir werden ein One-Stop Shop für die Bedürfnisse unserer Kunden und arbeiten daran, ihre Arbeitsabläufe zu automatisieren. Wir haben auf agile Entwicklung umgestellt und bauen unser gesamtes Geschäftsmodell so um, dass die Bedürfnisse unserer Kunden im Mittelpunkt stehen."

Die Rede war ein spektakulärer Erfolg. Bei allen Anwesenden strömte das Adrenalin. Dann betrat der bebrillte CFO das Podium und trug das Jahresergebnis des Unternehmens vor. Staubtrocken präsentierte er die Zahlen für die drei zentralen Produktsegmente und wies darauf hin, dass die Umsätze in allen drei Bereichen das fünfte Jahr in Folge zurückgegangen seien, es gebe jedoch auch gute Nachrichten – die Margen würden besser! Er zeigte massenweise langweilige Tabellen, mit deren Hilfen er die Zahlen unterfütterte.

Mann, was für eine Spaßbremse. Aber wie ich da im Publikum saß, drängte sich mir die Erkenntnis auf, dass da doch noch etwas fehlte – die Kunden! Wie gewinnen wir Kunden? Welche Kunden sind für uns am wichtigsten? Wie nutzen uns unsere Kunden? Zu diesen und ähnlichen Fragen fiel kein Wort. Es war ein ausgesprochen krasser Kontrast. Auf eine kühne Wachstumsvision folgte eine farblose Schilderung des Verfalls. Im Raum waren schwerwiegende kognitive Dissonanzen zu spüren.

Wie schade, was für eine vertane Chance. Bei der Subskriptions-Wirtschaft geht es doch darum, neue Geschäftsmodelle einzuführen. Und welche Abteilung wäre besser geeignet, das Unternehmen durch diese Umstellung zu führen, als die Finanzabteilung?!

WIE ICH EINMAL FAST GEFEUERT WURDE

Der Finanzvorstand tat mir leid, denn ich habe einmal eine ähnliche Erfahrung gemacht. Mir erging es damals ganz genauso und ich nenne diese Anekdote „Der Tag, an dem mein CFO und ich fast gefeuert worden wären".

Es war in der Anfangsphase von Zuora und mein CFO Tyler Sloat und ich stellten dem Board unseren Plan für das kommende Jahr vor. Wir waren hocherfreut, wie sich das Geschäft entwickelte. Alles lief prima und wir waren überzeugt, unsere Wagniskapitalgeber wären von unserem aggressiven Wachstumsplan begeistert. Also stellten wir uns vor das Board, lieferten eine sehr gute Präsentation ab und sahen uns dann erwartungsvoll im Raum um. Die Reaktion fiel allerdings ... ich will es mal „gedämpft" nennen aus. Hier und da waren sogar Sorgenfalten zu sehen. Nach einer ungemütlichen Stille meinte eines der Board-Mitglieder: „Mal sehen, ob ich das richtig verstanden habe. Ihr wollt mehr Geld ausgeben, um weniger zu wachsen? Sagt mal, habt ihr sie noch alle, Jungs?"

Die unappetitlichen Details erspare ich Ihnen, nur so viel: Je mehr wir auf unserem Standpunkt beharrten, desto schlimmer wurde es. Fünf Minuten länger und man hätte uns vermutlich nahegelegt, unser Glück woanders zu versuchen. Wie ein guter General, der wusste, wann die Schlacht verloren ist, blies ich hastig zum Rückzug. Wir baten um eine zweite Chance. Das Board war netterweise bereit, uns noch einmal 60 Tage Aufschub zu gewähren.

Eines können Sie mir glauben: Viel Small Talk gab es nicht, als wir den Raum verließen.

Bei der Nachbesprechung wurde Tyler und mir klar, dass wir die Dinge nicht richtig dargestellt hatten. Wir hatten den Plan mithilfe eines traditionellen Finanzmodells präsentiert, mit einer rückwärtsgewandten Pro-forma-Gewinn-und-Verlust-Rechnung, die nicht die Gewinne abbildete, welche wir durch unsere Wachstumsinvestitionen erzielen würden. Es war unsere Schuld: Wir waren davon ausgegangen, unsere Wagniskapitalgeber würden die Zahlen schon richtig interpretieren und wir müssten nicht alles erklären. Außerdem wurde uns bewusst, dass wir bessere Benchmarks benötigten. Um das Benchmarking richtig hinzubekommen, würden wir öffentlich einsehbare Bilanzen nutzen müssen.

Nun, ich durfte meinen Job behalten, insofern werden Sie vermutlich völlig richtig geschlussfolgert haben, dass wir dann doch die Kurve gekriegt haben. Wie uns das gelungen ist? Wir entwickelten eine komplett neuartige Gewinn-und-Verlust-Rechnung für die Subskriptions-Wirtschaft. Klingt ziemlich verrückt, sagen Sie? Ich erkläre es Ihnen gleich, aber zunächst einmal werden wir eine kleine Zeitreise absolvieren. Dazu müssen wir gut 500 Jahre in die Vergangenheit reisen. Und zwar nach Venedig!

LUCA PACIOLI UND DIE WELT
DER DOPPELTEN BUCHFÜHRUNG

Unser gesamtes Finanzsystem beruht auf dem Konzept der doppelten Buchführung. Das gilt für unsere Fähigkeit, Bilanzen zu erstellen, überprüfbare „Bücher" anzulegen und Unternehmen miteinander zu vergleichen. Wann immer jemand im Supermarkt die Verkaufszahlen mit dem Kassenbestand abgleicht, betreibt er eine Form von doppelter Buchführung.

Als „Vater der Buchhaltung" gilt der Franziskanermönch Luca Pacioli. Er war der Erste, der formale Regeln für dieses System entwickelte (und bis heute halten in seiner Heimatstadt Wirtschaftsprüfer Kongresse ab). Pacioli wurde 1447 außerhalb von Florenz geboren und führte ein erfülltes Leben. Er war ein brillanter Mann, der viel umherreiste und in Venedig, Bologna und Mailand lehrte und publizierte. Er verfasste eine Abhandlung über Zaubertricks, die erste Anweisungen für Kartenspielereien, Jonglage und das Feuerschlucken enthielt. Er hielt Vorlesungen zu Euklid ab und schrieb Bücher über Algebra, Schachtaktik sowie geometrische Formen und Perspektiven. Das letztgenannte Werk hat sein Mitarbeiter und Zimmergenosse illustriert: Leonardo da Vinci.

Pacioli stammte aus einer relativ bescheidenen Familie, deshalb war seine Ausbildung auf den Handel ausgerichtet (Kinder aus reichen Familien lernten Latein und die Klassiker). Als er nach Venedig zog, um dort die Kinder eines bekannten Kaufmanns zu unterrichten, war er ein aufgeweckter und gewiefter junger Mann. Damals stand der Gewürzhandel in voller Blüte und Kaufleute aus dem Stadtstaat Venedig reisten in den Nahen Osten und nach Asien, um dort seltene Gewürze, Kräuter und Opiate zu erstehen. Weil dies sehr zeitaufwendig war und dabei enorme Strecken zurückgelegt wurden, arbeiteten die Händler nicht selten mit Kreditbriefen und Schuldscheinen. Dabei schlichen sich oft Fehler ein und man verlor den Überblick darüber, wer wem was schuldete. Erste Versionen der doppelten Buchführung sind aus dem 14. Jahrhundert bekannt, aber es war Pacioli, der als Erster einen förmlichen Kodex einführte. Sein Buch hieß bescheiden *Summa de Arithmetica, Geometria, Proportioni et Proportionalita* (*Hauptgedanken der Arithmetik, der Geometrie, der Proportionen und der Proportionalität*).[1]

Hier findet sich auch Paciolis großartiger Grundsatz: Man gehe erst zu Bett, wenn Soll und Haben ausgeglichen sind. Bei jeder finanziellen Transaktion müssen beide Spalten zueinander passen. Die Buchungseinträge sollten akkurat und zeitnah erfolgen, fahnden Sie nach Unstimmigkeiten und sorgen Sie dafür, dass die Menschen angemessen bezahlt werden. So erhalten Sie einen Überblick über das Gesamtvermögen, die Bilanz aus all Ihren Schulden und Ihrem Kapital. Eine einfache, aber wichtige Gleichung, die es Ihnen erlaubt, Gewinn-und-Verlust-Rechnungen und Bilanzen anzufertigen und den Cashflow zu überblicken. Im Folgenden eine typische Gewinn-und-Verlust-Rechnung, wie sie in jedem Grundkurs für Betriebswirtschaftslehre gelehrt wird (Zahlen in Millionen Dollar):

Nettoumsatz:	$ 100
Abzüglich der Kosten für verkaufte Waren:	(40)
Bruttogewinn:	$ 60
Abzüglich Vertrieb und Marketing:	(20)
Abzüglich Forschung & Entwicklung:	(20)
Abzüglich Allgemeines & Verwaltung:	(10)
Reingewinn:	$ 10

Alles keine Hexerei, stimmt's? Das heißt, dass Sie eine Einheit (oder mehrere) eines Produkts für 100 Millionen Dollar verkauft haben. Die Gewinn-und-Verlust-Rechnung zeigt die zugrunde liegenden Kosten, die in diese Einheit geflossen sind. Es gibt vier Kategorien: Wie teuer war es, diese Einheit herzustellen (Kosten der verkauften Waren), unter Berücksichtigung der Rohstoffe, Produktionskosten und so weiter? Wie teuer war es, diese Einheit zu verkaufen (zum Beispiel: Provisionen für Vertriebsmitarbeiter, Geld für den Vertriebskanal)? Wie viel Geld steckte Ihr Unternehmen in die Forschungs- und Entwicklungsarbeit, die für die Herstellung dieser Einheit erforderlich war? Und schließlich: Wie hoch waren die indirekten Kosten (beispielsweise für die Buchhaltung, die Personalabteilung, die Geschäftsleitung), die aufliefen, damit das Management das Unternehmen am Laufen halten konnte?

Sie sehen, einige dieser Kosten sind fix, etwa die Ausgaben für Forschung und Entwicklung. Das bedeutet, je mehr Einheiten Sie verkaufen, desto niedriger sind Ihre Stückkosten. Der Buchhaltung obliegt es, alle Kosten zu berücksichtigen, die in die Herstellung der verkauften Einheit eingeflossen sind. Glückwunsch, ich habe Ihnen gerade die 100 Riesen für Ihr MBA-Studium erspart.

Lassen Sie uns nun noch einmal zu dem Tag zurückkehren, an dem ich um ein Haar gefeuert worden wäre.

Nachdem Tyler und ich dem Board unsere Pläne vorgestellt hatten, wurde uns klar: Dieses Modell mochte die vergangenen 500 Jahre hervorragend funktioniert haben, aber für das Subskriptions-Business war es völlig ungeeignet, und zwar aus dreierlei Gründen:

Erstens unterscheidet die traditionelle Gewinn-und-Verlust-Rechnung nicht zwischen wiederkehrenden und einmaligen Dollar-Einnahmen. Das ist, als würde man behaupten, es gebe keinen Unterschied zwischen einem Dollar und einem, der die nächsten zehn Jahre lang immer wieder bezahlt werden wird. Wiederkehrende Einnahmen sind der Eckpfeiler des Subskriptions-Business, aber die traditionellen Bilanzierungskonzepte waren niemals dafür ausgelegt.

Zweitens: Vertrieb und Marketing sind darauf ausgerichtet, wie früher Waren verkauft wurden. Es sind praktisch irreversible Kosten.

Ich gehe im Verlauf dieses Kapitels genauer darauf ein, hier nur so viel: Abo-Firmen müssen strategisch abwägen, wie die Vertriebs- und Marketingausgaben das künftige Geschäft vorantreiben.

Und drittens: Die Buchführung ist rückwärtsgewandt – es geht einzig um bereits verdientes Geld, um bereits getätigte Ausgaben, um bereits getätigte Handlungen. Bei Subskriptions-Unternehmen dagegen dreht sich alles um die Zukunft: Ich möchte wissen, wie viel Geld mir für die nächsten zwölf Monate sicher zur Verfügung steht, damit ich entsprechend bilanzieren, planen und investieren kann.

Also beschlossen wir, uns etwas Neues auszudenken.

WIR PRÄSENTIEREN:
DIE GEWINN-UND-VERLUST-RECHNUNG FÜR DIE SUBSKRIPTIONS-WIRTSCHAFT

Jedes gute Abo-Unternehmen, das ich kenne, konzentriert sich auf die Kennzahl ARR, das steht für *annual recurring revenue* beziehungsweise „jährlich wiederkehrenden Umsatz". Was genau verbirgt sich dahinter? Einfach gesagt ist es der Umsatz, den Ihre Abonnenten Ihnen Ihrer Einschätzung nach jedes Jahr bezahlen werden. Es handelt sich um wiederkehrende Umsätze, im Gegensatz zu den einmaligen Umsätzen. Jedes Quartal prüft ein Abo-Unternehmen, wie sehr der ARR zugenommen hat. Dazu wird folgende Formel herangezogen:

$$ARR_n - Churn + ACV = ARR_{n+1}$$

Man beginnt den Erhebungszeitraum mit einem bestimmten, auf das Jahr hochgerechneten („Run Rate") jährlich wiederkehrenden Umsatz.	Einen gewissen Prozentsatz dieses ARR geben Sie aus für Dinge wie Wareneinsatz, allgemeine und Verwaltungskosten sowie für Forschung und Entwicklung.	Dabei bemühen Sie sich nach Leibeskräften, einem Rückgang des ARR entgegenzuwirken.	Außerdem investieren Sie in das Wachstum Ihres ARR, indem Sie von Altkunden wie Neukunden zusätzlichen jährlichen Auftragswert (*annual contract value*, ACV) an Land ziehen.	Das Ergebnis ist eine neue ARR-Run-Rate zu Beginn des nächsten Erhebungszeitraums.

Auf der Grundlage dieser Formel entwarfen Tyler und ich eine Gewinn-und-Verlust-Rechnung für die Subskriptions-Wirtschaft. Diese Berechnungen spiegeln dieses Business unserer Meinung nach sehr viel besser wider. Wir präsentierten sie 6o Tage später dem Board und haben dieses Modell seitdem zahllosen anderen Firmen vorgestellt sowie diversen Finanzanalysten, die sich mit Subskriptions-Unternehmen befassen.

Wenn man die obige Formel berücksichtigt, sollte eine Gewinn-und-Verlust-Rechnung in der Subskriptions-Wirtschaft eher so aussehen (Umsatz in Millionen Dollar):

ARR:	$ 100
Abzüglich Kundenabwanderung:	(10)
Netto-ARR:	90
Wiederkehrende Kosten:	
Abzüglich Wareneinsatz:	(20)
Abzüglich Allgemeines und Verwaltung:	(10)
Abzüglich Forschung und Entwicklung:	(20)
Wiederkehrender Gewinn:	40
Abzüglich Vertrieb und Marketing:	(30)
Nettobetriebsgewinn	10
Neuer ARR (oder ACV)	30
Gesamt-ARR:	120

Sehen wir uns das im Detail an.

ARR: Ich möchte noch einmal darauf hinweisen, dass wir nicht mit Einnahmen beginnen und enden, sondern mit ARR, dem jährlich wiederkehrenden Umsatz. Wie gesagt, das liegt daran, dass diese Gewinn-und-Verlust-Rechnung vorwärts- und nicht rückwärtsgewandt ist. In einer herkömmlichen Bilanz heißt es: „Sie haben im abgelaufenen Quartal Einnahmen in Höhe von X gehabt." In dieser Rechnung dagegen heißt es: „Sie starten dieses Quartal mit wiederkehrenden Umsätzen in Höhe von Y." Das ist quantitativ ein enormer

Unterschied. ARR ist wiederkehrender Umsatz, auf den Sie zählen können.

Churn (Kundenabwanderung): Trotz aller wiederkehrenden Umsätze gibt es stets auch Abtrünnige. Selbst wenn Sie das allerbeste Angebot am Markt vorweisen können, wird es immer vorkommen, dass Sie Kunden verlieren: Vielleicht haben sie kein Interesse mehr an Ihrem Service oder sie wechseln zu einem Konkurrenten, der mit schamlosen Rabatten lockt. Handelt es sich um einen Firmenkunden, kann es sein, dass Sie Ihren dortigen Fürsprecher verlieren, dass das Unternehmen aufgekauft wird oder dass es pleite geht. Für andere Gründe (mangelhafte Umsetzung oder Nutzung, Produktlücken, schwaches Verbrauchermarketing, fehlende Ressourcen oder Erfahrung) müssen Sie vor der eigenen Haustür kehren. Was auch immer die Gründe sind, wir sprechen hier von Kundenabwanderung und die wirkt sich negativ auf den ARR aus. Anstatt also wie in unserem Beispiel mit 100 Millionen Dollar zu kalkulieren, erwarten wir eine Kundenabwanderung, die uns zehn Millionen Dollar kosten wird, also verfügen wir über einen Netto-ARR von 90 Millionen Dollar. Mit dieser Summe können wir rechnen. Wie geben wir dieses Geld nun aus?

Wiederkehrende Kosten: Die erste Frage lautet: Was benötigen wir für diesen ARR? Ihre Altkunden müssen schließlich zufriedengestellt werden. An dieser Stelle haben wir einige Kosten umgestellt und Wareneinsatz, F&E und Allgemeines und Verwaltungskosten „übertragen", weil es sich hierbei um Kosten handelt, die nötig sind, um den ARR am Laufen zu halten. Einige Unternehmen oder Analysten fangen nun zu rechnen an und setzen nur einen bestimmten Prozentsatz dieser Kosten an. Wir wollten die Dinge einfach halten und nehmen deshalb an, dass *alles* an Wareneinsatz, F&E und Verwaltungskosten der Aufrechterhaltung der wiederkehrenden Umsätze dient. Insofern sind dies alles wiederkehrende Kosten. Der Vorteil bei diesem Vorgehen: Es lässt sich leicht gegen andere börsennotierte Firmen benchmarken, indem man auf deren öffentliche Finanzdaten zugreift.

Wiederkehrende Gewinnmarge: Unsere wiederkehrende Gewinnmarge ist einfach die Differenz zwischen den wiederkehrenden Umsätzen und den laufenden Kosten. Der Wert zeigt Ihnen die Rentabilität Ihres Abonnement-Geschäfts, denn Ihre wiederkehrenden Umsätze sind sicher, ebenso die Kosten für die Generierung dieses Umsatzes. In der Beispielrechnung sind das 40 Millionen Dollar, was einer sehr gesunden Marge entspricht. Es gibt reichlich Debatten darüber, wie rentabel Abo-Modelle sind. Wollen wir herausfinden, wie erfolgreich ein Abo-Dienst ist, sehen sich Tyler und ich als Erstes immer die wiederkehrende Gewinnmarge an, um ein Gespür dafür zu bekommen, wie gut das Unternehmen tatsächlich dasteht.

Wachstumskosten: Und was ist mit Vertrieb und Marketing? Hier findet sich einer der größten Unterschiede zwischen traditionellen und Subskriptions-Modellen. In einem traditionellen Geschäft spiegelt der Umsatzaufwand wider, wie viel ich ausgebe, um einen Dollar Umsatz zu erwirtschaften. Im Abo-Geschäft dagegen werden die Kosten für Marketing und Vertrieb den künftigen Umsätzen gegenübergestellt. Warum? Weil das Geld, das ich dieses Quartal in Vertrieb und Marketing stecke, zum ARR beiträgt, ich die Umsätze aus diesem ARR-Wachstum aber erst in künftigen Quartalen verzeichnen werde. In der traditionellen Buchhaltungssprache agieren Ihre Vertriebs- und Marketingkosten nun eher wie eine Kapitalausgabe. Es handelt sich um Ausgaben, die Sie vornehmen, um das Geschäft wachsen zu lassen, sei es mithilfe der Altkunden oder durch Neukundengewinnung. Deshalb bezeichnen wir sie als Wachstumskosten. Auch hier sind wir, um es einfach zu halten und das Benchmarking zu erleichtern, davon ausgegangen, dass Vertriebs- und Marketingkosten zu 100 Prozent in das Wachstum einfließen.

WACHSTUM
VERSUS RENTABILITÄT

Nun kennen Sie das Verhältnis zwischen wiederkehrender Gewinnmarge und Umsatz. Je höher Ihre wiederkehrende Gewinnmarge ist, desto mehr Geld müssen Sie für Wachstum ausgeben. In dem eben genannten Beispiel beschloss das Unternehmen, nahezu seine gesamte wiederkehrende Gewinnmarge ins Wachstum zu pumpen, und stand am Ende des Zeitraums 20 Prozent größer da.

Möglicherweise fragen Sie sich nun: Warum nicht den gesamten wiederkehrenden Gewinn ins Wachstum stecken? Die Frage ist absolut berechtigt. Wenn Sie glauben, einen Markt mit viel Potenzial vor sich zu haben, und wenn Sie die Kundenabwanderung im Griff haben, können Sie dieses Spiel Jahr um Jahr spielen und ein jährliches Wachstum von 30 Prozent hinlegen. Ist dann irgendwann endlich der Zeitpunkt gekommen, Gewinne zu machen, arbeiten Sie mit einem deutlich größeren Strom an wiederkehrenden Gewinnen.

Das ist der Grund, weshalb viele Subskriptions-Unternehmen unrentabel „aussehen", obwohl sie tatsächlich fantastische Geschäfte machen. Deshalb rolle ich auch immer mit den Augen, wenn sich mal wieder ein Analyst darüber beschwert, dass Firmen wie Salesforce oder Box keine Gewinne abwerfen. Die Subskriptions-Wirtschaft hat Einzug gehalten in viele milliardenschwere Industriezweige, trotzdem haben viele Investoren, Analysten und Investorenmedien nach wie vor keine Ahnung von den grundlegenden Unterschieden zwischen produktorientierten und subskriptionsorientierten Firmen und übersehen, dass diese völlig andere finanzielle Kennzahlen erfordern machen.

Als ich bei Salesforce war, haben wir viel Zeit und Energie in die Aufgabe gesteckt, Investoren und Analysten die gewaltigen Leistungsunterschiede zwischen herkömmlichen Software-Firmen und Software-Firmen mit Abo-Modell zu vermitteln. Viele orientierten sich dennoch weiterhin am Kurs-Gewinn-Verhältnis und kapierten nicht, warum sie in ein Unternehmen investieren sollen, das – wie

unseres damals – zum 200-Fachen der künftigen Gewinne gehandelt wird. Wir wussten: Der Betriebsgewinn war für die Ermittlung unseres Wertes eigentlich bedeutungslos.

Ganz ehrlich: Als Investor würde ich ein Abo-Unternehmen sogar rauswerfen, das den Betriebsgewinn in die Bilanz einbringt. Für mich wäre das ein Signal, dass das Unternehmen die Ausgaben für Vertrieb und Marketing zurückfährt, weil es nicht in der Lage ist, genügend Neukunden zu gewinnen! Der zentrale Punkt ist der: Solange der Eimer kein Loch hat, ist es für ein Abo-Unternehmen absolut vernünftig, all seine Gewinne ins Wachstum zu pumpen.

Die Merkregel: Wächst Ihr ARR schneller als Ihre laufenden Kosten, können Sie unbesorgt aufs Gaspedal treten. Ben Thompson von *Stratechery* schreibt: „Sie verkaufen nicht unbedingt ein Produkt, vielmehr schaffen Sie jährliche Verbindlichkeiten, wobei der Customer Lifetime Value deutlich höher ist als alles, was Sie für die Kundenakquise ausgegeben haben."

TYLERS
ERFOLGE

Hier sehen Sie eine Folie, die mein CFO Tyler Sloat alle drei Monate vorlegt, wenn wir unsere vierteljährliche Mitarbeiterversammlung abhalten. Außerdem präsentiert er sie andauernd bei öffentlichen Auftritten. Er zeigt sie Bankern, Analysten, der Presse. Wahrscheinlich könnte er im Schlaf einen Vortrag darüber halten und ich bin mir – leider – sicher, dass er das manchmal auch tut. Die Belegschaft von Zuora hat diese Folie ins Gehirn gebrannt bekommen. Wir nennen sie Tylers Folie:[2]

Warum diese Tabelle so wichtig ist? Weil Tyler damit dazu beiträgt, dass unser Unternehmen sein volles Potenzial ausschöpft. Wir haben bereits gesehen, welch enormen Einfluss das Finanzmodell bei sämtlichen Abo-Unternehmen hat. Es ist der Grund dafür, dass Box seit seinem Börsengang (der begleitet wurde von viel Kritik seitens der

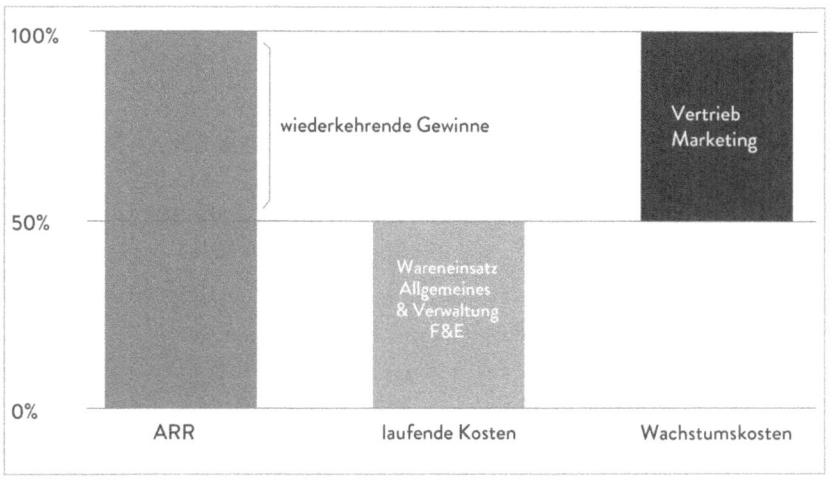

Analysten, was die Rentabilität angeht) seine Umsätze um über 100 Prozent steigern konnte. Es ist die Chance, die der erwähnte CFO aus dem Medienunternehmen verpasste – nämlich sein Unternehmen stärker, wettbewerbsfähiger und krisensicherer zu machen.

Und das gelingt Tyler mit einer einzigen Folie? Ihnen ist bestimmt aufgefallen, dass alle Elemente der Subskriptions-Wirtschaft vorhanden sind – ARR, laufende Kosten, Wachstumsausgaben, Marge aus wiederkehrenden Gewinnen. Und gewiss haben Sie auch bemerkt, dass alles in Relation zum ARR dargestellt ist. In einer simplen Grafik ist alles enthalten. Nun gibt es drei Wege, unser Geschäft mittels dieser Tabelle zu betreiben.

Erstens nutzen wir die Tabelle dafür, unsere laufenden Kosten zu managen. Anders formuliert: Wir verwenden sie zur Haushaltsplanung. Jedes Jahr bestimmen wir, wie groß der prozentuelle ARR-Anteil von Wareneinsatz, Gemeinkosten und Verwaltung sowie Forschung und Entwicklung sein soll. Früher war die Budgeterstellung ein Albtraum sondergleichen, geprägt von viel Innenpolitik und lautem Geschrei. Heute dagegen ist es ein ziemlich simpler Prozess. All unsere Abteilungsleiter wissen, worin die beste Methode besteht, ein größeres Budget zu bekommen – indem man nämlich zum Wachstum des ARR beiträgt. Wie effektiv nutzen sie ihre Ressourcen zum Erreichen dieses übergeordneten Ziels? Steigt der ARR, steigt das Budget.

Zweitens nutzen wir die Tabelle dafür, um den Ausgleich zwischen laufenden Kosten und Wachstumsausgaben zu managen. Mit den beiden Balken rechts auf Tylers Folie kann man drei Dinge anstellen: Man belässt sie jeweils bei 50 Prozent und wächst weiterhin in ansehnlichem Tempo (denken Sie an die hypothetische Gewinn-und-Verlust-Rechnung, bei der kamen wir auf 20 Prozent Wachstum). Oder man erhöht die laufenden Kosten und senkt die Wachstumsausgaben (sagen wir in einem Verhältnis von 70 zu 30 Prozent). Oder anders herum: Man erhöht die Wachstumsausgaben auf beispielsweise 70 Prozent und reduziert die laufenden Kosten auf 30 Prozent. Das heißt, man gibt mehr Geld aus, um schneller zu wachsen.

Wir haben wiederholt entschieden, trotz wachsendem ARR unsere laufenden Kosten unverändert zu lassen und stattdessen das Gewicht bei den Ausgaben stärker auf das Wachstum zu legen. Der Grund? Wenn Sie wissen, wie erfolgreich Ihre Wachstumsausgaben genau sein werden, können Sie Ihrem Technikvorstand erklären, dass er entweder dieses Jahr fünf neue Programmierer einstellen kann oder nächstes Jahr 20. Wir haben mit den Leitungen unserer Abteilungen wiederholt derartige Überlegungen angestellt wie: „Wenn wir uns drei Quartale ein wenig einschränken, werden die Dividenden, die wir aus unserem Geschäftsmodell generieren, das wert sein." Aus diesem Grund sind auch die Margen aus dem wiederkehrenden Geschäft für Subskriptions-Unternehmen so wichtig, denn sie bestimmen ihre Fähigkeit zu wachsen.

Drittens verwenden wir diese Tabelle, um ein Auge auf unsere Ausgaben für Vertrieb und Marketing zu haben. Dazu nutzen wir ein Konzept, das als Wachstumseffizienzindex (*growth efficiency index*, GEI) bezeichnet wird. Angenommen, Sie investieren einen Dollar in die Bemühungen, durch Vertrieb und Marketing das Neukundengeschäft anzukurbeln. Wie viele Dollar wiederkehrenden Umsatz bringt Ihnen das ein? Das ist Ihr Wachstumseffizienzindex.

An ihm können Sie ablesen, um wie viel Sie wachsen werden und wie schnell. Ist Ihr GEI größer als 1, geben Sie derzeit mehr Geld für Neugeschäft aus, als Sie einnehmen. Liegt Ihr GEI unter 1, geben Sie weniger aus, als Sie einnehmen – Sie sind also an dem Punkt, an dem man natürlich sein möchte. Klingt einfach, aber viele Unternehmen, die auf Wachstum aus sind, weisen einen GEI zwischen 1,0 und 2,0 auf.

Sie können Ihre Wachstumsausgaben natürlich auch so weit hochfahren, dass Sie Geld verlieren. Ja, Sie haben richtig gehört. Sollten Sie Geld auf dem Konto und Zugang zu Kapital haben, Ihre Marge aus den wiederkehrenden Gewinnen ist ordentlich, Ihre Kundenabwanderung hält sich in Grenzen und Ihre GEI-Zahlen können sich sehen lassen, dann treten Sie aufs Gas. Im Grunde versteht sich das von selbst, es ist einfach gut fürs Geschäft. Investieren Sie in die Akquise wiederkehrender Umsätze, damit Sie nicht jedes Jahr aufs Neue Geld ausgeben müssen für neue Umsätze. Erstaunlicherweise gibt es an der Wall Street noch immer Leute, die das offenbar nicht verstanden haben.

MEHR ALS ERBSENZÄHLEREI –
DIE FINANZABTEILUNG GIBT DEN TON AN

Vor einigen Jahren begann Tyler damit, jährlich CFOs in Half Moon Bay um sich zu scharen. Zunächst verfolgte ich das Ganze mit einigem Argwohn: Was trieben die da? Fachsimpelten sie über die neueste Mitteilung der FASB?[3] Spielten sie Fantasy-Baseball? Wie sich herausstellte, tauschten sie sich über ihre Erfahrungen aus: „Dieses und jenes haben wir im Auge ... dieses und jenes ist aus unserer Sicht wichtig ... dieses und jenes ist aus unserer Sicht überbewertet ..." Mit jedem Jahr wurde die Gruppe größer. Heute kommen zu „Subscribed San Francisco" über 100 CFOs, Finanzmanager, Banker und Analysten. Sie sprechen über den Markt, debattieren über Umfrageergebnisse und tauschen Beispiele für Best Practices aus.

Ich habe jedes Jahr teilgenommen und dabei eines gelernt: Der Job der Finanzabteilungen hat sich dramatisch verändert. Damals, im 20. Jahrhundert, bestand ihre Aufgabe darin, alle Unternehmensausgaben im Blick zu behalten und sie den Stückzahlen gegenüberzustellen: Wie hoch waren bei der Herstellung dieses Produkts die Marginalkosten? Wie teuer war die ursprüngliche Produktidee? Wie viel Geld mussten wir im Rahmen des Verkaufs an unsere Vertriebskanäle abtreten? Wie hoch sind unsere Verwaltungskosten? Für gewöhnlich bestand die Aufgabe eines CFO zu 80 Prozent darin, den Leuten zu erklären, was geschehen ist. Buch zu führen. Das Budget im Blick zu behalten. Die verbleibenden 20 Prozent verbrachte er damit, diese Zahlen zu analysieren, damit man Ressourcen zuweisen, Prognosen erstellen und die Strategie managen konnte. Es ging darum, das nächste Kapitel der Produktgeschichte zu schreiben.

Heute hat sich dieses Verhältnis umgekehrt. Verstehen wir uns nicht falsch: Das heißt keineswegs, dass Compliance und Rechnungslegung an Bedeutung verloren hätten. Das sind Mindestanforderungen, die es zu erfüllen gilt. Aber vor allem seit dem Wirtschaftsabschwung von 2008 haben sich die Verantwortlichkeiten der CFOs dramatisch ausgeweitet und umfassen nun die Herausforderungen der neuen Märkte ebenso wie ein regulatorisches Umfeld, das rasanten Veränderungen unterliegt. Eine neue Welt entsteht, basierend auf dynamischen Geschäftsmodellen, und immer mehr Finanzteams haben die Zügel in der Hand. Das passt, denn unter dem Strich unterscheidet sich ein Geschäftsmodell doch von einem Budget. Bei Letzterem geht es darum, Personalbestand und Kosten mit Blick auf erwartete Einnahmen zu verteilen. Ein Geschäftsmodell dagegen ist eine Mischung aus Strategie, Erkenntnissen und Ideen, woraus sich ein quantitatives, sich stets im Fluss befindliches Grundgerüst ergibt, das Veränderungen anstößt und auf diese reagiert.

Dieses Modell wird immer mehr von der Finanzabteilung bestimmt, den neuen Architekten von Geschäftsmodellen.

KAPITEL 14
IT – ABONNENTEN STATT ARTIKEL-NUMMERN

Es ist ein beliebter Volkssport, sich über seine IT-Abteilung zu beschweren: Die IT ist furchtbar nervig, ein Flaschenhals und so weiter. Das ist natürlich alles Unfug. Bei genauerer Betrachtung waren die vergangenen 20 Jahre IT-Geschichte eine erstaunliche Zeit. Definiert man das höchste Ziel einer IT-Abteilung als „Steigerung der Unternehmenseffizienz durch Standardisierung der Systeme", dann haben die meisten IT-Abteilungen in dieser Hinsicht ausgesprochen erfolgreich gearbeitet. Damals, in den 1990er-Jahren, installierten sie große ERP-Systeme, dank derer ihre Unternehmen endlich echte Systems of Record erhielten: Oracle, SAP, JDE, People-Soft und wie sie alle heißen. Alle waren glücklich (na ja, fast alle). Auf einen Schlag war die IT cool.

Dann erschien dieses neue Ding namens „Cloud" auf der Bildfläche und plötzlich schossen Plug-&-Play-SaaS-Geschäftsanwendungen wie Pilze aus dem Boden. Zunächst beäugten die IT-Abteilungen dieses neue Zeugs voller Argwohn, ihnen missfiel die Vorstellung, all diese Anwendungen schlüsselfertig zu kaufen. Nachdem jedoch die Sicherheitsfragen geklärt waren, realisierten die Abteilungen, dass ihnen all diese SaaS-Anwendungen zu deutlich mehr Reaktionsfähigkeit verhalfen. Sie benötigen eine leicht handhabbare Anwendung zur Reisekostenverwaltung? Ich stelle Ihnen rasch mit Concur etwas zusammen. Sie brauchen etwas zur Automatisierung der Vermarktung? Das übernimmt Marketo. Sie wollen Dateien einfacher teilen und sichern? Hier kommt Box ins Spiel. Man hätte es nicht für möglich gehalten – IT wurde noch cooler.

Ich muss leider sagen, dass die Reise in letzter Zeit allerdings etwas beschwerlicher geworden ist. Die IT fängt wieder an zu nerven. Die Unternehmen stellen Fragen, die die IT nicht beantworten kann. Woran liegt das? Nun, die grundlegenden IT-Systeme dieser Firmen basieren nicht auf Abonnenten, sondern auf Artikelnummern, den Produktlinien zugeteilten Kennzahlen. Ein Beispiel: **Wer sind meine Abonnenten?** Fragen Sie bei SAP oder Oracle mal nach, wie viele aktive Abonnenten sie zu einem beliebigen Zeitpunkt haben. Die Firmen wissen das nicht, dieses Konzept existiert in ihrem Universum schlicht nicht. Systems of Record für Aufträge, Konten und Produkte? Überhaupt kein Problem. Aber fragen Sie Ihre ERP-Software, wie viele Upselling-Geschäfte Sie getätigt haben oder wie viele Kunden im vergangenen Jahr ihr Abonnement verlängerten, so werden Sie verständnislose Blicke ernten. Bei ERP stehen kundenzentrierte Transaktionen einfach nicht im Mittelpunkt. Gelingt es Ihnen jedoch nicht, mit der Zeit aus Kundenbeziehungen Kapital zu schlagen, sind Sie bald mausetot.

Habe ich bei der Bepreisung dieses Dienstes völlig freie Hand? Vor einigen Jahren unterhielt ich mich mit der Digitalchefin einer großen, angesehenen Tageszeitung, eine der ersten, die erfolgreich eine Paywall einführte. Sie erklärte mir, die Zeitung habe in den vergangenen zehn Jahren lediglich zwei Preismodelle angeboten: Standard und Premium, beide mit jährlicher Laufzeit. Sie hätten da eine Idee, wie es besser geht: Tages-Abos für Gelegenheitsleser, die nur ein paar Artikel lesen wollen. Hörte sich gut an. Also setzten sie sich sechs lange, arbeitsintensive Monate mit der IT-Abteilung zusammen und brachten dieses Angebot schließlich mit großem Tamtam an den Start. Und dann? Funktionierte es nicht wie gedacht. Theoretisch ist das nicht so schlimm, denn es ist ja immer eine gute Sache, zu experimentieren – aber nicht, wenn es so lange dauert. Damals stellten sie fest: Es gibt nur einen Weg, die richtige Preispolitik zu bestimmen – sie mussten ständig Neues ausprobieren, aber sechs Monate Vorbereitung, das war schlichtweg inakzeptabel.

Wenn all diese Experimente so viel Zeit und Mühe kosten, fällt es nicht leicht, experimentierfreudig zu sein und vieles auszuprobieren. Abo-Dienste decken die ganze Bandbreite ab, von einfachen, monatlich gleichbleibenden Gebühren über nutzungsabhängigen Beiträgen und Einmalzahlungen bis hin zu „Alles davon". Bei einem ERP-System hingegen kann es Monate dauern, eine einzige Preisänderung umzusetzen. Wenn man in der alten Welt die monatliche Gebühr von zehn auf elf Dollar anhob, musste man sehr lange warten, bis klar war, ob das eine gute Idee war oder nicht. Das funktioniert heute nicht mehr. Abo-Dienste müssen imstande sein, auf die Schnelle Preis A und Preis B testen zu können, um abschätzen zu können, ob die Kunden ein neues Angebot annehmen.

Wo ist der „Verlängern"-Button? ERP-Systeme verfügen zur Überwachung von Transaktionen im Grunde nur über einen „Kaufen"-Button. Das Problem dabei: Abonnements verändern sich fortlaufend. Kunden melden sich an, erwerben ein Upgrade, nutzen ein Extra-Feature oder verlängern ihr Abo. ERP-Systeme zwingen die Firmen dummerweise dazu, sich für die Bepreisung einen Workaround zusammenzustoppeln und beispielsweise für jeden Monat des Jahres eine unterschiedliche Artikelnummer (oder einen anderen Eintrag im Produktkatalog) anzulegen, um monatliche Verlängerungen erfassen zu können. Es fehlen die zentralen Werkzeuge, die man benötigt, um die Laufzeit eines Abonnements ordentlich verwalten zu können. Angenommen, Sie haben eine Sprach-App entwickelt und wollen vielreisenden Führungskräften ein neues Abo unterbreiten. Wie würde Ihre ERP-Software diesen neuen Dienst nennen? Vermutlich „Februar-Service-Artikelnummer" oder etwas in der Art. Das tut weh.

Warum kann ich nicht an alle verkaufen? Angenommen, Sie sind ein Produzent, der erfolgreich einen Analysedienst gestartet hat, welcher sich mit dem Internet der Dinge befasst und auf Großkonzerne abzielt. So weit, so gut. Jetzt, wo Sie digitale Dienstleistungen vertreiben, sollten Sie doch ebenso imstande sein, an kleine Betriebe und Verbraucher zu verkaufen, oder? Nicht, wenn Ihr ERP-System jedes Mal 400 Dollar für das Versenden einer Rechnung veranschlagt! Firmen aus der Subskriptions-Wirtschaft wie beispielsweise Salesforce und Box waren deshalb so erfolgreich, weil sie mit jedem Geschäfte machten – mit Einzelpersonen ebenso wie mit großen Konzernen. Dafür sind Tools erforderlich, die es ihnen erlauben, volumenstarke wiederkehrende Zahlungen in der B2C-Welt ebenso zu verarbeiten wie hochkomplexe Rechnungen und Verträge aus der B2B-Welt. Und diese Tools müssen für Kunden ausgelegt sein, die von überallher kommen – beispielsweise Selbstanmelder aus dem Internet, über Mobilfunkgeräte gewonnene Kundschaft, Kunden aus direkten Kanälen, aus Vertriebskanälen oder über Facebook. Die alte Firmentechnologie lässt Ihnen die Wahl zwischen B2B und B2C, was Sie jedoch benötigen, ist die Möglichkeit, B2Any zu wählen.

Wie sehen meine Zahlen aus? Eine wahre Geschichte: Ein Freund von mir übernahm die Leitung eines SaaS-Unternehmens. Er beschloss, ein kleines Experiment durchzuführen, und bat sowohl sein Finanzteam als auch seine Vertriebsmannschaft, ihm die aktuellsten Zahlen zum wiederkehrenden Umsatz vorzulegen. Das Resultat: Zwei massiv voneinander abweichende Ergebnisse! Und wie sich herausstellte, waren die Zahlen aus dem Vertrieb zutreffender! Wie kann das angehen? Das Leben und Überleben von Abo-Unternehmen hängt davon ab, die Wechselbeziehungen zwischen Buchungen, Rechnungen, Cashflow und Umsatz messen zu können. Leider sind diese Daten in unterschiedlichen Software-Silos zu Hause. Buchungen unterliegen dem Customer-Relationship-Management, Rechnungen und Cashflow sind im Hauptbuch beziehungsweise dem ERP-System abgelegt und Umsätze schließlich werden häufig in einer ganzen Batterie komplexer Tabellen errechnet. Viel Spaß dabei, all das miteinander zu verknüpfen.

Die Liste der Bedürfnisse, die nicht erfüllt werden, lässt sich beliebig fortsetzen. Auf einmal fällt die IT wieder zurück.

Wie kommt das? Zum Teil liegt das am Wesen der ERP-Systeme. Sie wurden dafür entwickelt, Produkte auf Paletten zu verfolgen, nicht für Dienste, die über einen längeren Zeitraum hinweg in Anspruch genommen werden. Sie wissen schon ... „jede Farbe ist möglich, solange es schwarz ist". Das ist, kurz gesagt, ERP. Jahrzehntelang hat sich die IT darauf konzentriert, alles zu standardisieren und die Firma beim Skalieren ihrer Produkte zu unterstützen. Jetzt aber muss sie feststellen, dass eben diese Systeme heutzutage die neuen Geschäftsmodelle, bei denen Abonnenten im Mittelpunkt stehen, zu stark einengen. Sehen wir uns einmal an, wie heute eine typische IT-Architektur aussieht:

ALTE IT-ARCHITEKTUR
CRM + lineares Quote-to-Cash + ERP

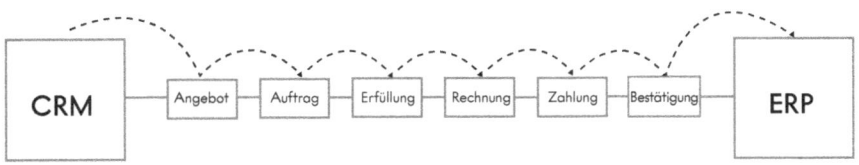

Das rechts ist Ihr Finanzsystem. So etwas haben die meisten Unternehmen vor 15 bis 20 Jahren eingeführt (diese Systeme gehören heute fast alle zu Oracle). Kurz nach der Installation der ERP-Systeme haben sich die Firmen für ein CRM-System wie Salesforce oder Microsoft entschieden. Ihr CRM und ihr ERP wurden also zu den beiden Ankern der IT-Infrastruktur. Aber es ist ja noch alles Mögliche dazwischengeschaltet. Es gibt Systeme zur Angebotserstellung, für Bestellungen und zur Abwicklung. Und sie alle sind streng linear miteinander verbunden, serialisiert. Was sie alle miteinander verknüpft, ist der allmächtige „Auftrag".

Um zu verstehen, wie das alles funktioniert, stellen wir uns noch einmal vor, wie die Systeme früher um die Abteilungen herum entworfen wurden. Angenommen, Sie haben einen Kunden, der 50 Stück von Ihrem Artikel kaufen möchte. Ihre Verkaufsabteilung erstellt ein Angebot: „Wenn Sie 50 Stück kaufen wollen, kostet das 10.000 Dollar." Der Kunde akzeptiert das Angebot, also wird es per Kohledurchschlag kopiert (alle Nicht-Millennials erinnern sich vielleicht noch) und ein Durchschlag geht an die nächste Abteilung, die Auftragsannahme. Der zuständige Sachbearbeiter sagt: „Alle Regeln wurden eingehalten und der Kunde hat die Bonitätsprüfung bestanden, also bestätige ich den Auftrag." Ein weiteres Stück Papier geht nun an die Auftragsabwicklung (Sie erkennen sicherlich, worauf ich hinauswill).

Der freundliche Mitarbeiter von der Abwicklung geht also ins Lager, legt 50 Stück in eine Kiste, verpackt und verschickt sie. Ein weiteres Stück Papier landet im Posteingang von jemandem, der nun ausrechnet, wie hoch die Produktkosten sind, die Steuern, Porto und Versand und ob irgendwelche Rabatte anzuwenden sind. Dann schickt die Person eine Rechnung und informiert die Inkassoabteilung, die eine Bestellung hinausschickt und die Kreditkarte belastet. Schließlich verbucht ein Buchhalter in der Abwicklung die zehn Riesen. Möglicherweise kursieren die verschiedenen Papiere auch noch per Rohrpost, ich kann es nicht genau sagen.

In der Realität sind die Dinge natürlich weitaus komplizierter. Jedes Unternehmen ab einer gewissen Größe verfügt nicht über ein derartiges System, sondern über Dutzende. Sei es das Ergebnis von Übernahmen oder durch die Gründung neuer Geschäftsbereiche – diese Abwicklungsketten neigen dazu, sich zu vermehren. Vielleicht haben Sie für eine neue Produktlinie ein neues Quote-to-Cash-System eingeführt oder im Zuge einer Fusion eines übernommen und behalten. Oder Sie haben sich einen komplett neuen Vertriebskanal zugelegt – Wiederverkäufer, digitaler Onlinehandel, was auch immer – und dafür brauchten Sie ein eigenes System. Möglicherweise haben Sie auch im Ausland expandiert und dafür war ein anderes System erforderlich, das besser an die örtlichen Bestimmungen und Bezahlmodalitäten angepasst war.

Kürzlich hatte ich mit einem fünf Milliarden Dollar schweren Unternehmen Kontakt, das gleichzeitig 44 eigenständige Quote-to-Cash-Systeme betrieb. Mir brummt schon der Kopf, wenn ich das nur hinschreibe. Mir ist ein anderes Unternehmen bekannt, dessen System aus den späten 1970er-Jahren stammte und das nur von demjenigen bedient werden konnte, der es damals entworfen hat (diese Person hat eine lebenslange Mitgliedschaft in einem Fitness-Klub bekommen und darf nicht in Rente gehen). Man versteht jedoch, wie es so weit kommen kann: Sie binden sich an eine große ERP-Installation, weil Sie ein Produkt effektiv verschiffen und verkaufen möchten. Im Laufe der Zeit folgt Kalkulationssoftware für die Verkaufsabteilung. Irgendwann übernehmen Sie mehrere Firmen und jede davon verfügt über eigene Subsysteme. Sie denken sich, es ist einfacher, bloß das Briefpapier und die E-Mail-Signaturen zu aktualisieren und nicht noch den ganzen Backend-Krempel dazu. Eines Morgens wachen Sie dann auf und niemand weiß, wo was abgelegt ist, und es dauert sechs Monate, eine Änderung umzusetzen.

In der alten Welt funktionierte das System ... mehr oder weniger. Die Durchschläge passierten sämtliche Stationen und Sachen wurden erledigt. Aber heute leben wir nicht mehr in so einer statischen Welt, die Dinge entwickeln sich inzwischen viel dynamischer. Abonnenten ändern andauernd was, sie kaufen ein Upgrade, machen ein Downgrade, setzen ihr Abo aus oder nehmen sonstige Korrekturen vor. Sie gehen für einen längeren Zeitraum ins Ausland (setzen ihre Mitgliedschaft aus) oder benötigen ein neues Mobilfunkangebot (Zusatzleistung). Ständig bombardieren sie die bedauernswerten linearen Systeme mit Anfragen und Änderungswünschen. Die Firmen müssen flink genug sein, jeden Tag auf Tausende Ereignisse reagieren zu können, gleichzeitig sind sie ihrerseits rastlos. Sie wollen mit Go-to-Market-Strategien experimentieren, mit Preismodellen und neuen Dienstleistungen, denn da draußen lauern genauso viele Bedrohungen wie Chancen.

Was geschieht nun, wenn dieses lineare Order-to-Cash-System auf die neue dynamische Welt der Dienstleistungen trifft? Wie sieht

Abonnements + alte IT-Architektur = Chaos

das aus, wenn die unaufhaltsame Kraft auf das unbewegliche Objekt prallt? Kein schöner Anblick, das kann ich Ihnen sagen.

Drei große Probleme plagen diese Systeme – die drei „Geht nicht". Erstens: Sie wollen Ihr Abonnement umgestalten, aber das geht nicht. Sie sind gezwungen, jedes System neu zu programmieren, um der niemals endenden Welle von Kunden-Ereignissen Herr zu werden. Was passiert beispielsweise, wenn Sie die Preise und die Verpackung Ihres Services ändern wollen? Das ist keine so einfache Umstellung wie von einem Dollar auf 1,50 Dollar. Sagen wir, Sie wechseln von wöchentlichen Verträgen auf Monatsbeiträge oder Sie ändern das Preismodell um von „pauschal" auf „nutzungsabhängig". Ihr hübsches kleines lineares Modell reagiert nicht besonders gut auf Modifikationen. Wenn Sie eine Sache umstellen wollen, müssen Sie gleich alles umstellen. Da alles miteinander verknüpft ist, ist auch alles davon betroffen, wenn Sie beispielsweise am einen Ende des Systems eine neue Angebotserstellung vornehmen. Nach einigen Jahren haben Sie es mit jeder Menge merkwürdiger Hacks zu tun, mit Ausweichmethoden, die mit Bordmitteln erstellt wurden und von denen die Vorgesetzten nichts wissen, dunkle Ecken, in die man besser nicht hineinleuchtet.

Zweitens: Sie wollen rasch Ihre Preise anpassen, aber das geht nicht. Der CFO eines 300 Millionen Dollar schweren Software-Unternehmens sagte mir mal: „Wir haben großartige Kunden, die uns sagen, was sie als Nächstes haben wollen. Unsere größte Herausforderung sind allerdings immer Preise und Verpackung. Selbst wenn wir glauben, wir könnten mit einem neuen Feature Millionen Dollar verdienen, fügen wir es einfach gratis unserem bestehenden Produkt hinzu, weil wir nicht wissen, wie wir es bepreisen sollen. Es dauert schlichtweg zu lang, das herauszufinden."

Drittens: Lassen Sie uns über Geschäftseinblicke reden. Sie benötigen einen Gesamtüberblick über Ihre Kunden und deren gesamten Life Cycle, aber das geht nicht. Jeder nimmt heute gerne für sich in Anspruch, ein „Big Data"-Unternehmen zu sein. Alle wollen einen 360-Grad-Blick auf ihr Geschäft, also nehmen sie alles, was sie an Informationen über ihre Abonnenten und ihre Finanzen haben, und schütten es in den „Datensee". Klar doch, werft ruhig alles in den See, dort sortiert es sich ganz von alleine. Wir werden dann schon den Überblick bekommen, den wir brauchen, die Herrin des Datensees wird ihn uns gewähren ... Bei diesem Prozess nehmen Sie Informationen aus zig Systemen und verklumpen sie zu einem undifferenzierten Haufen. Das ist so, als ob Sie bei einem Puzzle davon ausgehen, dass alle Teile von selbst die richtige Position einnehmen. Wir reden hier über grundverschiedene Systeme, die nie dafür gedacht waren, zusammenzuarbeiten.

Und was ist, wenn man diese linearen Order-to-Cash-Systeme bittet, einen Bericht über Abonnentendaten und Kennzahlen zu wiederkehrenden Aspekten auszuspucken? Dann wird es tragisch. Endlos viel Zeit hat Ihre IT damit zugebracht, Ihre Backend-Aktivitäten auf Effizienz zu skalieren, dadurch wurde natürlich alles sehr viel störungsanfälliger, man hat Kunden verprellt, einen unnötigen Wasserkopf produziert, das Compliance-Risiko stieg, nicht zu reden vom Innovationsstau, gebremstes Wachstum, kurzum: Sie stecken fest.

Wie sieht die Lösung aus? Den IT-Abteilungen wird klar, dass sie ihre Architekturen weiterentwickeln müssen, und zwar so, dass sie die Bedürfnisse ihrer Unternehmen erfüllen können. Und wie sollte diese neue Architektur aussehen? Im Mittelpunkt sollten die Abonnenten-IDs stehen. Sie erinnern sich bestimmt an mein Lieblings-

Angebot · Bestellung · Zahlungseingang · Bereitstellung · Rechnung · Eintreiben · Abonnieren · Verlängern · Upgrade · Wiederaufnehmen · Downgrade · Aussetzen

diagramm vom Beginn des Buches? Das, welches Sie niemals vergessen werden? Die neue IT-Architektur sollte unbedingt so aussehen, kreisförmig, nicht linear:

Abonnements sind ein fortwährender dynamischer Handlungskreislauf – erneuern, aussetzen, upgraden, downgraden. Was der Abonnent im inneren Kreis des Diagramms tut, muss also in ein System im äußeren Kreis einfließen. Gehen wir noch einmal zurück zur Abonnenten-Erfahrung. Sagen wir, ein Abonnent erreicht eine Schwelle, die eine Handlung auslöst, beispielsweise eine Kreditüberprüfung, vielleicht auch eine neue Nutzungsebene. Oder jemand landet in einem anderen Land, was einen Roaming-Dienst aktiviert und eine Überprüfung, was der Abonnent im Ausland überhaupt nutzen darf. Was Sie jetzt brauchen, ist ein Ort, an dem Sie all diese Wenn-dann-Szenarios koordinieren können.

Und was ist mit Preis und Verpackung? Sie müssen imstande sein, innerhalb von Minuten und nicht Wochen neue Dienstleistungen und Preismodelle auf den Markt zu werfen (so wie die *Financial Times* Kapital aus dem Brexit-Wochenende schlug). Von den Firmen, mit denen wir kooperieren, arbeiten fast 80 Prozent mit wie auch immer gearteten nutzungsabhängigen Modellen. Deshalb benötigen Sie ein System, das es Ihnen ermöglicht, unterschiedliche Preise mit unterschiedlichen Wertschöpfungskennzahlen zu verknüpfen, seien es Zugänge, Minuten, Abo-Boxen, Events, Gigabytes, Orte, Texte, Familienmitglieder, was auch immer. Starten Sie einen neuen Dienst, dienen viele dieser „äußeren" Systeme als Berührungspunkte, die Handlungen der Abonnenten im „inneren" Kreis beeinflussen. Sie sehen sich die Reaktionen an („Ich will upgraden", „Ich will downgraden", „Ich will raus hier") und handeln entsprechend.

Und was ist nun mit den Geschäftseinblicken? Woher wissen die Leute bei Netflix, dass sie nächstes Jahr acht Milliarden Dollar für eigene Inhalte ausgeben können? Sie wissen es, weil sie für ihr Geschäft die relevanten Kennzahlen vorlegen können: „So hoch sind unsere laufenden Kosten, so hoch sind unsere wiederkehrenden Gewinne, also können wir mit dieser Marge tun und lassen, was wir wollen." Wie kann Slack es sich leisten, eigenständig Konten inaktiv gewordener Firmennutzer zu deaktivieren? Nun, das Unternehmen genießt direkten Einblick in seinen Abonnentenstamm und weiß, je enger es sich an seine Kunden anpasst (und darauf verzichtet, ungenutzte Zugänge in Rechnung zu stellen), desto größer auf lange Sicht der Gewinn.

Die alten Daisy-Chain-Systeme haben inzwischen ausgedient. Aaron Levie von Box meinte mal, früher reichte es aus, wenn man mit SAP besser umgehen konnte als die Konkurrenz. Das gilt heute nicht mehr. Inzwischen rivalisiert man auf dem Feld der IT. Hier entwickeln Sie neue Dienste, gewinnen neue Erfahrungswerte. Hier bauen Sie Teststrecken und Experimente auf. Hier iterieren und skalieren Sie. Hier finden Sie die Freiheit, zu wachsen. Immer mehr Unternehmenssysteme ermöglichen diese Art von Freiheit, denn sie basieren nicht auf Artikelnummern, sondern auf Abonnenten.

KAPITEL FÜNFZEHN

KAPITEL 15
MIT DEM „PADRE"-MODELL EINE ABO-KULTUR AUFBAUEN

Glückwunsch, Sie haben endlich Ihren Abo-Service auf den Markt gebracht. Ihre Programmierer laufen im Beta-Modus und experimentieren wie wild. Ihr Marketing-Team erfindet die vier P neu und hat dabei stets die Abonnenten im Blick. Ihr Vertrieb eröffnet klare Wachstumspfade. Die Finanzabteilung hat die Rechenschieber beiseitegelegt und treibt die Transformation des Geschäftsmodells voran. Das IT-Team bringt neue Dienste an den Start und iteriert. Die Daten zum Verhalten der Kunden strömen, gleiches gilt für die wiederkehrenden Einnahmen. Alles läuft reibungslos, ganz fantastisch.

Zumindest sollte es das, aber die Realität sieht leider doch etwas anders aus. Genauer gesagt, ist es alles andere als fantastisch. Der Vertrieb nervt die Programmierer mit ständigen Vorschlägen, welche Features noch fehlen. Die Programmierer schlagen schmallippig vor, der Vertrieb möge sich doch bitte um den Vertrieb kümmern. Die Finanzabteilung erklärt dem Vertrieb, unter den Neukunden sei die Gefahr der Abwanderung hoch. Der Vertrieb gibt, wie immer, dem Marketing die Schuld. Und alle hacken auf der IT herum, ständig und wegen allem. Zusammenarbeit zwischen den Abteilungen? Gibt es höchstens, wenn der Karren so richtig gegen die Wand gefahren ist oder wenn man gemeinsam auf andere losgehen kann.

Woran liegt das? Das Geschäftsmodell hat sich zwar verändert, aber nicht die Art, wie man die Dinge angeht.

EINE SUBSKRIPTIONS-
KULTUR

Ein „kundenorientiertes Unternehmen" zu sein, ist ein simples Konzept, doch es hat sich gezeigt, dass sich das nur sehr, sehr schwer umzusetzen lässt. Es erfordert nämlich einen Kulturwandel. Produktkulturen sind vom Prinzip her organisiert wie Fließbänder: Man bleibt an seinem Platz, erledigt seinen Job und dann übernimmt der Kollege. Das funktioniert heute so nicht mehr. Bei Subskriptions-Kulturen dreht sich alles darum, zu gewährleisten, dass der Kunde wieder und wieder Ihren Service nutzt und dass dieser fortwährende Nutzen sich als Umsatz niederschlägt. Warum ist es dann so schwer, eine Subskriptions-Kultur zu erschaffen? Weil ebenjene Organisationsstrukturen, die in der Vergangenheit so gut funktioniert haben, nun die Zukunft behindern. Organisation ist unser größter Hemmschuh – so wie im Horrorfilm das Telefon, das auf unheimliche Weise zu klingeln beginnt, drinnen steht, im Haus.

Uns allen wurde beigebracht, zweckmäßig sei ein Grundaufbau in Produktabteilung, Marketing, Vertrieb, IT. Als nach dem Zweiten Weltkrieg die großen Unternehmen möglichst schnell wachsen wollten, war diese Struktur absolut sinnvoll. Firmen mit genau definierten Abteilungsstrukturen konnten viel rascher skalieren, so die damals vorherrschende Meinung. Heute dagegen sagen einem die Kunden, dass man die Dinge anders angehen muss. Ihre Organisationsstruktur ist den Kunden dabei völlig schnuppe.

Mit diesen Themen mussten wir uns in den Anfangsjahren von Zuora auseinandersetzen. Das Geschäft skalierte gut, aber wie bei so vielen anderen Unternehmen bildeten sich bei uns Silos heraus. Unsere Abteilungen gerieten immer häufiger aneinander und wir stritten uns darum, wer was tun sollte, anstatt darüber zu sprechen, was gut für den Kunden ist. Der ging in all dem Lärm immer stärker unter. Eines war klar: Wir mussten etwas gegen das einsetzende Silo-Denken unternehmen. Aber was? Da waren wir uns auch nicht ganz sicher.

Unsere erste Idee: Wir organisieren uns nach Kunden. Als kundenorientiertes Unternehmen sollte doch jeder Kunde sein eigenes, persönliches Team mit einander ergänzenden Fähigkeiten haben, oder? Also sind Sie die Marketing-Person für Kunden XY, Sie sind die Vertriebsperson für den Kunden XY, Sie sind der Produktmanager für den Kunden XY und so weiter. Das stellte sich als ziemlich problematische Vorgehensweise heraus, denn sie war nicht flexibel genug. Und skalieren ließ sie sich auch nicht besonders gut.

Außerdem hat es nach wie vor seine Vorteile, wenn Gruppen mit den gleichen Fachkenntnissen zusammensitzen. Entwickler sollten mit anderen Entwicklern das Büro teilen, denn sie profitieren voneinander. Vertriebsleute sollten mit ihresgleichen zusammenarbeiten, Notizen austauschen und eine gemeinsame Ausbildung durchlaufen. Was uns vorschwebte, waren eindeutig umrissene Aufgabenbereiche, aber auch ein Blick auf unser Unternehmen, der über Organigramme hinausging und den Kunden unverrückbar ins Zentrum stellte. Wir wollten, dass jeder Mitarbeiter das Gefühl bekommt, ihm gehöre das gesamte Unternehmen.

Deshalb haben wir PADRE entwickelt.

PADRE

PADRE ist unsere Methode, sich das Unternehmen als integrierte Organisation vorzustellen, die sich aus acht Subsystemen zusammensetzt, welche alle mit dem Kunden verbunden sind.

Das P steht für die Pipeline. Ein verbraucherorientiertes Abo-Unternehmen würde vielleicht von „Positionierung" sprechen. Hauptziel des Pipeline-Systems besteht darin, Marktpräsenz aufzubauen und in Nachfrage zu übersetzen. Das gelingt, indem man dem Markt seine Story überzeugend vermittelt, sodass dieser weiß, wer man ist, warum man existiert, was man tut und welchen Nutzen man bietet. Dabei spricht man nicht bloß potenzielle Kunden an, sondern auch diejenigen Menschen, die die Kunden beeinflussen – Journalisten, Analysten, Händler, mit denen die Kunden interagieren, und so weiter. Das geschieht in der Absicht, eine interessierte (und im Idealfall gut informierte) potenzielle Kundenbasis aufzubauen, die mit dem Unternehmen interagiert, indem sie die Website besucht, die App herunterlädt und sich mit Vertretern oder Zwischenhändlern unterhält.

A = Akquise. Diese Untergruppe umfasst die „Buyer's Journey", wie wir das nennen. Wie treffen potenzielle Abonnenten ihre Entscheidungen? Nach welchen Kriterien bewerten sie Erfolg? Welche Alternativlösungen haben sie? Was sind ihre potenziellen Kritikpunkte? Mit wem stimmen sie sich ab, mit dem Partner, der Familie, dem Chef, dem Finanzvorstand, dem Team? Wie können wir uns so auf den Kunden einstellen, dass es für uns besser läuft, wenn es für ihn besser läuft? Die Wertschöpfung beginnt erst dann für uns, wenn sich ein Unternehmen dafür entscheidet, unser Kunde zu werden, und eine vertragliche Abonnementsbeziehung mit uns eingeht. Und je mehr Kunden wir haben, desto mehr können wir darüber lernen, wie Abo-Modelle in unterschiedlichen Branchen funktionieren und über welche Best Practices und Benchmarks wir uns austauschen sollten. Wie also gelangen wir an diesen Punkt?

D steht für Deployment (Einsatzfähigkeit). Wie schaffen wir es, dass unsere Kunden so schnell und effizient wie möglich loslegen können? Bekommen wir diese Verzahnung nicht richtig hin, sind wir praktisch vom Start weg zum Scheitern verurteilt. Haben Sie sich einen Fitbit gekauft, ihn ein paar Tage getragen und dann in der Schublade vergessen? Haben Sie in *Clash of Clans* ein Dorf gegründet? Arbeitet Ihr Vertrieb tatsächlich mit diesem neuen Content-Enablement-System? Hat es Ihnen Spaß gemacht, Ihr erstes Gericht mit Blue Apron oder Sun Basket zu kochen?[1] Alles steht und fällt damit, Ihre Abonnenten von Anfang an zu begeistern, damit sie rasch in Ihr Angebot eingebunden werden.

R steht für „Run", also den laufenden Betrieb. Für ein Subskriptions-Unternehmen hängt Erfolg oder Misserfolg davon ab, wie gut und wie lang die Abonnenten den Dienst nutzen. Alles, was nicht das Schwungrad „Kundenzufriedenheit" vorantreibt, schadet dem Wachstum und Wert Ihres Unternehmens. Loggen sich Ihre Abonnenten jeden Tag ein? Oder jede Woche? Wie schaffen Sie es, dass die Kunden tagtäglich Ihren Service nutzen? Welche Features werden nicht angenommen? Sind die Kunden mit der Leistung zufrieden? Gibt es Probleme mit Ausfällen? Fallen Ihre Bewertungen anständig aus? Was haben Sie aus Fehlern und Pannen gelernt?

E steht für Expansion. Drei Dinge wollen Sie von Ihren Abonnenten: Sie sollen bleiben, sie sollen wachsen und sie sollen für Sie werben. Kunden müssen einen Nutzen aus Ihrem Dienst ziehen und überzeugt davon sein, dass das, was Sie bieten, besser ist als alles, was sie anderswo bekommen können. Wie erreichen Sie das? Wie vertiefen Sie den Kundenkontakt? Gibt es weitere Features, auf die man die Abonnenten aufmerksam machen sollte? „Wenn Ihnen Uber gefällt: Haben Sie schon UberPool ausprobiert?" „Sie hören bei der Arbeit Spotify auf Ihrem Laptop – haben Sie es schon einmal über Ihren Sonos gestreamt?" Und so weiter. Wie gelingt es uns, so weit zu kommen, dass Kundenzufriedenheit nicht nur ein Teilaspekt, sondern das Leitprinzip unseres Unternehmens ist?

Hinter PADRE stehen zudem drei zentrale Subsysteme, die sozusagen hinter den Kulissen alles managen – die Menschen, das Produkt, das Geld (oder auf Englisch: „People, Product, Money", kurz PPM). Wir brauchen großartige Mitarbeiter und müssen ihnen helfen, sich weiterzuentwickeln und voranzukommen. Wie sorgen wir dafür, dass unsere Headcount-Pläne zu unseren Geschäftszielen passen? Wir benötigen ein tolles Produkt, das unseren Kunden nicht nur dabei hilft, Mängel abzustellen, sondern ihnen auch neue Chancen eröffnet. Wie können wir weiter auf nachhaltige Weise forschen und tolle Ideen entwickeln? Last but not least müssen wir unsere finanziellen Ressourcen effektiv nutzen. Wie geben wir unser Geld so aus, dass es im Einklang mit unseren Wachstumswünschen ist?

Der volle Name lautet also eigentlich PADRE/PPM, aber bei uns sagen wir einfach nur PADRE. Und so sieht das Ganze aus:

Pipeline	**Akquise**	**Deployment**	**Run**	**Expansion**
· Internet & Social Media	· Vertriebsteams	· Implementierung	· Account-Management	· erhöhter Konsum (Upsells)
· Public Relations	· Vertriebspartner	· Kundentraining	· technischer Support	· mehr Möglichkeiten (Cross-Selling)
· Events	· Self-Service	· Kundenakzeptanz	· Kundenerfolg	· Kundenloyalität

Menschen	**Produkt**	**Geld**
· Personalbeschaffung	· Forschung und Entwicklung	· Finanzen
· Onboarding und Training	· Produktmarketing	· Operatives
· Karriereentwicklung	· Beta-Innovation	· Recht

Jetzt sagen Sie möglicherweise: „Nun mal halblang, Tien, das ist doch alter Wein in neuen Schläuchen! Ist das nicht dieselbe alte Struktur, nur mit einem anderen Namen? Pipeline ist doch nichts anderes als Marketing, Akquise Vertrieb und so weiter." Darauf würde ich antworten: „Ganz und gar nicht! Diese Perspektive überwindet Abteilungen, Rollen und Organigramme. Wir haben es hier mit einem dauerhaften Ansatz zu tun, ein auf Abonnenten ausgerichtetes Unternehmen zu betrachten. Bei uns ist alles ständig im Fluss, das ist die Regel. Prioritäten verlagern sich, Leute kommen und gehen, Arbeitsgruppen entstehen, Projekte enden. Und während wir wachsen, spezialisieren wir uns, was es natürlich auch komplizierter macht. Das Unternehmen wächst und entwickelt sich dabei vielleicht in alle möglichen, teils unerwarteten und ungewöhnlichen Richtungen, aber diese acht Subsysteme haben weiterhin Bestand."

Der wichtigste Aspekt: Diese einzelnen Subsysteme können nur dann funktionieren, wenn sie funktionsübergreifend koordiniert werden. Ich möchte Ihnen ein Beispiel geben: Wir hatten Schwierigkeiten beim Deployment, also dabei, die Menschen in unser System einzuweisen. Wir betreiben eine ziemlich ausgeklügelte Plattform für Firmenfinanzsoftware, es reicht also nicht aus, jemandem ein Passwort und die Anmeldedaten zu schicken. Unser erster Impuls war, die Deployment-Truppe (in unserer Branche heißen die „Professional Services") nach ihren Schwierigkeiten zu fragen, doch das haben wir nicht getan. Stattdessen haben wir alle gefragt, wo es hakt.

Wir trafen uns extern und jede Abteilung führte ein Brainstorming durch zum Thema „Wie können wir das Deployment verbessern?". Dabei stellten wir fest: Das Problem hing unter anderem damit zusammen, dass unser Vertrieb nicht die richtigen Erwartungen schürte. Also schlug die Vertriebstruppe vor: „Was haltet ihr davon? Künftig informieren wir jeden Kunden: ‚Bevor wir euch den Vertrag unterschreiben lassen, geben wir euch eine Leistungsbeschreibung, in der steht, wie lange das Ganze dauern wird und welche Ressourcen ihr aufwenden müsst.' So sorgen wir für mehr Transparenz." Daraufhin erklärten die Programmierer, sie würden noch einmal prüfen, ob man den Onboarding-Prozess nicht vereinfachen könne. Jetzt kam der Customer Support und sagte: „Wie wäre es, wenn wir eine Checkliste erstellen, die auf positivem und negativem Feedback basiert, das wir von Unternehmen direkt nach dem Deployment erhalten haben? Dann wissen wir, wo es hakt, und können diese Probleme bereits im Vorfeld für unsere Kunden lösen."

Eine Geschichte wie diese kann ich Ihnen für jede Abteilung unseres Unternehmens liefern. Hat eine Abteilung ein Problem, sind an der Lösung dieses Problems zwangsläufig so ziemlich alle anderen Unternehmensbereiche beteiligt.

PADRE
IM ALLTAGSBETRIEB

PADRE durchdringt alles, was wir bei Zuora tun. Wir bauen all unsere Kennzahlen rund um PADRE auf und kommunizieren sie innerhalb des gesamten Unternehmens – die Pipeline-Abdeckung, die Umsatzzahlen, die neuen Logos, die Zahlen zur Kundenbindung, die Expansionsraten. All unseren Neueinstellungen bringen wir das im Rahmen der Einarbeitung bei. Wir bauen unseren Arbeitstakt rund um PADRE auf – wöchentlich, quartalsweise und jährlich. Jede Woche erhalten alle Führungskräfte acht Folien (eine zu jedem Subsystem), auf denen aufgeführt ist, wo wir stehen. Rote, gelbe und grüne Fahnen weisen auf Problemfelder hin. Seit wir so groß geworden sind, dass wir unsere Kunden unterteilen, gibt es außerdem „Franchise-PADRE-Berichte" für geografische Gebieten und je nach Kundengröße.

Einmal im Quartal nimmt sich unser Management eines der acht Subsysteme vor. Ein Quartal hat 13 Wochen, das ist ausreichend Zeit, um sich davon zu überzeugen, dass die Maschinerie weiterhin reibungslos vor sich hin schnurrt. Falls nötig, schauen wir uns das eine oder andere Subsystem auch zweimal im Quartal genauer an. Nahezu ständig sind wir dabei, eines der Systeme umzustellen, wenn sich Probleme abzeichnen, weil wir eine Grenze überschritten haben. Häufig hängt dieser Wendepunkt mit Skalierung zusammen. In jedem Fall ist es eine funktionsübergreifende Anstrengung, die von mir ausgeht, dann von meinen Führungskräften bis hin zu den jeweiligen Abteilungsleitern. Als wir beispielsweise von einem Ein-Produkt-Unternehmen auf ein Mehr-Produkt-Unternehmen umstellten, haben wir massiv am Subsystem Produkt herumgeschraubt, wobei jede einzelne Abteilung involviert war.

PADRE ist ein operativer Rahmen, aber was vielleicht noch wichtiger ist: Es handelt sich auch um einen Ansatz, eine Unternehmenskultur zu formalisieren, die darauf abzielt, das intuitive Kundenwissen, das wir als kleiner Betrieb genossen, als großes Unternehmen zu bewahren. Eine Unternehmenskultur, bei der es darum geht, weiter auf Zack zu bleiben, was immer schwieriger wird, je mehr man wächst. Es ist ein Weg, zu gewährleisten, dass all unser institutionelles Wissen nicht in alle Himmelsrichtungen verstreut wird, verwässert und nur im Kopf einer Handvoll Leute existiert. Denn letztlich definiert Ihr Kundenwissen, wer Sie sind – das ist Ihr Wettbewerbsvorteil. Verlieren Sie dieses Wissen, dann verlieren Sie sich selbst.

SCHÖNE NEUE GESCHÄFTSWELT

Es gab eine Zeit, da kannte man die Menschen noch persönlich, denen man etwas abkaufte – den Schlachter, den Bäcker, den Schmied, den Bauern. Und man kannte seine Kunden, die Nachbarn aus dem Dorf. All dieses Wissen kam uns vor langer Zeit abhanden, als die Industrielle Revolution das Zeitalter des Produkts einläutete. Nun ist dieses Wissen wieder gefragt, und zwar in großem Stil. Und im Zuge dessen werfen wir Dinge über Bord, die wir sowieso nicht benötigt haben – geplante Obsoleszenz beispielsweise, die Überflusswirtschaft, das gesamte Konzept von Besitztum.

Wir haben alle schon in Unternehmen gearbeitet, die langsam und schwerfällig agierten. Schwenken Sie hingegen auf das hier vorgestellte Modell um, können Sie sich auf Wachstum einstellen. Nun bringt Wachstum seine ganz eigenen Herausforderungen mit sich, aber Sie werden feststellen: Wenn Sie wirklich wachsen, fühlt sich alles viel, viel leichter an. Wenn alles gut läuft, dann experimentieren Sie mit neuen Ideen, schauen nach draußen und nicht nach innen und lernen aufgrund von Erkenntnissen und nicht aus Fehlern (ein paar Fehler sind natürlich unvermeidlich). Am vielleicht wichtigsten ist jedoch die Tatsache, dass Sie wissen werden, mit wem Sie Geschäfte machen. Alles fließt ineinander und hängt miteinander zusammen, ist durchdacht und gleichzeitig inspiriert.

Das ist die Erfahrung der „digitalen Transformation", von der immer alle reden. Darüber hinaus ist dies ein deutlich schönerer Weg, Geschäfte zu machen. Wieso? Weil Abonnements das einzige Geschäftsmodell sind, das einzig auf der Zufriedenheit Ihrer Abonnenten basiert. Überlegen Sie mal: Sind Ihre Kunden glücklich, nutzen sie Ihren Dienst öfter, sie erzählen ihren Freunden davon und das hat zur Folge, dass Sie wachsen. Sie können jedes Quartal mit verlässlichen Umsätzen beginnen. Sie können kluge, datengestützte Entscheidungen treffen. Sie profitieren vom Kundenwissen, was einen gewaltigen Wettbewerbsvorteil darstellt. Wir nennen das die schöne neue Geschäftswelt – glückliche Kunden, glückliche Unternehmen, die sich gegenseitig verstärken und ewig iterieren, ohne Anfang und ohne Ende.

ANHANG
DER SUBSCRIPTION ECONOMY INDEX

EINFÜHRUNG

Der Subscription Economy Index (SEI) basiert auf anonymisierten, systemgenerierten Gesamtaktivitäten auf dem Zuora-Dienst, einer umfassenden Rechnungsstellungs- und Finanzplattform für abonnementbasierte Unternehmen. Er spiegelt die Wachstumsdaten Hunderter Unternehmen aus aller Welt und einer ganzen Reihe von Branchen wider, darunter SaaS, Medien, Telekommunikation und Unternehmensdienstleistungen.

Die Breite und Tiefe der in diese Studie einfließenden Rechnungsstellungen belegt den raschen Aufstieg der Subskriptions-Wirtschaft. Wie ich bereits sagte: Es ist (laut Gartner) damit zu rechnen, dass bis 2020 über 80 Prozent aller Softwarefirmen auf abo-basierte Geschäftsmodelle umgestellt haben und dass 50 Prozent der weltgrößten Unternehmen von digital erweiterten Produkten, Dienstleistungen und Erfahrungen abhängen.

Geschäftsmodelle mit wiederkehrenden Umsätzen sind keine neue Erfindung, aber dank cloud-basierter Dienste, die man nach Nutzung bezahlt, ist ihre Zahl in den vergangenen Jahren explodiert. Die Globalisierung setzt die verarbeitende Industrie und die produktzentrierten Betriebe unter zunehmenden Margendruck, wohingegen abo-basierte Unternehmen von stabilen und

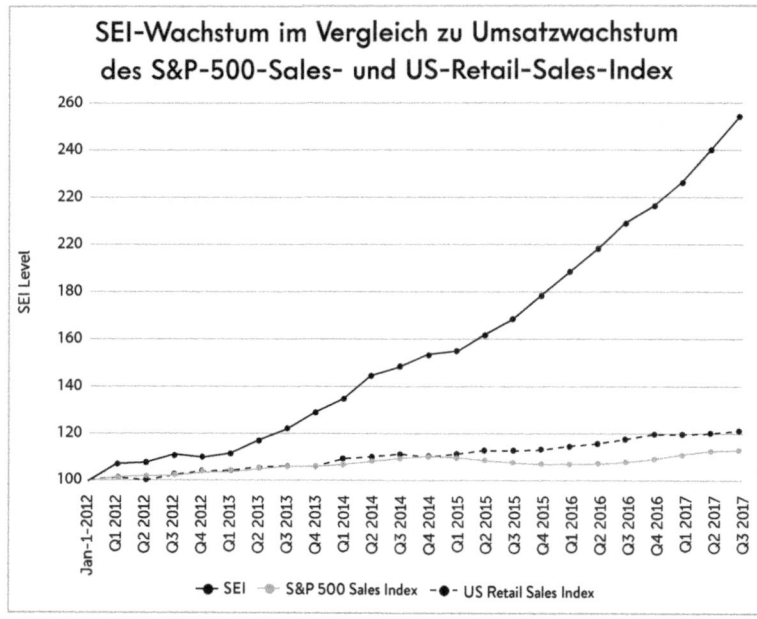

SEI-Wachstum im Vergleich zu Umsatzwachstum des S&P-500-Sales- und US-Retail-Sales-Index

Quartalsniveau des SEI, verglichen mit den Indizes S&P 500 Sales per Share und US Retail Sales. Alle Indizes beginnen am 1. Januar 2012 mit einem Basiswert von 100, das Wachstum bezieht sich auf den quartalsweisen Anstieg im rollierenden Gesamtjahresumsatz. In weniger als sechs Jahren (1. Januar 2012 bis 30. September 2017) wuchs der SEI um durchschnittlich 17,6 Prozent pro Jahr. Der S&P 500 Sales kam auf jährlich 2,2 Prozent Wachstum, der US Retail Sales auf durchschnittlich 3,6 Prozent pro Jahr.

verlässlichen Umsatzprognosen profitierten, sowie von datengestützten Erkenntnissen, die Direktverbraucher lieferten, und dank relativ geringer Fixkosten außerdem von dem enormen Skalierungspotenzial.

Durchgeführt wurde die Studie von Carl Gold, dem leitenden Data Scientist bei Zuora. Der Umsatz der Subskriptions-Unternehmen ist deutlich schneller gewachsen als der von zwei wichtigen Benchmark-Indizes – S&P 500 Sales und US Retail Sales. Insgesamt zeigt der SEI, dass zwischen dem 1. Januar 2012 und dem 30. September 2017 die Umsätze der Subskriptions-Unternehmen etwa acht Mal schneller wuchsen als die des S&P-500-Sales-Index (17,6

Prozent zu 2,2 Prozent) und etwa fünf Mal so schnell wie der Index US Retail Sales (17,6 Prozent versus 3,6 Prozent).

Zwischen SEI-Wachstum und BIP-Wachstum gibt es einen Zusammenhang. Beide Werte verlangsamten sich Ende 2016, Anfang 2017: Das amerikanische BIP-Wachstum erreichte im dritten Quartal 2016 mit 2,8 Prozent einen Höchstwert und fiel dann im ersten Quartal 2017 auf nur noch 1,2 Prozent. Parallel dazu erreichte das SEI-Wachstum mit 21,6 Prozent im dritten Quartal 2016 ebenfalls einen Höchstwert und dampfte anschließend auf eine durchschnittliche jährliche Wachstumsrate von 14,3 Prozent ein. Im zweiten und dritten Quartal machten dann beide Werte einen Satz nach oben – der SEI wuchs in zwei aufeinanderfolgenden Quartalen um annualisiert 24 Prozent, so schnell wie seit Q2 2014 nicht mehr. Gleichzeitig erholte sich das BIP deutlich und legte überraschend im zweiten Quartal um annualisiert 3,1 Prozent zu. Es war das beste Resultat seit Q1 2015 und wurde im dritten Quartal von fast ebenso starken 3,0 Prozent gefolgt.

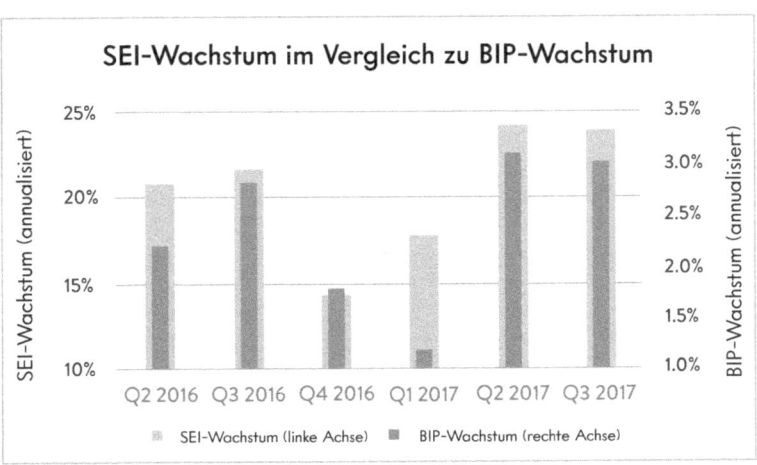

Ein Vergleich von SEI-Wachstum (linke Achse) gegenüber dem BIP-Wachstum in den USA (rechte Achse). Auffällig ist, dass der SEI grundsätzlich mitzog, als sich das BIP-Wachstum Ende 2016 verlangsamte und als es 2017 wieder anzog.

ZWEI HEBEL FÜR DAS WACHSTUM
DER SUBSKRIPTIONS-WIRTSCHAFT:
ARPA UND NETTOKONTEN

Die folgende Grafik zeigt die beiden zentralen Wachstumshebel in der Subskriptions-Wirtschaft – den durchschnittlichen Umsatz pro Konto (*average revenue per account*, ARPA) und das Kontennetto-wachstum. Steigen die Umsätze eines Unternehmens, ist mindestens eine von zwei Möglichkeiten eingetreten – entweder wurden mehr Konten abgerechnet oder der Betrag pro Konto ist angestiegen.

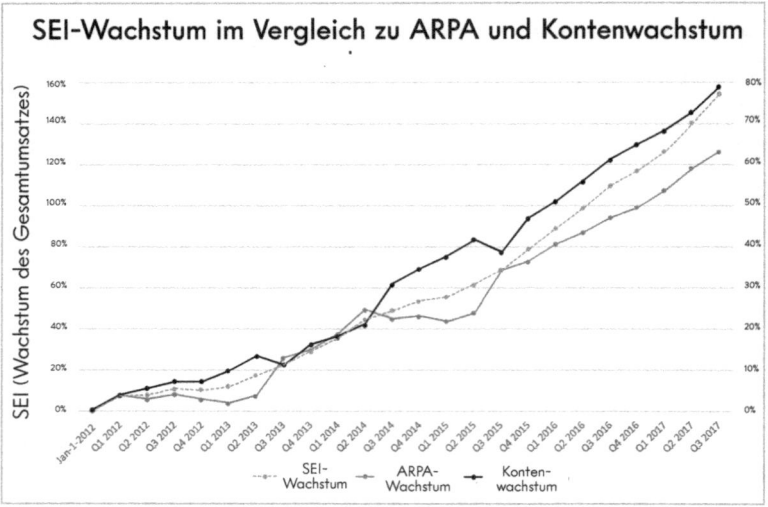

Wiederkehrende Einnahmen wachsen entweder, indem man den Abonnenten höhere Rechnungen stellt (durchschnittlicher Umsatz pro Konto, ARPA) oder indem man mehr Abonnenten Rechnungen stellt (Konten). Die linke Achse zeigt das kumulierte SEI-Wachstum in Prozent. Die rechte Achse zeigt die kumulierte prozentuale Verän-derung von ARPA beziehungsweise Konten, wobei beide auf der rechten Achse ska-liert sind. Die Konten sind während des betreffenden Zeitraums mehr oder weniger gleich schnell gewachsen, während es beim ARPA Zeiten gab, in denen sich das Wachstum verlangsamte oder sogar umkehrte.

Auffällig ist, dass der SEI während der vergangenen fünf Jahre mehr oder weniger kontinuierlich anstieg, es jedoch Zeiten gab, in denen sich das ARPA-Wachstum verlangsamt oder sogar umgekehrt hat. Es sind vor allem zwei Zeiträume, in denen Unternehmen dem Nettowachstum der Konten mehr Priorität einräumten als dem ARPA-Wachstum – das war zum einen 2012/13 und zum anderen von Ende 2014 bis Mitte 2015. Damals stieg die Zahl der Nettokonten deutlich, aber der Umsatz pro Konto stagnierte oder fiel. Auf jeden dieser Zeiträume folgte eine Korrekturphase, in der die Nettoneukonten weniger Zuwachs verzeichneten, aber der durchschnittliche Umsatz pro Konto zulegte. In der Subskriptions-Wirtschaft ist die Bepreisung ein flexibler, iterierender Prozess. Immer wieder experimentieren Unternehmen mit einer Kombination aus festen Gebühren und nutzungsabhängigen Modellen. Dahinter steht die „Land and expand"-Strategie – zunächst gewinnt man einen Kunden, dann versucht man, Folgeaufträge zu erhalten. Bei Strategien, die das Hauptaugenmerk auf das Nettowachstum der Neukonten legen, muss man öfters an der Preisschraube drehen. Später wechselt man sozusagen die Hebel und versucht, mit nutzungsabhängigen Gebühren und Upselling zu größeren Konten den ARPA-Wert zu steigern.

Ebenfalls auffällig ist, dass die Jahre 2015 bis 2017 ein „Goldlöckchen-Szenario" darzustellen scheinen: starkes Wachstum der Nettokonten in Kombination mit solidem ARPA-Wachstum.

WACHSTUM DER ABO-UMSÄTZE, NACH GESCHÄFTSMODELL

In der folgenden Tabelle schlüsseln wir das relative Wachstum der Subindizes für die Geschäftsmodelle B2B, B2C und B2Any auf. Jeder Subindex zweigt vom zentralen SEI ab, sobald er statistische Signifikanz im Vergleich zu den Gesamtdaten erlangt. Nach unserer Definition ist das gegeben, sobald es mindestens 25 passende

Unternehmen gibt. Wir lassen jeden neuen Subindex mit dem Wert des Zentralindex beginnen, was den Vergleich erleichtert.

Wie bei einer einfachen Kohortenanalyse ist dies der Versuch, darzustellen, wie die Vergangenheit die Gegenwart beeinflusst. Beim Subindex B2B beispielsweise fand das steilste Wachstum in den jüngsten Quartalen statt, doch ganz offensichtlich erholt er sich noch von der Dürrephase 2012/13. In dieser Zeit betrieblicher Einsparungen verzeichneten B2B-Firmen sowohl in puncto ARPA als auch in Bezug auf Nettoneukonten keine guten Zahlen.

Hauptindikator für den Erfolg von B2B-Firmen ist ihre Wachstumsrate. Laut McKinsey wird beispielsweise ein Software-Unternehmen, das weniger als 20 Prozent im Jahr wächst, mit 92-prozentiger Wahrscheinlichkeit scheitern. Erfolgreiche B2B-Firmen müssen

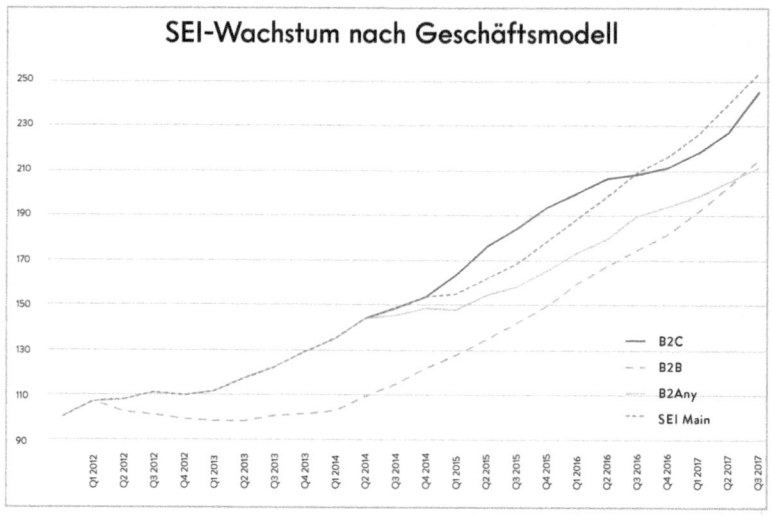

SEI-Subindizes für die Geschäftsmodelle B2B, B2C und B2Any. Letztere bieten sowohl Einzelpersonen als auch Firmenkunden Abonnements an. Jeder Subindex startet mit dem Wert des Hauptindex SEI, sobald mindestens 25 passende Unternehmen zur Verfügung stehen. B2B geriet kurz nach dem Start 2012/13 in eine Flaute, wuchs allerdings während der vergangenen Quartale rascher als die anderen Subindizes. B2C war 2015 der schnellste Subindex, verlangsamte 2016 jedoch sein Wachstum. B2Any-Firmen spiegelten grundsätzlich den Hauptindex, bis es 2017 zu einer überraschenden Verlangsamung kam. Zuletzt wuchsen B2B und B2C schneller als B2Any.

ihre Vertriebsmannschaften skalieren, neue Produktvarianten und Upsell-Möglichkeiten entwickeln, auf Auslandsmärkte drängen, große Firmenkunden gewinnen und ihr Geschäftsmodell durch die Einführung nutzungsabhängiger Gebühren optimieren. Systembedingte Einschränkungen und widersprüchliche Systems of Record zählen zu den größten Herausforderungen, mit denen sie sich auseinandersetzen müssen. Hauptindikator für den Erfolg von B2C-Firmen ist das Nettowachstum der Nutzerzahlen. Erfolgreiche B2C-Unternehmen verbessern ihre Akquise-Rate mit häufigen Preisexperimenten, einer besseren Kundenbindung und höherem ARPA. Zu diesem Zweck orientieren sie sich an den Verhaltensdaten ihrer Kunden und an deren Zahlungsbereitschaft. Die Abschöpfungsquote steigern sie, indem sie den elektronischen Bezahlprozess vereinfacht haben. Zu kämpfen haben sie mit vergleichsweise hohen Abwanderungsraten aufgrund von schlechten Entscheidungen in Sachen Preis und Verpackung, mit unstetem Kundenverhalten und mit entgangenen Einnahmen aufgrund von schlechten Bezahl- und Akquise-Systemen. Ihr stärkstes Wachstum verzeichneten die B2C-Unternehmen aus unserer Studie 2015, während das Tempo zuletzt etwas abnahm.

Im Geschäftsjahr, das im März 2017 endete, verzeichneten die B2B- und B2C-Firmen im SEI 23 beziehungsweise 18 Prozent Wachstum. Die B2B-Firmen haben sich relativ beständig entwickelt, bei B2C ging es von Ende 2016 bis Anfang 2017 etwas bergab. Zuletzt hat sich B2C wieder erholt und im dritten Quartal 7,9 Prozent Wachstum erzielt (was annualisiert 31,8 Prozent entspräche). Die B2A-Firmen entwickelten sich in etwa im Gleichschritt mit dem Hauptindex, erst 2017 kam es zu einer überraschenden Verlangsamung. Aktuell entwickeln sich B2B wie auch B2C schneller als B2Any.

WACHSTUMSRATEN (DER VERGANGENEN ZWÖLF MONATE):

- ▶ Wachstum B2B: 23 Prozent
- ▶ Wachstum B2C: 18 Prozent
- ▶ Wachstum B2A: 11 Prozent

WACHSTUM DER EINNAHMEN AUS DEM
ABO-GESCHÄFT, NACH BRANCHEN

Welche Industriezweige blühen in der Subskriptions-Wirtschaft auf? Zuora ist ein im Silicon Valley ansässiges SaaS-Unternehmen, das auf Abrechnung und Finanzen für Abonnement-Anbieter spezialisiert ist. Andere Software-Unternehmen machen einen beträchtlichen Anteil unserer Kundschaft aus, und zwar sowohl SaaS-Firmen wie auch On-Premise-Verkäufer, die auf Modelle mit wiederkehrenden

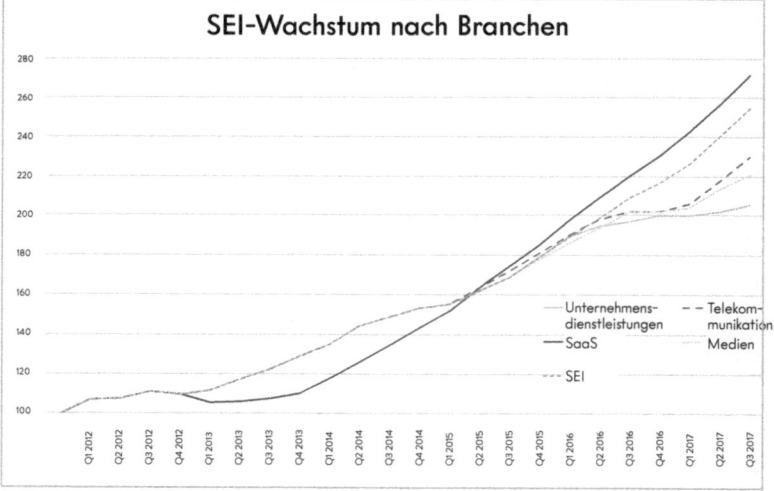

SEI-Unterindizes für Unternehmensdienstleistungen, Telekommunikation, SaaS und Medien. Sobald 25 passende Unternehmen für einen neuen Subindex zusammenge-kommen sind, beginnt dieser mit dem Wert des SEI als Ausgangspunkt. Nicht jedes SEI-Unternehmen fällt in eine dieser Kategorien! SaaS war der erste Subindex, er entwickelte sich 2013/14 schlechter als der Hauptindex, holte dann aber auf und zog am Hauptindex vorbei. In jüngerer Vergangenheit sind weitere Subindizes hinzuge-kommen und die meisten schneiden ähnlich ab wie der Hauptindex.

Umsätzen umstellen. Das hat zur Folge, dass SaaS der erste Subindex war. 2013/14 entwickelte er sich schlechter als der Hauptindex, doch in der jüngeren Vergangenheit hat er ihn ein- und schließlich überholt. Als Ende 2016 das amerikanische BIP und der SEI langsamer zulegten, blieben SaaS-Firmen davon vergleichsweise unberührt, während Medien, Telekommunikationsfirmen und Unternehmensdienstleistungen allesamt stagnierten. Während der sechsmonatigen Erholungsphase der Konjunktur zogen Medien und Telekommunikation wieder an, während die Unternehmensdienstleistungen weiterhin träge blieben und im vorangegangenen Jahr nur 4,4 Prozent zulegten.

Zuoras Kundenstamm ist größer und vielfältiger geworden, was dazu geführt hat, dass mehr Subindizes ins Leben gerufen wurden. Die meisten dieser neuen Subindizes entwickeln sich sehr ähnlich dem Hauptindex. Erste Indizien sprechen dafür, dass Unternehmensdienstleistungen hinter der gemittelten Wachstumsrate zurückbleiben. Spätere Ausgaben dieser Studie werden das bestätigen.

WACHSTUMSRATEN (DER VERGANGENEN ZWÖLF MONATE):

▶ SaaS: 23 Prozent
▶ Telekommunikation: 14 Prozent
▶ Medien: 9 Prozent
▶ Unternehmensdienstleistungen: 4,4 Prozent

UMSATZWACHSTUM IM SUBSKRIPTIONS-GESCHÄFT, NACH GRÖSSE

In der Subskriptions-Wirtschaft gilt: „Größe spielt durchaus eine Rolle." Seit er 2014 ins Leben gerufen wurde, hat der Subindex der über 100 Millionen Dollar großen Unternehmen besser als die anderen Subindizes abgeschnitten. Diese Firmen verfügen über mehr Ressourcen, mehr Vertriebsmöglichkeiten, mehr Neukundengeschäft und mehr Kanäle als Start-up-Unternehmen. Das führt dazu, dass sie von den in dieser Studie bereits erwähnten Netzwerkeffekten profitieren.

Bei Start-up-Firmen scheinen die echten Herausforderungen aufzutreten, nachdem die „Flitterwochen" vorüber sind, also die Wachstumsphase bis zur Grenze von einer Million Dollar. In der folgenden Grafik sehen wir, dass Unternehmen mit einem Umsatz von einer Million bis 20 Millionen Dollar am stärksten zu kämpfen haben, was die Wachstumsrate angeht. Das erste Produkt ist definiert, die ersten Mittel eingesammelt. Nun bestimmen die meisten Firmen die tatsächliche Größe ihres Marktes und die Schwankungen können sehr groß sein. Laut McKinsey erreichen nur 28 Prozent der Internet-Dienstleister die Schwelle von 100 Millionen Dollar Jahresumsatz.

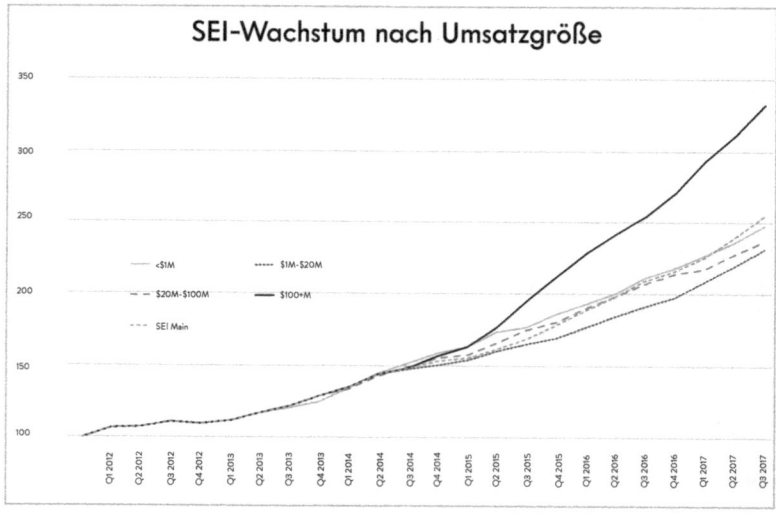

SEI-Subindizes nach Firmengröße, unterteilt in Umsatzspannen. Sobald 25 passende Unternehmen für einen neuen Subindex zusammengekommen sind, beginnt dieser mit dem Wert des SEI als Ausgangspunkt. Die Einteilung erfolgt nach dem Gesamtumsatz des Unternehmens, nicht nach den jeweiligen Produkten auf der Zuora-Plattform. Seit seiner Einführung im Jahr 2014 entwickelte sich der Subindex der Unternehmen mit über 100 Millionen Dollar Jahresumsatz besser als die anderen.

Während der vergangenen sechs Monate wuchsen die größten Unternehmen schneller als in den sechs Monaten zuvor, während bei den kleineren Unternehmen die Wachstumsraten leicht zurückgingen.

WACHSTUMSRATEN (DER VERGANGENEN ZWÖLF MONATE):

- ▶ <1 Million Dollar: 17 Prozent
- ▶ 1 Million bis 20 Million Dollar: 21 Prozent
- ▶ 20 Millionen bis 100 Millionen Dollar: 15 Prozent
- ▶ über 100 Millionen Dollar: 31 Prozent

KUNDENABWANDERUNGSQUOTE, NACH GESCHÄFTSMODELL, BRANCHE, FIRMENGRÖSSE UND REGION

Auf den allereinfachsten Nenner gebracht, geht es hier um den Anteil der Gesamtabonnenten, die innerhalb eines bestimmten Zeitraums wieder aussteigen. Kundenabwanderung kann viele Gründe haben – schlechter Kundenservice, schlechte Produkt-Upgrades, bessere Angebote der Konkurrenz, Managementfehler und so weiter.

Wiederkehrende Umsätze entstehen, wenn mehr Kunden ihr Abonnement verlängern als kündigen. Dieser Faktor entscheidet über die Größe eines Unternehmens. Das bedeutet, fester Bestandteil jeder Strategie für ein Abo-Unternehmen muss es sein, die Kundenabwanderung durch Investitionen in qualitativ hochwertige Dienste, überzeugende Inhalte und begeisterte Kunden einzudämmen.

Die Kundenabwanderung zu reduzieren, ist nicht nur wegen der entgangenen Umsätze eine Notwendigkeit, sondern auch wegen der Opportunitätskosten für die Kohorte – erfolgreiche Konten werden mit der Zeit größer. Wenig überraschend sind die Abwanderungsraten bei den B2C-Anbietern höher und bei den B2B-Anbietern geringer. Digitale B2C-Unternehmen (inklusive Medien) haben es regelmäßig mit sehr vielen Einzelkunden zu tun, die abwandern, sei es aus finanziellen Gründen, wegen Problemen mit der Kreditkarte, verlorenem Interesse oder aufgrund des Wettbewerbsdrucks. B2B-Firmen (die im SEI stärker in Richtung Software gewichtet sind) profitieren davon, dass ihre Dienste immer stärker in stabile, wachsende Firmenkonten integriert werden. Durchschnittlich beträgt die Abwanderungsrate der Unternehmen im SEI zwischen 20 und 30 Prozent im Jahr. Bei der Aufgliederung nach Geschäftsmodell ist die Rate am höchsten im Bereich B2C und am niedrigsten bei B2B. Bei der Aufgliederung nach Branchen ist sie für Medien am höchsten und für SaaS-Unternehmen am niedrigsten. Im Betrachtungszeitraum ist die Abwanderung insgesamt gefallen, speziell bei B2C- und Medienfirmen.

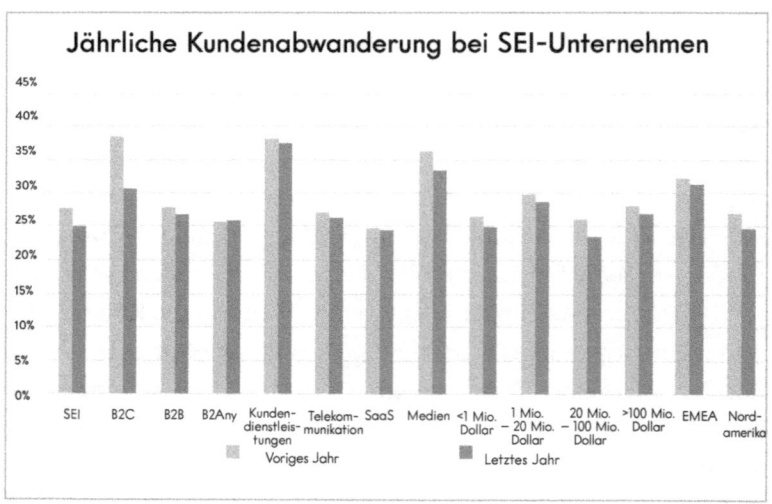

Vergleich der durchschnittlichen annualisierten Abwanderungsraten der SEI-Subindizes für den Zeitraum 30. September 2016 bis 30. September 2017 und der Langzeitschnitt für die Vorjahre. Alles in allem reduzierte sich die Kundenabwanderung in diesem Zeitraum, speziell im Verbraucherbereich (B2C) und bei Medienunternehmen (beide weisen in der Langzeitbetrachtung höhere durchschnittliche Abwanderungsraten auf). Am höchsten in den jeweiligen Kategorien sind die Raten bei B2C, Kundendienstleistungen (dicht gefolgt von den Medien), bei Unternehmen mit 1 Million bis 20 Millionen Dollar Umsatz und in EMEA.[1]

KUNDENABWANDERUNG
(DER VERGANGENEN ZWÖLF MONATE):

- ▶ B2B: 27 Prozent
- ▶ B2C: 30 Prozent
- ▶ B2Any: 26 Prozent
- ▶ Kundendienstleistungen: 37 Prozent
- ▶ Telekommunikation: 26 Prozent
- ▶ SaaS: 24 Prozent
- ▶ Medien: 33 Prozent

WACHSTUM NACH REGION:
EMEA UND NORDAMERIKA

Zum SEI gehören nun auch Subindizes speziell für Europa, Nahost und Afrika (EMEA) sowie Nordamerika. Sie beginnen im ersten Quartal 2017 und reichen ein Jahr bis zu Q1 2016 zurück. In den anderthalb Jahren bis zum dritten Quartal 2017 wuchsen sie mehr oder weniger gleich schnell. Seit April 2016 legte EMEA um insgesamt 35,2 Prozent zu (jährliche Rate: 22,3 Prozent) und lag damit knapp vor Nordamerika mit 34,7 Prozent (jährliche Rate: 22 Prozent). Allerdings verlief das Wachstum im EMEA-Index unruhiger. Nach einem langsamen Start im zweiten Quartal 2016 folgte in Q1 2017 ein überraschender Satz nach oben. Allerdings enthält der EMEA-Index auch weniger Unternehmen als der Nordamerika-Index, möglicherweise ist das der Grund für die stärkeren Schwankungen. Alles in allem scheint es jedoch, als würden EMEA-Firmen und nordamerikanische Unternehmen in der Subskriptions-Wirtschaft etwa gleich schnell wachsen.

Zusammengefasst lässt sich sagen, dass die Subskriptions-Wirtschaft in Europa ganz offensichtlich auf dem Vormarsch ist. Während der vergangenen 18 Monate hat die neue SEI-Kategorie der europäischen Abo-Dienste sogar die 22 Prozent Wachstum der amerikanischen Konkurrenz übertroffen. Das ist insofern erstaunlich,

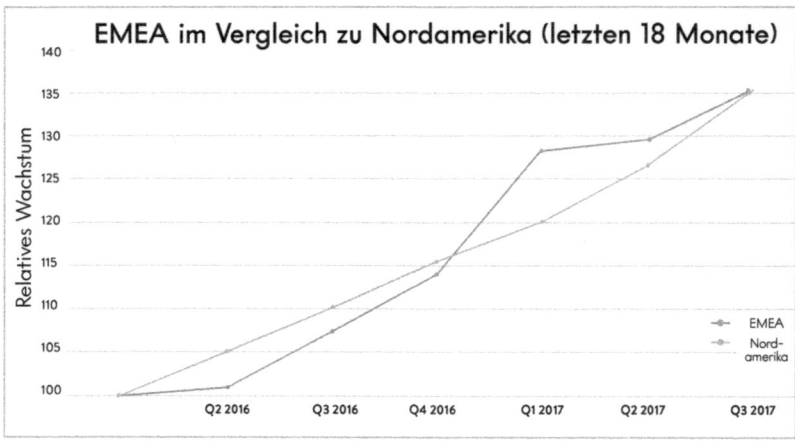

Die Grafik zeigt das relative Wachstum der wiederkehrenden Einnahmen, aufge-
schlüsselt für den EMEA-Subindex des SEI und den Nordamerika-Subindex des SEI.
Ausgangspunkt für den Basiswert ist das Ende von Q1 2016. In jedem Quartal wird
der Index um den Prozentsatz erhöht, der dem prozentualen Wachstum der jeweiligen
Region entspricht. In Nordamerika begann das Wachstum stark und verlangsamte sich
im Verlauf des Messzeitraums, während das Wachstum in der EMEA-Region zögerlich
begann, aber die Lücke wurde in der zweiten Jahreshälfte komplett geschlossen.

als die Wachstumsraten der europäischen Konjunktur insgesamt
während der vergangenen zehn Jahre meist hinter denen in den
USA zurückblieben.

SEI-UPDATE: EIN WACHSTUMSLEITFADEN
FÜR NUTZUNGSABHÄNGIGES ABRECHNEN

Nutzungsabhängige Abrechnungen sind im Grunde genommen ein
Weg, Wert zu quantifizieren. Das Ziel ist es, die Kunden für den Wert
bezahlen zu lassen, den sie tatsächlich benötigen. Die beste Preis-
strategie ist eine, die es Ihnen erlaubt, den Preis für den Aspekt zu
beziffern, den die Kunden am meisten wertschätzen, und zwar abhängig davon, wie stark sie Ihren Dienst tatsächlich nutzen. Hier
spricht man von *value metrics*, wertorientierten Kennzahlen. Vereinfacht gesagt, sollte eine wertorientierte Kennzahl drei Bedingungen

erfüllen – sie sollte im Einklang mit den Bedürfnissen der Kunden stehen, sie sollte mit den Kunden wachsen und sie sollte (sowohl für die Kundschaft wie auch das Unternehmen) prognostizierbar sein. 75 Prozent der Kunden wollen McKinsey zufolge eine Preismetrik, die im Einklang mit dem wahrgenommenen Wert steht, die leicht zu verstehen ist und die sich leicht überprüfen lässt (sodass man die Kosten gut abschätzen kann). Trotzdem arbeiten heute gerade einmal etwa 27 Prozent der Abo-Unternehmen in irgendeiner Form mit nutzungsabhängigen Preisen. Das ist ein Fehler. Nutzungsabhängige Modelle geben den Firmen zahlreiche Hebel an die Hand, die Kundenbindung zu stärken und den Kundenwert zu erhöhen. Abhängig vom Geschäftsfeld könnte es sich bei diesen Hebeln um die Zahl der Konten, der E-Mails, der API-Aufrufe, des Umsatzvolumens oder der Kundenkontakte handeln.

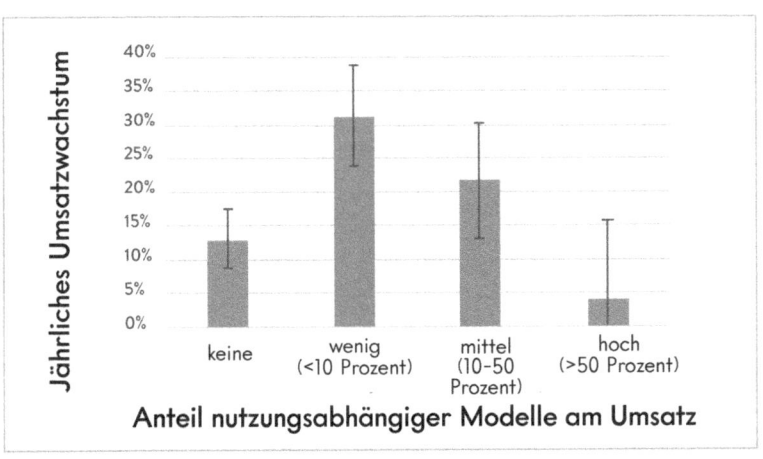

Durchschnittliche Wachstumsraten im Vergleich zum Anteil nutzungsabhängiger Abrechnungsmodelle am Gesamtmix: Durchschnitt und 95-Prozent-Konfidenzintervall. Unternehmen, die mit einem geringen Anteil (unter zehn Prozent) nutzungsabhängiger Abrechnungsmodelle arbeiten, wachsen im Schnitt mehr als doppelt so schnell wie Unternehmen, die überhaupt nicht mit nutzungsabhängigen Modellen arbeiten – die durchschnittliche jährliche Wachstumsrate beträgt 31 Prozent im Vergleich zu 13 Prozent. Firmen mit mittlerem Anteil (zehn bis 50 Prozent) nutzungsabhängiger Abrechnungsmodelle kamen auf Wachstumsraten von 22 Prozent, die wenigen Firmen mit einem hohen Anteil (über 50 Prozent) nutzungsabhängiger Abrechnungsmodelle hingegen wiesen eine durchschnittliche Wachstumsrate von lediglich vier Prozent auf. Da diese Gruppe aus nur wenigen Firmen besteht, ist sie statistisch nicht signifikant.

In dieser aktuellsten SEI-Version haben wir uns angesehen, wie die am schnellsten wachsenden Firmen aus der Subskriptions-Wirtschaft in ihren Wachstumsstrategien mit nutzungsabhängigen Preismodellen arbeiten. Dafür haben wir über mehrere Jahre hinweg die jährlichen Wachstumsraten der Firmen im SEI betrachtet, wozu insgesamt 550 Ein-Jahres-Beobachtungen von nutzungsabhängigen Abrechnungen und Wachstumskennzahlen gehörten. Das überraschende Ergebnis: Unternehmen, bei denen nutzungsabhängige Abrechnungen nur einen geringen Anteil am Gesamtumsatz ausmachen (weniger als zehn Prozent), wuchsen durchschnittlich doppelt so schnell wie solche, die überhaupt keine nutzungsabhängigen Abrechnungsmodelle einsetzten.

Während ein geringer Anteil nutzungsabhängiger Abrechnungsmodelle mit einem rascheren Wachstum in Verbindung gebracht wird, gilt das nicht zwingend für Unternehmen, deren Abrechnungsmodelle größtenteils nutzungsabhängig sind. Nur bei wenigen Firmen machen die Einnahmen aus nutzungsabhängigen

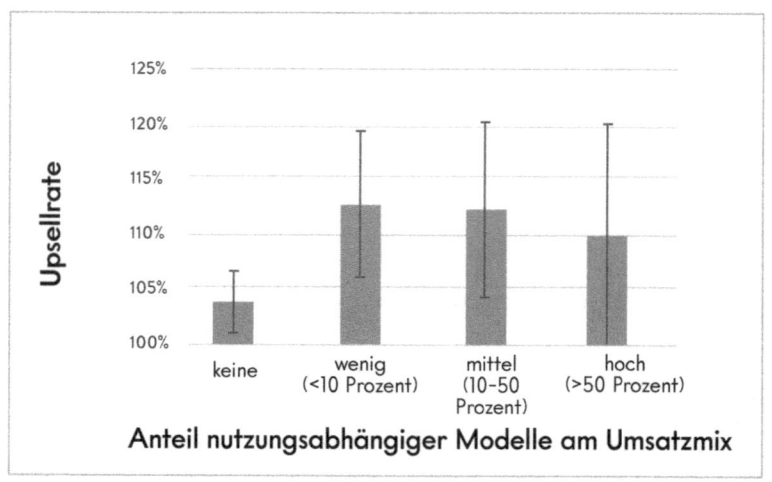

Anteil nutzungsabhängiger Modelle am Umsatzmix

Durchschnittliche Upsellrate im Vergleich zum Anteil nutzungsabhängiger Abrechnungsmodelle am Gesamtumsatz: Durchschnitt und 95-Prozent-Konfidenzintervall. Firmen, die mit nutzungsabhängigen Abrechnungsmodellen arbeiten, erzielen eine mehr als dreimal so hohe Upsellrate wie Firmen, die ohne diese Modelle arbeiten – um die 13 Prozent verglichen mit vier Prozent.

Modellen mehr als 50 Prozent vom Gesamtumsatz aus, insofern war die Probengröße nicht ausreichend, um daraus stichhaltige Schlussfolgerungen ziehen zu können. Die Indizien sprechen allerdings dafür, dass diese Unternehmen unterdurchschnittliche Wachstumsraten aufweisen. Eine dritte Kohorte von Firmen mit mittelstarker (zwischen zehn und 50 Prozent) Nutzung nutzungsabhängiger Abrechnungsmodelle verzeichnete im Schnitt eine Wachstumsrate, die höher als bei Unternehmen ohne derartige Modelle ist, aber niedriger als diejenige von Unternehmen mit einem geringen Anteil nutzungsabhängiger Abrechnungsmodelle.

Um zu begreifen, warum Unternehmen mit nutzungsabhängigen Abrechnungsmodellen schneller wachsen, gingen wir der Frage nach, welche Faktoren das Wachstum von wiederkehrendem Umsatz befördern. Begonnen haben wir dabei mit dem ARPA-Wachstum. Als wir die Upsell-Quote bei Abo-Verlängerungen verglichen, stellten wir fest, dass durch die ganze Bandbreite hinweg betrachtet Firmen mit nutzungsabhängigen Abrechnungsmodellen höhere Upsell-Quoten (zwölf bis 13 Prozent) vorweisen konnten als Unternehmen ohne derartige Modelle (sie kamen auf eine durchschnittliche Upsellrate von gerade einmal vier Prozent). Das ist dem Umstand geschuldet, dass Nutzungsmodelle normalerweise in Stufen verkauft werden und an wiederkehrende Umsätze gekoppelt sind. Damit eröffnet sich Kunden, die einen Service erfolgreich nutzen, ein klarer Weg für ein Upgrade.

Wir haben darüber hinaus den zweiten Eckpfeiler des Wachstums wiederkehrender Einnahmen untersucht – das Wachstum bei der Zahl der Konten (oder genauer gesagt, den Verlust von Konten aufgrund von Kundenabwanderung). Firmen, die mit nutzungsabhängigen Abrechnungsmodellen arbeiten, haben deutlich geringere Abwanderungsraten als solche ohne derartige Modelle. Das gilt für alle Ebenen des Anteils nutzungsabhängiger Modelle am Gesamtumsatz. Die Abwanderungsquote liegt bei Unternehmen, die mit nutzungsabhängigen Modellen arbeiten, etwa zehn Prozentpunkte niedriger im Jahr (26 Prozent gegenüber 37 Prozent für Firmen, die nicht mit nutzungsabhängigen Preismodellen arbeiten). Diese geringere Quote spricht für ein höheres Maß an Kundenzufriedenheit und für besseres Engagement bei Unternehmen, die die zentrale Lehre der Subskriptions-Wirtschaft erfüllen: Die Kunden bezahlen nur für das, was sie tatsächlich nutzen.

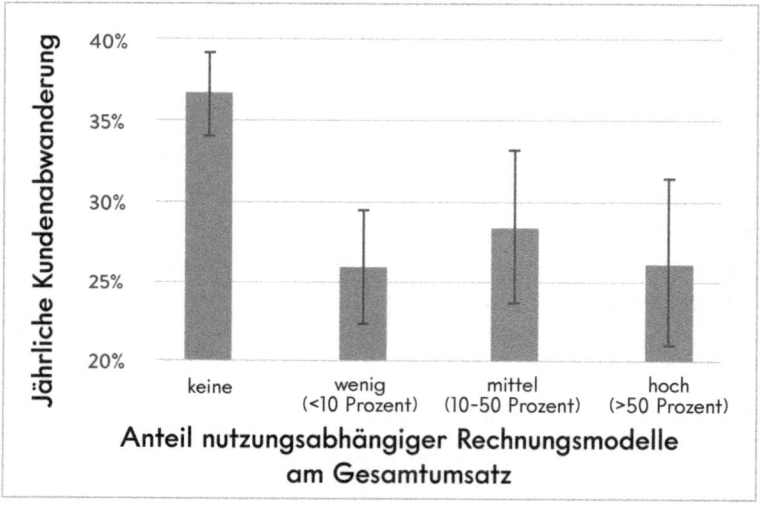

Verhältnis von durchschnittlicher Kundenabwanderung zu Anteil nutzungsabhängiger Rechnungsmodelle im Umsatzmix. Durchschnitt und 95-Prozent-Konfidenzintervall.

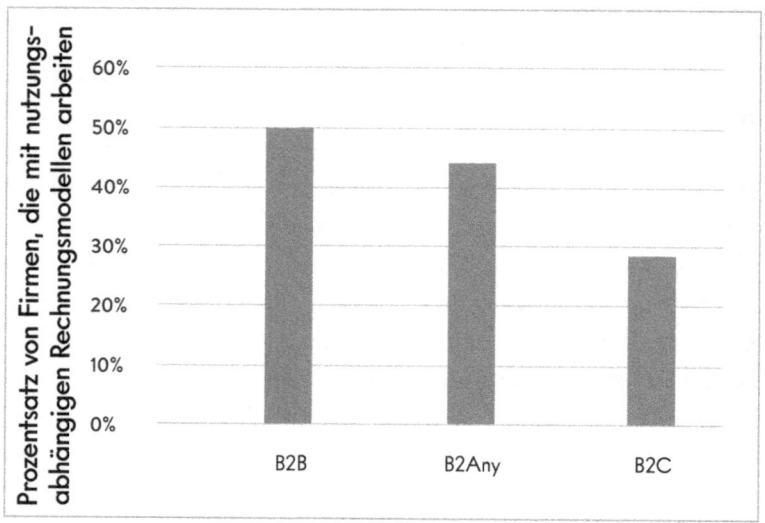

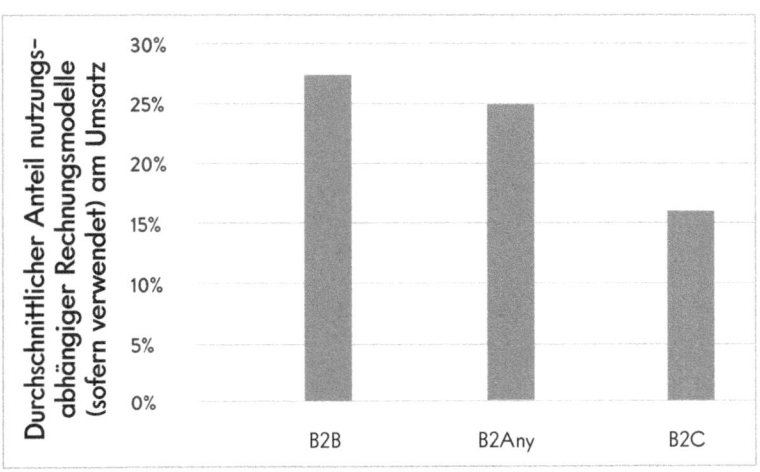

Nutzungsabhängige Abrechnungsmodelle je nach Geschäftsmodell.

Um zu verstehen, welche Kunden nutzungsabhängige Rechnungsmodelle einsetzen, haben wir uns die Verteilung nach Geschäftsmodell und Vertikale angesehen. Nutzungsabhängige Rechnungsmodelle werden am häufigsten von B2B-Firmen verwendet und am wenigsten von Firmen, die ihr Geschäft direkt mit dem Endverbraucher machen. Etwa 50 Prozent der B2B-Firmen arbeiten mit nutzungsabhängigen Modellen – diese machten dort durchschnittlich über 25 Prozent der Umsätze aus. Von den Firmen, die direkt mit dem Endverbraucher zu tun haben, arbeiten weniger als 30 Prozent mit nutzungsabhängigen Rechnungsmethoden und bei denen, die es tun, macht dies im Schnitt gerade einmal 16 Prozent der Umsätze aus. Sehen wir uns die Vertikalen an, so zeigt sich ein beständigeres Bild, aber zu unserer Überraschung waren es die SaaS-Unternehmen, die mit 41 Prozent die geringste Durchdringung nutzungsabhängiger Modelle aufwiesen.

Bietet nutzungsabhängige Abrechnung jedem Unternehmen in der Subskriptions-Wirtschaft einen garantierten Wachstumshebel? Die Ergebnisse der führenden SEI-Unternehmen lässt ein gewal-

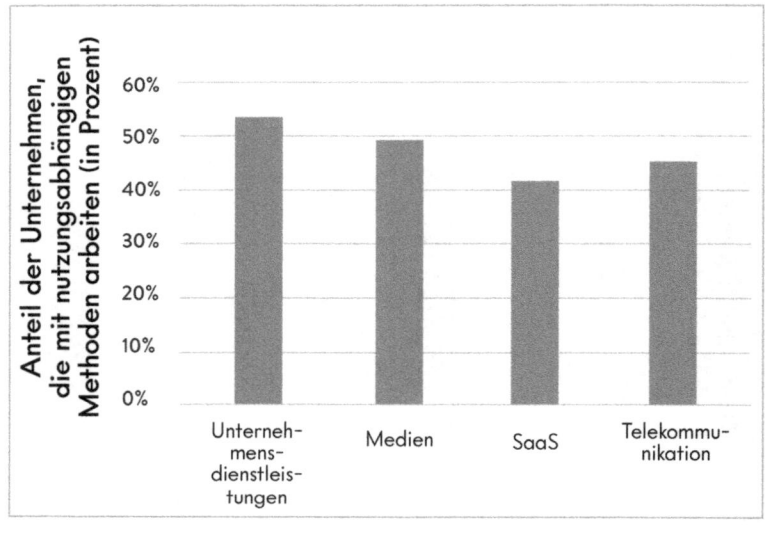

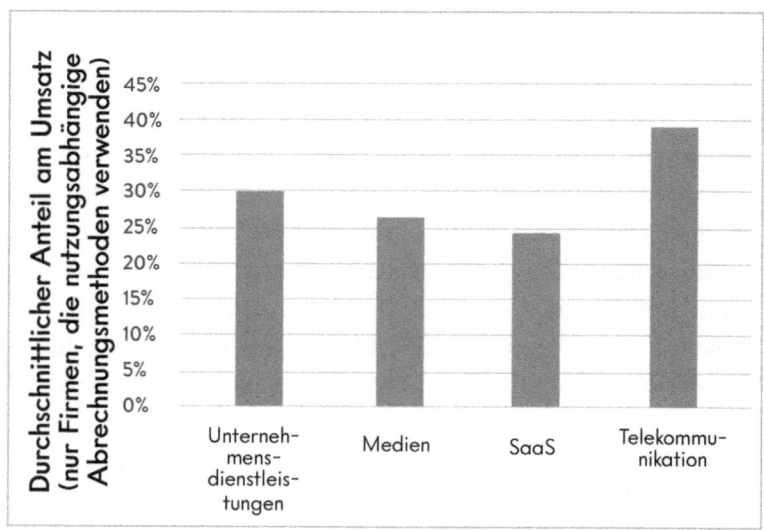

Nutzungsabhängige Abrechnungsmethoden nach Vertikale

tiges Potenzial für Unternehmen erahnen, die diese Form der Abrechnung noch nicht eingeführt haben. Dennoch raten wir zur Vorsicht und empfehlen ein schrittweises Vorgehen. Wenn Bestandteile eines Dienstes nach Nutzung abgerechnet werden, handelt es sich dabei zumeist um die zentrale Kennzahl in diesem Abo-Dienst: das wertvollste Feature und das am teuersten zu liefernde. Berechnet ein Unternehmen eine Nutzungsgebühr für etwas, was nicht eindeutig von Wert ist für den Kunden, dann schadet es sich häufig mehr, als es sich damit nutzt.

ZUSAMMENFASSUNG

Bei Geschäftsmodellen, die in der Subskriptions-Wirtschaft auf wiederkehrenden Umsätzen basieren, gibt es keine Erfolgsgarantie. Wenn sich jedoch ein Unternehmen unbeirrbar darauf konzentriert, die Customer Lifetime zu verlängern, indem es das ARPA und das Kontennettowachstum maximiert, die Abwanderung reduziert und nutzungsabhängige Abrechnungsmethoden einsetzt, so ist die Wahrscheinlichkeit höher, dass es die in dieser Studie beschriebenen Wachstumsraten aufweist oder gar übertrifft.

METHODIK HINTER DEM SUBSCRIPTION ECONOMY INDEX

Der Subscription Economy Index (SEI) zeichnet das organische Wachstum von Subskriptions-Unternehmen auf, indem er die zwischen dem 1. Januar 2012 und dem 30. September 2017 im Rahmen des Abo-Managementdienstes von Zuora aufgelaufenen systemgenerierten Daten sammelt, anonymisiert und wiedergibt. Zuora aktualisiert diese Studie alle zwei Jahre. Zum Erfassen des organischen Wachstums aus wiederkehrenden Umsätzen arbeitet Zuora mit einer gewichteten durchschnittlichen Systemaktivität der über 365

Parteien, die seit mindestens zwei Jahren auf der Zuora-Plattform aktiv sind. Weil die SEI-Wachstumsrate als gewichteter Durchschnitt berechnet wird, reflektiert er nicht, in welcher Geschwindigkeit Zuoras Kundenstamm wächst, sondern, in welcher Geschwindigkeit die Umsätze von Zuora-Kunden typischerweise wachsen. Für die SEI-Subindizes gelten dieselben Ausnahmen und sie müssen mindestens 25 Teilnehmer umfassen.[2]

QUELLEN

S&P Dow Jones Indizes
http://us.spindices.com/indices/equity/sp-500
US Census Bureau, „Monthly Retail Trade and Food Services"
www.census.gov/econ/currentdata/dbsearch?program=MRTS&star
tYear=1992&endYear=2016&categories=44000&dataType=SM&geo
Level=US&adjusted=1&notAdjusted=1&submit=GET+DATA&releas
eScheduleId=
McKinsey, „Grow Fast or Die Slow"
www.mckinsey.com/industries/high-tech/our-insights/grow-fast-
or-die-slow
US-BIP-Wachstum
www.bea.gov/newsreleases/national/gdp/gdpnewsrelease.htm

DANKSAGUNG

Zunächst möchte ich meinen Mitgründern K.V. Rao und Cheng Zuo dafür danken, dass sie mich auf diesem Abenteuer begleitet haben, eine Plattform für Subskriptions-Wirtschaft zu schaffen. Ich danke Marc Benioff für die Möglichkeiten, die er mir bei Salesforce.com eröffnet hat, und dafür, dass er mich ermutigte, selbst den Sprung zu wagen. Frank Ernst, Ming Li, Monika Saha, Leo Liu, Travis Huch, Xi Yang, Richard Terry-Lloyd, Jeff Yoshimura, Megan Golden, Madhu Rao und zahllose andere ZEOs der ersten Stunde spielten eine zentrale Rolle beim grundlegenden Erfolg von Zuora. Tyler Sloat und seiner phänomenalen Finanzgruppe gebührt Dank dafür, dass er die Art und Weise veränderte, wie wir über das Geschäft nachdenken. Danke an Mark Heller, der souverän die Logistik für dieses Projekt gestemmt hat, und an meine Assistentin Ninni Sonberg für ihre Gründlichkeit und Geduld. Danke an Jing Jing Xia, An Ly, Todd Pearson, Alvina Antar, Nathan Heller, Steve Yeager, Kevin Suer und Robert Hildenbrand für die Zeit, die sie mir bei der Recherche zu diesem Buch zur Verfügung gestellt haben. Danke an Erika Malzberg und Aarthi Rayapura für ihre redaktionelle Unterstützung und ihre Beiträge sowie an Carl Gold für seine unbezahlbaren Dateneinsichten. Für ihre Designexpertise und ihre Supervision möchte ich mich bei Shaun Middlebusher, Lauren Glish und Peishan Li bedanken. Danke an Jennifer Pileggi und Andy Hackbert für ihre fantastischen juristischen Gedankengänge. Danke an die unglaubliche ecomm group und meinen Freund und Partner Marc Diouane.

Unsere „Subscribed"-Konferenz, das Magazin und der Podcast sind ein steter Quell der Inspiration und Erkenntnis. Vor allem danken möchte ich unseren Gästen David Wadhwani von AppDynamics, Matt Anderson von Arrow Electronics, Jeff Potter und Mac

Kern von Surf Air, Andy Main von Deloitte Digital, Gytis Barzdukas von GE Digital, Anthony Fletcher von Graze, Jamie Allison von Ford, J.B. Wood von der Technology Services Industry Association, Reid DeMarcus von Crunchyroll, Andy Mooney und Ethan Kaplan von Fender sowie Sam Jennings, Peter Kreisky, Judy Loehr, Anne Janzer und Robbie Kellman Baxter.

Für einen Debütautoren war das eine einzigartige Erfahrung. Danke an meinen Agenten Jim Levine von Levine Greenberg, meinen Lektor Kaushik Viswanath von Penguin Random House und die unschätzbare Carlye Adler für ihr Feedback und ihre Ermutigungen. Danke an Jayne Scuncio für ihre unermüdlichen Anstrengungen, unsere Botschaft in die Welt hinauszutragen. Und danke an Gabe Weisert, dass er sich an den Mast gebunden hat.

QUELLEN

EINFÜHRUNG

1. Tien Tzuo, „Why This CEO Believes an MBA Is Worthless", *Fortune*, 27. April 2015, http://fortune.com/2015/04/27/tien-tzuo-starting-your-own-business.
2. Anm. d. Übers.: Eine US-Videothekenkette.

KAPITEL 1

1. World Economic Forum, „Digital Disruption Has Only Just Begun", Pierre Nanterme, 17. Januar 2016, www.weforum.org/agenda /2016/01/digital-disruption-has-only-just-begun.
2. http://fortune.com/fortune500
3. Fernsehwerbung von General Electric, www.ispot.tv/ad/AVhu /general-electric-whats-the-matter-with-owen-hammer.
4. Elaine Low, „Disney Ditches Twitter, but Does Distribution Talk Point to Netflix?", *Investor's Business Daily*, 6. Oktober 2016, www.investors.com/news/disney-may-be-out-on-twitter-but-its-mulling-distribution-plans.
5. Forrester Research, „Age of the Customer", https://go.forrester.com/age-of-the-customer.
6. Kleiner Perkins Caufield Byers, „Internet Trends 2017", www.kpcb.com/internet-trends.

KAPITEL 2

1. *Kantar Retail IQ*, „2017 U.S. Retail Year in Review", www.kantarretailiq.com.

2.   Michael Wolf, „Activate Tech & Media Outlook 2018",
     http://activate.com.
3.   „Goldman Says Apple Needs Amazon Prime Subscription Plan",
     Bloomberg, 17. Oktober 2016, www.bloomberg.com/news/videos
     /2016–10–17/why-apple-needs-a-subscription-plan.
4.   Robbie Kellman Baxter, *The Membership Economy: Find Your
     Super Users, Master the Forever Transaction, and Build Recurring
     Revenue* (New York: McGraw-Hill Education 2015).
5.   Dan Mullen, „Fender: Reinventing Guitar for a Digital Age",
     Subscribed Magazine, 12. September 2017, www.zuora.
     com/2017/09/12/fender-reinventing-guitar-for-the-digital-age.
6.   Mike Elgan, „The ‚Retail Apocalypse' Is a Myth", *Computerworld*,
     21. Oktober 2017, www.computerworld.com/article/3234567
     /it-industry/the-retail-apocalypse-is-a-myth.html.

KAPITEL 3

1.   Gabe Weisert, „Lessons from New Media: Crunchyroll Conquers
     the World", *Subscribed Magazine*, 12. Mai 2016, www.zuora.com/2016
     /05/12/lessons-from-new-media-crunchyroll-conquers-the-world.
2.   Amitai Winehouse, „How the ‚Netflix of Sport' Could Change the
     Way Supporters Watch Football", *Mail Online*, 5. September 2017,
     www.dailymail.co.uk/sport/football/article-4854722/Behind-DAZN-
     New-Netflix-sport-changing-watch.html.
3.   Peter Kafka, „Another Half-million Americans Cut the Cord Last
     Quarter", *Recode*, 3. Mai 2017, www.recode.net/2017/5/3/15533136
     /cord-cutting-q1-half-million-tv-moffett.
4.   Kevin Fogarty, „Tech Predictions Gone Wrong", *Computerworld*,
     22. Oktober 2016, www.computerworld.com/article/2492617
     /it-management/tech-predictions-gone-wrong.html.
5.   John Paul Titlow, „David Bowie Predicted the Future of Music
     in 2002", *Fast Company*, 11. Januar 2016, www.fastcompany.com
     /3055340/david-bowie-predicted-the-future-of-music-in-2002.

6. „Subscribed Podcast #6: Sam Jennings on Prince and the Music Streaming Business", www.zuora.com/guides/subscribed-podcast-ep-6-sam-jennings-prince-music-streaming-business.
7. „When Did NPG Music Club Start and Finish?", http://prince.org /msg/7/349218.

KAPITEL 4

1. Nick Lucchesi, „We Are Entering the Era of Car Subscriptions", *Inverse*, 18. November 2016, www.inverse.com/article /24012-hyundai-ioniq-subscription.
2. Nick Kurczweski, „Buy, Lease or Subscribe? Automakers Offer New Approaches to Car Ownership", *Consumer Reports*, 11. Oktober 2017, www.consumerreports.org/buying-a-car/buy-lease-or-subscribe-automakers-offer-new-approaches-to-car-ownership.
3. Christina Bonnington, „You Will No Longer Lease a Car. You Will Subscribe to It", *Slate*, 2. Dezember 2017, www.slate.com/articles /technology/technology/2017/12/car_subscriptions_ford_volvo_porsche_and_cadillac_offer_lease_alternative.html.
4. „The Rev-Up: Imagining a 20% Self Driving World", *The New York Times*, 8. November 2017, www.nytimes.com/interactive/2017/11/08 /magazine/tech-design-future-autonomous-car-20-percent-sex-death-liability.html?_r=0.
5. „Gartner Says by 2020, a Quarter Billion Connected Vehicles Will Enable New In-Vehicle Services and Automated Driving Capabilities", 26. Januar 2015, www.gartner.com/newsroom/id/2970017.
6. Horace Dediu, „IBM and Apple: Catharsis", 15. Juli 2014, www.asymco.com/2014/07/15/catharsis.
7. „Subscribed San Francisco 2017 Opening Keynote", Präsentation auf der Zuora-Konferenz „Subscribed", 5. Juni 2017, www.youtube.com/watch?v=fdDA7sRgMSQ.
8. „Transport as a Service: It Starts with a Single App", *The Economist*, 29. September 2016, www.economist.com/news

/international/21707952-combining-old-and-new-ways-getting-around-will-transform-transportand-cities-too-it.

KAPITEL 5

1. Eric Alterman, „Out of Print", *The New Yorker*, 31. März 2008, www.newyorker.com/magazine/2008/03/31/out-of-print.
2. Reuters Institute 2017 Digital News Report, www.digitalnewsreport.org.
3. Josh Marshall, „There's a Digital Media Crash. But No One Will Say It", *Talking Points Memo*, 17. November 2017, http://talkingpointsmemo.com/edblog/theres-a-digital-media-crash-but-no-one-will-say-it.
4. Jessica Lessin, „What Everyone Is Missing About Media Business Models", *The Information*, 6. Januar 2017, www.theinformation.com/articles/what-everyone-is-missing-about-media-business-models.
5. Ken Doctor, „Newsonomics: The 2016 Media Year by the Numbers", *Newsonomics*, 19. Dezember 2016, www.niemanlab.org/2016/12/newsonomics-the-2016-media-year-by-the-numbers-and-a-look-toward-2017.
6. Sahil Patel, „With a Billion Views on YouTube, Motor Trend Is Now Building a Paywall", *Digiday*, 15. Februar 2016, https://digiday.com/media/nearly-billion-views-youtube-motor-trend-now-building-video-paywall.
7. Aarthi Rayapura, Interview mit Subrata Mukherjee, Vice President of Product bei *The Economist*, *Subscribed Magazine*, 16. Juni 2016, https://fr.zuora.com/2016/06/16/focusing-subscription-economy-subrata-mukherjee-vp-product-economist.
8. Anm. d. Übers: Ein Unternehmen wird bei einer Finanzierungsrunde niedriger bewertet als bei der vorangegangenen.
9. Lucia Moses, „To Please Subscription-Hungry Publishers, Google Ends First Click Free Policy", Digiday, 2. Oktober 2017,

https://digiday.com/media/please-subscription-hungry-publishers-google-ends-first-click-free-policy.

10. „Journalism That Stands Apart", The Report of the 2020 Group, *The New York Times*, Januar 2017, www.nytimes.com/projects /2020-report/.

KAPITEL 6

1. David McCann, „Adobe Completes Swift Business Model Transformation", *CFO*, 18. August 2015, www.cfo.com/transformations /2015/08/adobe-completes-swift-business-model-transformation/.
2. „The Reinventors: Adobe", Präsentation bei *Subscribed*-Konferenz.
3. McKinsey & Company, „Reborn in the Cloud", www.mckinsey.com /business-functions/digital-mckinsey/our-insights/reborn-in-the-cloud.
4. Anm. d. Übers.: Eine Straße in der kalifornischen Stadt Menlo Park, die berühmt dafür ist, dass dort viele Wagniskapitalgeber sitzen.
5. Nicholas G. Carr, „IT Doesn't Matter", *Harvard Business Review*, Mai 2003, https://hbr.org/2003/05/it-doesnt-matter.
6. Christy Pettey, „Moving to a Software Subscription Model", www.gartner.com/smarterwithgartner/moving-to-a-software-subscription-model.
7. Deloitte, „Flexible Consumption Transition Strategies for Business", www.deloitte.com/us/en/pages/technology-media-and-tele-communications/articles/flexible-consumption-transition-strategies.html.
8. Thomas Lah und J. B. Wood, *Technology-as-a-Service Playbook: How to Grow a Profitable Subscription Business* (Seattle: Point B Inc. 2016).
9. Anm. d. Übers.: Abkürzung für „Everything-as-a-service", das Bereitstellen sämtlicher Dienstleistungen als Service.
10. Anm. d. Übers.: „General Accepted Accounting Principles" (GAAP) bezeichnet die in den USA geltenden Grundsätze der Rechnungslegung.

11. Anm. d. Übers.: Kosten aus Produktion und Vertrieb pro Einheit werden dem Ertrag gegenübergestellt, den der Verkauf einer Einheit einbringt.

12. Anm. d. Übers.: annual contract value, jährliches Kontraktvolumen.

13. Jaakko Nurkka, Josef Waltl und Oliver Alexy, „How Investors React When Companies Announce They're Moving to a SaaS Business Model", *Harvard Business Review*, Januar 2017, https://hbr.org /2017/01/how-investors-react-when-companies-announce-theyre-moving-to-a-saas-business-model.

14. Matt Brown, „Cisco's Software Strategy Is Resonating with Customers, Driving Business", CRN , 28. November 2017, www.crn.com /news/networking/300095901/partners-ciscos-software-strategy-is-resonating-with-customers-driving-business.htm?itc=ticker.

15. Charles S. Gascon und Evan Karson, „Growth in Tech Sector Returns to Glory Days of the 1990s", Federal Reserve Bank of St. Louis, *Regional Economist*, zweites Quartal 2017, www.stlouisfed.org /publications/regional-economist/second-quarter-2017/growth-in-tech-sector-returns-to-glory-days-of-the-1990s.

KAPITEL 7

1. Nicklas Garemo, Stefan Matzinger und Robert Palter, „Megaprojects: The Good, the Bad, and the Better", McKinsey & Company, www.mckinsey.com/industries/capital-projects-and-infrastructure /our-insights/megaprojects-the-good-the-bad-and-the-better.

2. „Smart Construction", Video, Komatsu America Corporation, www.youtube.com/watch?v=aZdtPhMg3dY.

3. Tom Bucklar, Caterpillar, Zuora-Konferenz „Subscribed", www.youtube.com/watch?v=Qio20GJ_G_o.

4. Anm. d. Übers.: Tonka ist ein amerikanischer Spielwarenhersteller, der früher vor allem Lkws und Baumaschinen aus Blech produzierte, die als extrem robust galten.

5. Bureau of Labor Statistics, „Manufacturing: NAICS 31–33", www.bls.gov/iag/tgs/iag31–33.htm.

6. IMF Staff Discussion Note, „Gone with the Headwinds: Global Productivity", 3. April 2017, www.imf.org/~/media/Files/Publications /SDN/2017/sdn1704.ashx.

7. National Association of Manufacturers, „Top 20 Facts About Manufacturing", www.nam.org/Newsroom/Facts-About-Manufacturing.

8. Anm. d. Übers.: Der Begriff Wearables steht laut Chip.de für kleine, vernetzte Computer, die am Körper getragen werden und den Alltag des Trägers unterstützen sollen. Die wohl bekanntesten Beispiele für Wearables sind Smartwatches, Fitnessarmbänder und digitale Brillen.

9. Scott Pezza, „How to Make Money with the Internet of Things", Blue Hill Research , 18. Mai 2015, http://bluehillresearch.com /how-to-make-money-with-the-internet-of-things.

10. Olivier Scalabre, „The Next Manufacturing Revolution Is Here", TED Talk, Mai 2016, www.ted.com/talks/olivier_scalabre_the_next_ manufacturing_revolution_is_here/transcript.

11. Gytis Barzdukas, GE Digital, Konferenz „Zuora Subscribed", www.youtube.com/watch?v=OEq5HTz7MDE.

12. Gabe Weisert, „Arrow Electronics: The Biggest IoT Innovator You've Never Heard Of", Zuora *Subscribed* Magazine, www.zuora.com /guides/arrow-electronics-the-biggest-iot-innovator-youve-never-heard-of.

13. Guillaumes Vives, „How Do You Price a Connected Device?" Zuora, 19. November 2015, www.zuora.com/2015/11/19/how-do-you-price-a-connected-device.

14. Kevin Kelly, *The Inevitable: Understanding the 12 Technological Forces That Will Shape Our Future* (New York: Viking 2016).

15. McKinsey & Company, „Unlocking the Potential of the Internet of Things", www.mckinsey.com/business-functions/digital-mckinsey /our-insights/the-internet-of-things-the-value-of-digitizing-the-physical-world.

1. International Data Corporation, „IDC Sees the Dawn of the DX Economy and the Rise of the Digitally Native Enterprise, International Data Corporation", 1. November 2016, www.idc.com/getdoc. jsp?containerId=prUS41888916.

2. Steve Kolowich, „Would Graduate School Work Better If You Never Graduated from It?", *Chronicle of Higher Education*, 17. Juli 2014, www.chronicle.com/blogs/wiredcampus/would-graduate-school-work-better-if-you-never-graduated-from-it/54015.

3. „All Change: New Business Models", *The Economist*, 15. Januar 2015, www.economist.com/news/special-report/21639019-power-industrys-main-concern-has-always-been-supply-now-it-learning-manage.

4. Karen Mills und Brayden McCarthy, „How Banks Can Compete Against an Army of Fintech Startups", *Harvard Business Review*, April 2017, https://hbr.org/2017/04/how-banks-can-compete-against-an-army-of-fintech-startups.

1. Emanuel Maiberg, „Final Fantasy Producer Says Subscriptions Still Make Sense for MMOs", *GameSpot*, 30. März 2014, www.gamespot. com/articles/final-fantasy-producer-says-subscriptions-still-make-sense-for-mmos/1100–6418646.

2. Gartner, „Gartner Says Adopting a Pace-Layered Application Strategy Can Accelerate Innovation", 14. Februar 2012, www.gartner.com /newsroom/id/1923014.

3. Anne Janzer, „Subscription Marketing: Strategies for Nurturing Customers in a World of Churn", Cuesta Park Consulting 2017.

KAPITEL 10

1. „Google Apps Is Out of Beta (Yes, Really)", Offizieller Google-

Firmenblog, 7. Juli 2009, https://googleblog.blogspot.com/2009/07
/google-apps-is-out-of-beta-yes-really.html.

2. Manifesto for Agile Software Development, http://agilemanifesto.org.

3. David Carr, „Giving Viewers What They Want", *The New York Times*,
    25. Februar 2013, www.nytimes.com/2013/02/25/business/media
    /for-house-of-cards-using-big-data-to-guarantee-its-popularity.html.

4. Mark Sweney, „Netflix Gathers Detailed Viewer Data to Guide
    Its Search for the Next Hit", *The Guardian* , 23. Februar 2014,
    www.theguardian.com/media/2014/feb/23/netflix-viewer-data-
    house-of-cards.

5. Paul R. LaMonica, „Starbucks Still Has a Problem with Long Lines",
    CNN , 27. Januar 2017, http://money.cnn.com/2017/01/27/investing
    /starbucks-long-lines-mobile-ordering-earnings/index.html.

6. Clint Boulton, „Starbucks' CTO Brews Personalized Experiences",
    CIO , 1. April 2016, www.cio.com/article/3050920/analytics
    /starbucks-cto-brews-personalized-experiences.html.

KAPITEL 11

1. Greg Alexander, „How to Transition Channel Partners from Selling
    Perpetual Licenses to SaaS", *Sales Benchmark Index*, 20. Mai 2017,
    https://salesbenchmarkindex.com/insights/how-to-transition-
    channel-partners-from-selling-perpetual-licenses-to-saas.

2. Madhavan Ramanujam und Georg Tacke, *Monetizing Innovation:
    How Smart Companies Design the Product Around the Price*
    (Hoboken, NJ: Wiley 2016).

KAPITEL 12

1. Kevin Chao, Michael Kiermaier, Paul Roche und Nikhil Sane,
    „Subscription Myth Busters: What It Takes to Shift to a Recurring-
    Revenue Model for Hardware and Software", McKinsey, Dezember
    2017, www.mckinsey.com/industries/high-tech/our-insights
    /subscription-myth-busters.

2. Eugene Kim, „After 11 Years, Box's CEO Understands the Best Way to Sell to Big Companies", *Business Insider*, 20. August 2016, www.businessinsider.com/box-ceo-aaron-levie-future-enterprise-sales-2016-8.

3. Anm. d. Übers.: Ein amerikanischer Fernsehpsychologe.

4. Eric Kutcher, Olivia Nottebohm und Kara Sprague, „Grow Fast or Die Slow", McKinsey, www.mckinsey.com/industries/high-tech/our-insights/grow-fast-or-die-slow.

KAPITEL 13

1. Tim Harford, „Is This the Most Influential Work in the History of Capitalism?", BBC, 23. Oktober 2017, www.bbc.com/news/business-41582244.

2. Tyler Sloat, „An Introduction to Subscription Finance", Zuora Academy, www.zuora.com/guides/subscription-finance-basics.

3. Anm. d. Übers.: Das nicht-staatliche Financial Accounting Standards Board legt in den USA die Bestimmungen für die Rechnungslegung fest.

KAPITEL 15

1. Anm. d. Übers.: Zwei US-Unternehmen, die im Abonnement Boxen mit Lebensmitteln und dazu passenden Rezepten versenden.

ANHANG

1. Anm. d. Übers.: EMEA steht für die Region „Europa, Nahost und Afrika".

2. © 2017 Zuora, Inc. Alle Rechte vorbehalten. „Zuora", „Subscription Economy" und „Subscription Economy Index" sind eingetragene Warenzeichen von Zuora, Inc. Die Rechte an den im Text erwähn-

ten Warenzeichen Dritter liegen bei den jeweiligen Unternehmen. Nichts in dieser Studie sollte gegenteilig oder als Zustimmung, Unterstützung oder Förderung Dritter für Zuora oder jedweden Teil dieser Studie gewertet werden. Mehr über Zuora erfahren Sie unter www.zuora.com.

Die geheime DNA
von Amazon, Apple,
Facebook und Google

Scott Galloway

320 Seiten
gebunden mit SU
24,99 € (D) / 25,70 € (A)
ISBN: 978-3-86470-487-1

Scott Galloway:
The Four

„Die vier apokalyptischen Reiter" – so bezeichnet Marketing-Guru
Scott Galloway Amazon, Apple, Facebook und Google. Diese
Tech-Giganten haben nicht nur neue Geschäftsmodelle entwickelt.
Sie haben die Regeln des Wirtschaftslebens und die Voraussetzun-
gen für Erfolg neu definiert. Wer im digitalen Zeitalter erfolgreich
sein will, muss zwingend verstehen, wie diese vier Unternehmen
die erfolgreichsten und einflussreichsten Organisationen der
Geschichte wurden. Und er muss zumindest erahnen, was sie als
Nächstes vorhaben könnten ...

PLASSEN
VERLAG

512 Seiten
geb. mit SU
24,99 [D] / 25,70 [A]
ISBN: 978-3-86470-538-0

Dr. Mario Herger:
Der letzte Führerscheinneuling ...

Feierabend. Bei Uber einen selbstfahrenden Tesla bestellt, der mich fünf Minuten später am Büro abholt, nach Hause bringt und lautlos davonfährt. Was heute noch nach Zukunft klingt, ist morgen schon Alltag. Doch was bedeutet die Kombination aus autonomem Fahren, Elektromobilität und Sharing Economy für Taxifahrer, Lkw-Fahrer, Arbeiter bei VW und BMW oder Betreiber von Parkhäusern? Wie sehen die Städte der Zukunft aus und welche Herausforderungen bringen sie mit sich?

PLASSEN
VERLAG

432 Seiten
gebunden mit SU
29,99 [D] / 30,90 [A]
ISBN: 978-3-86470-563-2

Andrew McAfee / Erik Brynjolfsson:
Machine Platform Crowd

Digitale Maschinen sind inzwischen besser und schneller, als man
es je für möglich gehalten hätte. Onlineplattformen bringen neue
Marktführer hervor. Crowds finanzieren unzählige Erfolgsprojekte.
Was sind die fundamentalen Prinzipien, die sich hinter dieser
Innovation und Disruption verbergen? Ein Wegweiser von heute
für den Weg in die Welt von morgen.

PLASSEN
VERLAG